家用电子产品维修工职业资格考试题解

数码维修工程师鉴定指导中心组织编写

韩雪涛　主　编

韩广兴　吴　瑛　王新霞　副主编

金盾出版社

内 容 提 要

　　本书根据国家家用电子产品维修工的培训考核标准,对家用电子产品维修工培训考核中的试题进行了筛选和整合,按其知识技能特点和行业特色对试题进行分类、重组,最终将家用电子产品维修工考试题解划分为家用电子产品维修工考核鉴定范围和要求;电子电路、电子元器件的考核鉴定内容;收音机、录音机、组合音响、普通彩色电视机、影碟机、数字平板电视机的结构原理与维修技能考核鉴定内容。

　　本书形式新颖,内容丰富,图文并茂,讲解透彻,可作为家用电子产品维修岗位培训教材和职业资格考核认证的培训教材,适合于从事各种家用电子产品生产、销售、维修的技术人员阅读,也可供广大电子爱好者阅读使用。

图书在版编目(CIP)数据

家用电子产品维修工职业资格考试题解/韩雪涛主编. —北京:金盾出版社,2014.9
ISBN 978-7-5082-9447-6

Ⅰ.①家… Ⅱ.①韩… Ⅲ.①日用电气器具—维修—资格考试—题解 Ⅳ.① TM925.07-44

中国版本图书馆 CIP 数据核字(2014)第 108763 号

金盾出版社出版、总发行
北京太平路 5 号(地铁万寿路站往南)
邮政编码:100036　电话:68214039　83219215
传真:68276683　网址:www.jdcbs.cn
封面印刷:北京精美彩色印刷有限公司
正文印刷:北京万友印刷有限公司
装订:北京万友印刷有限公司
各地新华书店经销
开本:787×1092 1/16　印张:17.375　字数:410 千字
2014 年 9 月第 1 版第 1 次印刷
印数:1~4 000 册　定价:43.00 元

前　言

家用电子产品维修工是目前我国非常热门的职业资格考核工种之一。首先，家用电子产品维修工在从业人数上，随着社会家用电子产品的丰富而逐年上升。其次，在社会需求方面，家用电子产品维修工也越来越受到市场的认可和关注。特别是近几年，家用电子产品的集成化、智能化程度越来越高，更新速度也越来越快，家用电子产品的质量以及售后服务已经成为人们选择产品的重要依据。这使得行业对家用电子产品维修工的岗位需求逐年增加。

为了保证产品的生产、售后服务品质，确保家用电子产品维修人员能够跟得上技术发展的脚步，国家对家用电子产品维修工的培训、考核制定了严格的标准。按其标准进行正规的培训，并通过相应等级的国家职业资格考核已经成为家用电子产品维修从业人员必须经历的过程，持证上岗已经成为家用电子产品行业的从业惯例。

如何能够让家用电子产品从业人员在短时间内了解规范的服务标准，掌握过硬的维修技术，最终顺利的通过国家职业考核，取得相应等级的资格证书，成为许多家用电子产品维修人员和电子爱好者所重点关注的问题。为此，我们特别策划编写了《家用电子产品维修工职业资格考试题解》，书中依据考核标准，对考核试题进行全方位的解析。

为了使本书具有更强的指导作用，能够成为技能培训与国家职业技能考核辅导完美结合的教材，本书特聘全国电子行业资深专家韩广兴教授担任顾问，由数码维修工程师鉴定指导中心组织编写。参加编写人员为资深行业专家、一线教师和高级维修技师。

本书由韩雪涛主编，韩广兴、吴瑛、王新霞副主编，参与编写的人员还有张丽梅、马楠、宋永欣、宋明芳、梁明、张湘萍、吴鹏飞、韩雪冬、吴玮、吴惠英、周洋、高瑞征、孙涛、韩菲、马敬宇、孙承满等。

本书的编写队伍在韩广兴教授的带领下，曾参与了 1994 年、2004 年和 2008 年家电维修职业技能国家标准的制订和修订工作，以及 2004

版国家职业资格培训教程和试题库的开发工作;最近又参与了中国电子学会面向国际认证的"数码维修工程师"职业资格认证项目的推行工作。因此,对国家职业技能标准比较熟悉,能确保图书的规范性、权威性和专业性。

书中以家用电子产品维修工的考核鉴定范围和要求为主线,将家用电子产品维修培训考核中的试题进行筛选和整合,按照行业特色和知识技能的行业侧重组织架构,选取大量职业资格考核中的试题进行解析,让学习者能够有目的的学习、巩固相关的知识技能,熟悉国家职业资格考核的方式,确保培训和考核的顺利执行。

另外,在题解表现方式上,本书不是单纯的给出试题和答案,而是根据试题对考核的知识技能点进行延展,采用图解的方式再现该知识技能点的培训历程。并注重家用电子产品维修知识和技能的统一,通过考核试题将家用电子产品维修工的考核要点与实用技能巧妙的融合,用大量的图文演示取代冗长的文字叙述,用一个个典型的实际案例取代繁琐的理论讲解。力求让学习者在真正掌握技能的情况下,能够轻松通过国家职业资格考核鉴定。

本书作为家用电子产品维修工职业资格考核认证辅导的必读教材,确保知识的讲解立足考核要点,技能的评测能对应鉴定范围,资格认证能符合职业的标准。书中所有内容均来源于国家家用电子产品维修工职业资格认证考核的试题库,考核试题不仅符合国家职业资格培训认证标准,同时也充分符合市场需求和社会就业导向。读者通过学习,除可掌握电工电子产品的知识技能外,还可申报相应的国家职业资格认证,争取获得国家统一的专业技术资格证书。

为了更好地满足读者需求,达到最佳学习效果。数码维修工程师鉴定指导中心提供了网络远程教学和多媒体视频自学两种培训途径,学习者可以直接登录数码维修工程师官方网站进行培训或定制购买配套的 VCD 系列教学光盘进行自学(本书不含光盘,如有需要请读者按以下地址联系购买)。另外,每本图书均附赠价值 50 积分的数码维修工程师远程培训基金(培训基金以"学习卡"的形式提供),读者可凭借此卡登录数码维修工程师的官方网站(www.chinadse.org)获得超值技术服务。网站提供有最新的行业信息；大量的视频教学资源、图纸手册等学习资料以及技术论坛。读者还可通过网站的技术交流平台进行技术的交流与咨询。

通过学习与实践还可参加相关资质的国家职业资格或工程师资格认证，可获得相应等级的国家职业资格或数码维修工程师资格证书。如果读者在学习和考核认证方面有什么问题，可通过以下方式与我们联系。

数码维修工程师鉴定指导中心

网址：http://www.chinadse.org

联系电话：022-83718162/83715667/13114807267

E-MAIL：chinadse@163.com

地址：天津市南开区榕苑路4号天发科技园8-1-401

邮编：300384

编 者

目　录

第1部分
家用电子产品维修工考核鉴定范围和要求 >>>>>

▶ 1.1 职业概况

1.1.1 职业名称

家用电子产品维修工。

1.1.2 职业定义

使用高、低频信号发生器、示波器、万用表等仪器仪表,对家用电视机、录像机、音响、音频家用电子产品进行检测、调试、维修的人员。

1.1.3 职业等级

本职业共设五个等级,分别为:初级(国家职业资格五级)、中级(国家职业资格四级)、高级(国家职业资格三级)、技师(国家职业资格二级)、高级技师(国家职业资格一级)。

1.1.4 职业环境

室内,常温。

1.1.5 职业能力特征

应具有相应的计算、分析、推理和判断能力;手指、手臂灵活,动作协调;听力、色觉强。

1.1.6 基本文化程度

高中毕业(或同等学历)。

1.1.7 培训要求

1. 培训期限

全日制职业学校教育,根据其培养目标和教学计划确定。晋级培训期限:初级不少于300标准学时;中级不少于240标准学时;高级不少于200标准学时;技师不少于180标准学时;高级技师不少于120标准学时。

2. 培训教师

培训初级、中级家用电子产品维修工的教师应具有本职业高级及以上职业资格证书或相关专业中级以上专业技术职务任职资格;培训高级家用电子产品维修工的教师应具有本职业技师及以上职业资格证书或相关专业高级专业技术职务任职资格;培训家用电子产品维修工技师、高级技师的教师应具有本职业高级技师职业资格证书2年以上或相关专业高级专业技术职务任职资格。

3. 培训场地设备

标准教室和具有必备的教学设备、仪器、工具的技能训练场地。

1.1.8　鉴定要求

1. 适用对象

从事或准备从事本职业的人员。

2. 申报条件

——初级(具备以下条件之一者)

(1)经本职业初级正规培训达规定标准学时数,并取得结业证书。

(2)在本职业连续见习工作2年以上。

(3)本职业学徒期满。

——中级(具备以下条件之一者)

(1)取得本职业初级职业资格证书后,连续从事本职业工作3年以上,经本职业中级正规培训达规定标准学时数,并取得结业证书。

(2)取得本职业初级职业资格证书后,连续从事本职业工作5年以上。

(3)连续从事本职业工作7年以上。

(4)取得经人力资源和社会保障行政部门审核认定的、以中级技能为培养目标的中等及以上职业学校本职业(专业)毕业证书。

——高级(具备以下条件之一者)

(1)取得本职业中级职业资格证书后,连续从事本职业工作4年以上,经本职业高级正规培训达规定标准学时数,并取得结业证书。

(2)取得本职业中级职业资格证书后,连续从事本职业工作6年以上。

(3)取得高级技工学校或经人力资源和社会保障行政部门审核认定的、以高级技能为培养目标的高等职业学校本职业(专业)毕业证书。

(4)取得本职业中级职业资格证书的大专及以上本专业或相关专业毕业生,连续从事本职业工作2年以上。

——技师(具备以下条件之一者)

(1)取得本职业高级职业资格证书后,连续从事本职业工作5年以上,经本职业技师正规培训达规定标准学时数,并取得结业证书。

(2)取得本职业高级职业资格证书后,连续从事本职业工作7年以上。

(3)取得本职业高级职业资格证书的高级技工学校本职业(专业)毕业生和大专及以上本专业或相关专业的毕业生,连续从事本职业工作2年以上。

——高级技师(具备以下条件之一者)

(1)取得本职业技师职业资格证书后,连续从事本职业工作3年以上,经本职业高级技师正规培训达规定标准学时数,并取得结业证书。

(2)取得本职业技师职业资格证书后,连续从事本职业工作5年以上。

3. 鉴定方式

分为理论知识考试和技能操作考核。理论知识考试采取闭卷笔试方式,技能操作考核采取现场实际操作方式。理论知识考试和技能操作考核均实行百分制,成绩皆达60分及以上者为合格。技师、高级技师还须进行综合评审。

4. 考评人员与考生配比

理论知识考试考评人员与考生配比为1∶15,每个标准教室不少于2名考评人员;技能操作考核考评员与考生配比为1∶5,且不少于3名考评员;综合评审委员不少于3人。

5. 鉴定时间

理论知识考试时间不少于90min;技能操作考核时间不少于90min;综合评审时间不少于15min。

6. 鉴定场所设备

理论知识考试在标准教室进行;技能操作考核在具有一定数量可操作设备和测试仪表的现场进行。

▶ 1.2 基本要求

1.2.1 职业道德

1. 职业道德基本知识

2. 职业守则

(1)遵守法律、法规和有关规定。

(2)爱岗敬业,忠于职守,自觉认真履行各项职责。

(3)工作认真负责,严于律己,吃苦耐劳。

(4)刻苦学习,钻研业务,努力提高思想和科学文化素质。

(5)谦虚谨慎,团结协作,主动配合。

1.2.2 基础知识

1. 直流电路

(1)电流、电压、电功率等电工基本物理量知识。

(2)欧姆定律。

(3)基尔霍夫定律。

2. 常用电子元件

(1)电阻元件。

(2)电容元件。

(3)电感元件。

3. 正弦交流电和正弦交流电路

(1)正弦交流电基本概念。

(2)正弦交流电路基本知识。

4. 谐振电路

(1)串联谐振电路。

(2)并联谐振电路。

5. 磁路基本知识

(1)磁路基本概念。

(2)电磁感应定律。

(3)变压器。

6. 晶体二极管、晶体三极管和稳压管

(1)晶体二极管。

(2)稳压管。

(3)晶体三极管。

7. 模拟电路基础

(1)基本放大电路。

(2)射极输出器。

(3)多极放大电路。

(4)放大电路中的反馈。

(5)正弦波振荡电路。

(6)集成运算放大器。

(7)功率放大电路。

(8)晶体场效应管放大电路。

8. 电源电路

(1)整流电路。

(2)滤波电路。

(3)稳压电源。

(4)开关电源。

9. 电声器件基础

(1)扬声器。

(2)传声器。

(3)蜂鸣器。

10. 信号传输基础

(1)无线电波基本概念。

(2)无线电波传播方式。

(3)无线电波调制与解调。

(4)有线传输基本概念。

11. 常用电子仪器仪表

(1)万用表。

(2)示波器。

(3)信号发生器。

12. 电路焊接与机械拆装

(1)焊接工具及材料。

(2)电子元器件的焊接。

(3)贴片元件的焊接。

(4)拆装工具与拆装方法。

13. 安全操作规程

(1)环境安全知识。

(2)仪器仪表安全知识。

(3)待修设备安全知识。

14. 相关法律、法规知识

(1)《中华人民共和国消费者权益保护法》相关知识。

(2)《中华人民共和国价格法》相关知识。

(3)《中华人民共和国劳动合同法》相关知识。

1.3 工 作 要 求

本标准对初级、中级、高级、技师、高级技师的技能要求依次递进,高级别涵盖低级别的要求。

1.3.1 初级

职业功能	工作内容	技 能 要 求	相 关 知 识
一、维修收音机	(一)故障分析、诊断和排除	1. 能按照收音机的结构图拆、装收音机 2. 能根据收音机的故障现象进行分析并定位 3. 能按照收音机的电原理图对收音机高频、中频、解调、低频电路的故障进行检修	1. 收音机拆装规程 2. 收音机的整机结构和组装原理 3. 收音机的电路结构、信号流程及工作原理 4. 高频、中频、解调、低频电路的结构和原理
	(二)调试	1. 能调整收音机的灵敏度 2. 能调整收音机的中频标准频率 3. 能调整收音机的频率覆盖范围 4. 能调整收音机的失真度	1. 收音机各部分的电参数标准 2. 收音机的调试方法

续表

职业功能	工作内容	技　能　要　求	相　关　知　识
二、维修盒式磁带录音机	(一)故障分析、诊断和排除	1. 能根据盒式磁带录音机的故障现象进行分析并定位 2. 能按照盒式磁带录音机的电原理图对录音、放音和电源电路故障进行检修 3. 能对磁头、电机和机械传动系统故障进行检修	1. 录音机录音、放音和电源电路的基本结构、信号流程和工作原理 2. 磁头、电机的结构和工作原理 3. 录音机机械系统的结构和工作原理
	(二)调试	1. 能调试录音机的录音、放音电路 2. 能调整录音机机芯的机械传动和磁头位置	1. 录音机的调试方法 2. 录音机调试用的仪表及工具的使用方法 3. 录音机部件拆装规程
三、维修电视机	(一)黑白电视机的故障分析、诊断和排除	1. 能根据黑白电视机的故障现象进行分析并定位 2. 能按照黑白电视机的电原理图对图像通道、伴音通道、扫描电路、电源电路的故障进行检修 3. 能对黑白显像管及附属电路进行检修	1. 黑白电视机的整机电路构成 2. 黑白电视机各单元电路的功能 3. 电视信号的特点 4. 电视信号的发射、传输和接收方式
	(二)彩色电视机的故障分析、诊断和排除	1. 能根据彩色电视机的故障现象进行分析并定位 2. 能按照彩色电视机的电原理图对图像通道、伴音通道、色度通道、扫描电路、电源电路的故障进行检修 3. 能对彩色显像管及附属电路进行检修	1. 彩色电视机的整机电路构成 2. 彩色电视机各单元电路的功能 3. 彩色电视信号与黑白信号的区别及兼容性 4. 三基色原理及彩色显像原理 5. 彩色电视信号的制式以及编码、解码过程 6. 调谐器的结构、调谐方法和工作原理 7. 解码电路的构成和工作原理 8. 开关电源的结构和工作原理 9. 显像管、偏转线圈、回扫变压器等元器件的检测方法 10. 彩色电视机维修安全作业常识
	(三)电视机的调试	1. 能对电视机的伴音通道进行调整 2. 能对电视机的亮度、色度通道进行调整	1. 电视机伴音通道的调试方法 2. 电视机亮度、色度通道的调试方法

1.3.2 中级

职业功能	工作内容	技 能 要 求	相 关 知 识
一、维修组合音响	(一)故障分析、诊断和排除	1. 能根据组合音响的故障现象进行分析并定位 2. 能对录音座的故障进行检修 3. 能对数字调谐电路的故障进行检修 4. 能对音频信号处理电路及显示电路的故障进行检修 5. 能对 CD 唱机的故障进行检修	1. 组合音响的整机电路构成 2. 组合音响各单元电路的功能 3. 录音座的电路和机械结构以及信号流程 4. 数字调谐电路的结构和工作原理 5. 音频信号处理电路、显示电路的结构及工作原理 6．CD 唱机电路和机芯的工作原理
	(二)调试	1. 能对组合音响频率均衡器进行调试 2. 能对组合音响混响效果等进行调试 3. 能对组合音响额定输出功率进行调试	1. 组合音响的调试方法 2. 频率特性、失真度、动态范围等项目的测试方法
二、维修录像机	(一)故障分析、诊断和排除	1. 能根据录像机的故障现象进行分析并定位 2. 能对录像机视频系统的故障进行检修 3. 能对录像机伴音系统的故障进行检修 4. 能对录像机系统控制电路的故障进行检修 5. 能对录像机操作显示电路的故障进行检修 6. 能对录像机伺服系统的故障进行检修 7. 能对录像机电源电路的故障进行检修 8. 能对录像机的机械系统进行拆卸、安装和对位调整	1. 录像机的整机电路构成 2. 各单元电路的功能 3. 录像机机械及传动系统的结构和工作原理 4. 视频信号记录和重放电路的结构和工作原理 5. 音频系统的电路结构和工作原理 6. 系统控制电路的结构和工作原理 7. 操作显示电路的结构和工作原理 8. 伺服电路的结构和工作原理 9. 电源电路的结构和工作原理 10. 机械系统的结构特点和安装要求
	(二)调试	1. 能对录像机信号通道进行调整 2. 能对录像机伺服与控制电路进行调整	1. 录像机信号通道的调整方法 2. 录像机伺服与控制电路的调整方法
三、维修电视机	(一)故障分析、诊断和排除	1. 能对遥控发射、接收电路的故障进行分析和检修 2. 能对彩色电视机微处理器控制电路系统的故障进行分析和检修 3. 能对彩色电视机数模转换、模数转换等电路的故障进行分析和判断 4. 能对彩色电视机微处理器、存储器、控制接口等电路的故障进行分析和检修	1. 微处理器及外围电路的工作原理 2. 彩色电视机存储器的工作原理 3. 彩色电视机接口电路的工作原理 4. 彩色电视机遥控发射、接收电路的工作原理
	(二)调试	1. 能对彩色电视机白平衡进行调整 2. 能对彩色电视机显像管的会聚、色纯度进行调整	1. 彩色电视机白平衡的调整要点 2. 彩色电视机显像管的会聚、色纯度的调整要点 3. 彩色电视机测试卡的使用方法

1.3.3　高级

职业功能	工作内容	技 能 要 求	相 关 知 识
一、维修电视机	(一)故障分析、诊断和维修	1. 能根据多制式、多功能数字化电视机的故障现象进行分析并定位 2. 能对总线控制电路的故障进行检修 3. 能对多制式数字化电视机接收电路的故障进行检修 4. 能对多制式数字化电视机解码电路的故障进行检修 5. 能对扫描系统的故障进行检修 6. 能对电源电路的故障进行检修 7. 能对电视隔行扫描、逐行扫描、倍频等电路的故障进行检修	1. 多制式、多功能数字化电视机的整机构成及结构特点 2. 总线控制电路的结构和工作原理 3. 多制式接收电路的结构和工作原理 4. 多制式解码电路的结构和工作原理 5. 数字化扫描电路的结构和工作原理 6. 电源电路及工作原理
	(二)调试	1. 能对数字化电视机进行软件调整 2. 能对数字化电视机的存储数据及程序软件进行拷贝	1. 数字化电视机的软件调整要点 2. 电脑串并口的相关知识
二、维修激光视盘机	(一)故障分析、诊断和排除	1. 能根据视盘机的故障现象进行分析并定位 2. 能对激光头组件的故障进行检修 3. 能对数字信号处理电路的故障进行检修 4. 能对伺服系统的故障进行检修 5. 能对控制系统的故障进行检修 6. 能对音频和视频解码电路、输出电路的故障进行检修 7. 能对电源电路的故障进行检修	1. 激光视盘机的整机构成 2. 各单元电路的功能 3. 激光头组件的结构和光盘信息的读取原理 4. 数字信号处理电路的结构及信号流程 5. 伺服系统的结构及工作原理 6. 系统控制电路的结构及工作原理 7. 音/视频解码电路、数模变换器的结构和工作原理 8. 电源电路的结构和工作原理
	(二)调试	1. 能对装载系统进行调试 2. 能对激光头的进给系统进行调试 3. 能对激光功率进行调试	1. 激光视盘机的调试要点 2. 激光视盘机的装载、进给等系统的工作原理
三、维修数字机顶盒	(一)故障分析诊断和检修	1. 能根据数字机顶盒故障现象进行分析并定位 2. 能对数字机顶盒解码电路的故障进行检修 3. 能对数字机顶盒电源电路的故障进行检修	1. 数字机顶盒的整机构成 2. 数字机顶盒的各单元电路的功能 3. 数字机顶盒的信号流程
	(二)调试	1. 能对数字机顶盒各种功能菜单进行调整 2. 能对数字机顶盒进行软件升级	1. 数字机顶盒程序调整要点 2. 数字机顶盒智能卡与接口电路相关知识

续表

职业功能	工作内容	技 能 要 求	相 关 知 识
四、培训指导	（一）理论培训	1. 能编写培训讲义 2. 能讲授家用电子产品维修的基础理论知识	1. 职业教育基础知识 2. 理论知识讲授的基本方法
	（二）操作指导	能传授初、中级家用电子产品维修工的维修技能	技能操作指导的基本知识

1.3.4　技师

职业功能	工作内容	技 能 要 求	相 关 知 识
一、维修电视机	（一）故障分析诊断和排除	1. 能根据平板电视机的故障现象进行分析并定位 2. 能对平板电视机控制电路的故障进行检修 3. 能对平板电视机数字图像处理电路的故障进行检修 4. 能对平板电视机显示屏驱动电路的故障进行检修 5. 能对平板电视机背光驱动电路的故障进行检修 6. 能对平板电视机电源电路的故障进行检修	1. 平板电视机的整机电路构成 2. 平板电视机各单元电路功能 3. 平板电视机数字电路的结构、信号流程及工作原理 4. 平板电视机控制电路的结构及工作原理 5. 平板电视机显示屏驱动电路的结构及工作原理 6. 平板电视机背光驱动电路的结构及工作原理 7. 平板电视机电源电路的结构及工作原理
	（二）调试	1. 能对平板电视机进行软件调整 2. 能对平板电视机的电路参数进行设置 3. 能对平板电视机的电源参数进行调整	1. 平板电视机的软件调整要点 2. 平板电视机电路参数设置要求 3. 平板电视机电源调整要求
二、维修投影设备	（一）故障分析、诊断与排除	1. 能根据投影设备的故障现象进行分析并定位 2. 能对投影设备信号通道电路的故障进行检修 3. 能对投影设备控制电路的故障进行检修 4. 能对投影设备显示驱动电路的故障进行检修 5. 能对投影设备接口电路的故障进行检修 6. 能对投影设备电源电路的故障进行检修	1. 投影设备整机构成 2. 投影设备各单元电路的功能 3. 投影设备信号通道的结构与工作原理 4. 投影设备控制电路的结构与工作原理 5. 投影设备显示驱动电路的结构与工作原理 6. 投影设备接口电路的结构与工作原理 7. 投影设备电源电路的结构与工作原理
	（二）调试	1. 能对投影设备进行软件调整 2. 能对投影设备的电路参数进行设置 3. 能对投影设备的电源参数进行调整 4. 能对投影设备的白平衡和亮度电路进行调整	1. 投影设备的软件调整要点 2. 投影设备电路参数设置要求 3. 投影设备电源调整要求 4. 投影设备白平衡和亮度电路的调整要点

续表

职业功能	工作内容	技 能 要 求	相 关 知 识
三、维修音/视频处理器（AV 功放）	（一）故障分析、诊断和排除	1. 能根据音/视频处理器（AV 功放）的故障现象进行分析并定位 2. 能对视频增强电路的故障进行检修 3. 能对环绕立体声解码器的故障进行检修 4. 能对音频功率放大器的故障进行检修 5. 能对音/视频处理器（AV 功放）电源电路的故障进行检修	1. 音/视频处理器（AV 功放）整机构成 2. 音/视频处理器（AV 功放）各单元电路的功能 3. 视频增强电路的结构和工作原理 4. 环绕立体声解码器、电路的结构和工作原理 5. 音频功率放大器电路的结构及工作原理 6. 音/视频处理器（AV 功放）电源电路的结构和工作原理
	（二）调试	1. 能对音/视频处理器（AV 功放）频率均衡器进行调试 2. 能对音/视频处理器（AV 功放）混响效果等进行调试 3. 能对音/视频处理器（AV 功放）额定输出功率进行调试	1. 音/视频处理器（AV 功放）的调试要点 2. 频率特性、失真度、动态范围等项目的测试要点
四、培训指导	（一）理论培训	1. 能编写培训教案 2. 能讲授初、中、高级家用电子产品维修理论知识 3. 能撰写技术总结	1. 培训教案的编写要求 2. 现代教育技术知识 3. 理论知识传授的方法
	（二）操作指导	能指导初、中、高级家用电子产品维修工维修技能	技能操作技巧的指导

1.3.5　高级技师

职业功能	工作内容	技 能 要 求	相 关 知 识
一、维修光盘/硬盘录像机	（一）故障分析诊断和排除	1. 能根据光盘/硬盘录像机的故障现象进行分析并定位 2. 能对光盘/硬盘录像机控制电路的故障进行检修 3. 能对光盘/硬盘录像机数字音视频处理电路的故障进行检修 4. 能对光盘/硬盘录像机伺服电路的故障进行检修 5. 能对光盘/硬盘录像机接口电路的故障进行检修 6. 能对光盘/硬盘录像机显示电路的故障进行检修 7. 能对光盘/硬盘录像机电源电路的故障进行检修	1. 光盘/硬盘录像机整机构成 2. 光盘/硬盘录像机各单元电路的功能 3. 光盘/硬盘录像机控制电路的结构和工作原理 4. 光盘/硬盘录像机数字音视频处理电路结构和工作原理 5. 光盘/硬盘录像机伺服电路结构及工作原理 6. 光盘/硬盘录像机接口电路的结构和工作原理 7. 光盘/硬盘录像机显示电路结构及工作原理 8. 光盘/硬盘录像机电源电路结构及工作原理

续表

职业功能	工作内容	技 能 要 求	相 关 知 识
一、维修光盘/硬盘录像机	（二）调试	1. 能对光盘/硬盘录像机进行软件调整 2. 能对光盘/硬盘录像机的电路参数进行设置 3. 能对光盘/硬盘录像机的电源参数进行调整	1. 光盘/硬盘录像机的软件调整要点 2. 光盘/硬盘录像机电路参数设置要求 3. 光盘/硬盘录像机电源的调整要求
二、维修数字摄录一体机	（一）故障分析、诊断与排除	1. 能根据数字摄录一体机的故障现象进行分析并定位 2. 能对数字式摄录一体机摄像信号处理电路的故障进行检修 3. 能对数字式摄录一体机摄像控制系统故障进行检修 4. 能对数字式摄录一体机录像、放像系统的故障进行检修 5. 能对数字式摄录一体机的机械故障进行检修 6. 能对数字式摄录一体机光学系统的故障进行检修	1. 数字摄录一体机的整机电路构成 2. 数字摄录一体机各单元电路的功能 3. 数字摄录一体机摄像信号处理电路的结构和工作原理 4. 数字摄录一体机摄像控制电路的结构和工作原理 5. 数字摄录一体机视频信号录放电路和音频信号录放电路的结构和工作原理 6. 数字摄录一体机的机械结构与原理 7. 数字摄录一体机光学系统的结构与原理
	（二）调试	1. 能对数字摄录一体机进行软件调整 2. 能对数字摄录一体机的电路参数进行设置 3. 能对数字摄录一体机的电源参数进行调整	1. 数字摄录一体机的软件调整要点 2. 数字摄录一体机电路参数设置要求 3. 数字摄录一体机电源的调整要求
三、培训指导	（一）培训指导	1. 能讲授初级、中级、高级、技师家用电子产品维修理论知识 2. 能指导家用电子产品维修新技术的应用	1. 培训、教学的基本要求 2. 家用电子产品的发展动态
	（二）技术指导	1. 能撰写技术论文 2. 能编写家用电子产品维修操作指导书	1. 论文的撰写要点 2. 维修操作指导书的编写要点

▶ 1.4　比　重　表

1.4.1　理论知识

项　　目		初级（%）	中级（%）	高级（%）	技师（%）	高级技师（%）
基本要求	职业道德	5	5	5	5	5
	基础知识	20	15	10	5	5

续表

项　　目		初级(%)	中级(%)	高级(%)	技师(%)	高级技师(%)
相关知识	维修收音机	20	—	—	—	—
	维修盒式磁带录音机	20	—	—	—	—
	维修电视机	35	40	40	30	10
	维修组合音响	—	20	—	—	—
	维修录像机	—	20	—	—	—
	维修激光视盘机	—	—	25	5	10
	维修数字机顶盒	—		15	—	—
	维修投影设备	—	—	—	20	—
	维修音/视频处理器(AV功放)	—	—	—	25	—
	维修光盘/硬盘录像机	—	—	—	—	30
	维修数字摄录一体机	—	—	—	—	30
	培训指导	—	—	5	10	10
合计		100	100	100	100	100

1.4.2　技能操作

项　　目		初级(%)	中级(%)	高级(%)	技师(%)	高级技师(%)
技能要求	维修收音机	30	—	—	—	—
	维修盒式磁带录音机	30	—	—	—	—
	维修电视机	40	40	40	30	15
	维修组合音响	—	30	—	—	—
	维修录像机	—	30	—	—	—
	维修激光视盘机	—	—	40	10	15
	维修数字机顶盒	—	—	15	—	—
	维修投影设备	—	—	—	20	—
	维修音/视频处理器(AV功放)	—	—	—	30	—
	维修光盘/硬盘录像机	—	—	—	—	30
	维修数字摄录一体机	—	—	—	—	30
	培训指导	—	—	5	10	10
合计		100	100	100	100	100

第2部分
电子电路的考核鉴定内容

 ## 2.1 电子电路图形符号的考核要点

一、选择题

考核试题1：
可变电阻器在电路中使用哪种电路符号进行标识（ ）？

（A）   （B）   （C）   （D）

解答 B

解析 电阻器是电子电路中最普遍的电子元器件，由于它对电流有阻碍作用，在电子产品中常用作限流和分压元件，图2-1所示为电阻器的电路符号。

普通电阻器   熔断电阻器   可变电阻器或电位器   光敏电阻器

热敏电阻器   压敏电阻器   湿敏电阻器   气敏电阻器   排电阻器

图2-1 电阻器的电路符号

考核试题2：
图形符号"～"表示（ ）。

（A）交流   （B）直流   （C）交直流   （D）接地

解答 A

解析 表2-1所列为电子电路中常见的基本标识符号。

表2-1 常见电子电路中的基本图形符号

名　称	符号	图　形	名　称	符号	图　形
交流	AC	〜	交叉不相连的导线		┼
直流	DC	-----	交叉相连的导线		┿
交直流	AC/DC	≈	丁字路口连接的导线		┳ 或 ┳
正极	+		力或电流等按箭头方向传送		→

续表 2-1

名　称	符号	图　形	名　称	符号	图　形
负极		—	信号输出端		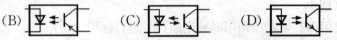
接地	GND	⊥ 或 ↓	信号输入端		
导线的连接点		●	信号输入、输出端		

考核试题 3：

光电耦合器正确的图形符号是（　）。

(A) 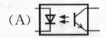　(B) 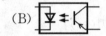　(C) 　(D)

解答　D

解析　光电耦合器是近年来应用日益广泛的一种半导体光电器件，其内部是由发光二极管和光敏晶体管构成的，它的工作过程就是一个电→光→电的变换过程，从而实现输入电信号与输出电信号间用光传输，又具有输入与输出之间电气隔离的作用，其实物外形与电路符号如图 2-2 所示。

电路符号

图 2-2　典型光耦合器的实物外形

考核试题 4：

表示直流电动机的图形符号的是（　）。

(A) 　(B) 　(C) 　(D) Ⓖ

解答　A

解析　直流电动机是由直流电源（需区分电源的正负极）供给的电能，并可将电能转变为机械能的电动装置，在电路中的电路符号为"Ⓜ"，常采用字母"M"进行标识。实用电路中也常简化为"Ⓜ"由于直流电动机具有良好的可控性能，因此很多对调速性能要求较高的产品中都采用了直流电动机作为动力源。图 2-3 所示为直流电动机

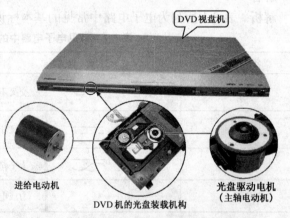

DVD 视盘机

进给电动机

DVD 机的光盘装载机构

光盘驱动电机（主轴电动机）

图 2-3　直流电动机在 DVD 视盘机中的应用

在 DVD 视盘机中的应用。

考核试题5：

以下哪一项是扬声器电路符号及文字标识（　）。

(A)〒FB　　(B)〒BL　　(C)◁BL　　(D)仐FB

解答　C

解析　扬声器俗称喇叭，是一种能够将电信号转换为声波的电声器件，其电路符号为"◁"，常使用字母"BL"进行标识，图 2-4 所示为典型扬声器的实物外形。扬声器的应用比较广泛，例如，电视机、收音机、放音机、组合音响、家庭影院等。

扬声器正面图　　扬声器背面图

图 2-4　典型扬声器的实物外形

在上述的错误答案中，"〒"为电铃的电路符号、"〒"为蜂鸣器的电路符号、"仐"为报警器的电路符号。

二、填空题

考核试题1：

在图 2-5 中，"⌇⌇⌇"表示_____，"L101"表示_____，"33μH"表示_____。（答案选项：电感器名称标识及序号、普通电感器、电感器的电感量）

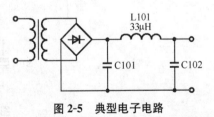

图 2-5　典型电子电路

解答　普通电感器、电感器名称标识及序号、电感器的电感量

解析　电感器是一种储能元件，根据其种类的不同，电路标识也有所不同，图 2-6 所示为电感器的电路符号。电感器在电子电路中通常标识有"名称""序号""电感量"和"允许偏差"等相关信息，其中"L"为电感器的名称标识、"101"为电感器的序号标识、"33μH"为电感器的电感量标识。

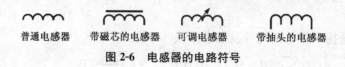

普通电感器　　带磁芯的电感器　　可调电感器　　带抽头的电感器

图 2-6　电感器的电路符号

考核试题 2：

晶闸管的种类多样，不同类型的晶闸管的功能和电路标识都会有所不同，其中电路符号
" ∀ "表示＿＿＿＿＿晶闸管、" ∀ "表示＿＿＿＿＿晶闸管、" ∀ "表示＿＿＿＿＿晶闸管。

（答案选项：可关断、双向、单向）

　　解答　单向、可关断、双向

　　解析　晶闸管是一种可控整流器件，能工作在高电压、大电流的条件下，且工作过程可以
控制，也具有开关的作用，根据其类型的不同其电路符号也有所不同，图 2-7 所示为晶闸管的电
路符号。

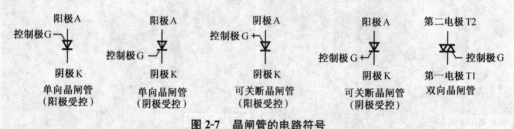

单向晶闸管　　　单向晶闸管　　　可关断晶闸管　　　可关断晶闸管　　　双向晶闸管
（阳极受控）　　（阴极受控）　　（阳极受控）　　　（阴极受控）

图 2-7　晶闸管的电路符号

考核试题 3：

在许多电子产品中都会使用到轻触式按钮开关，用户通过按键为微处理器输入人工指令，
如图 2-8 所示，该图中常使用字符＿＿＿＿＿进行标记，或根据按钮开关的功能进行标记。

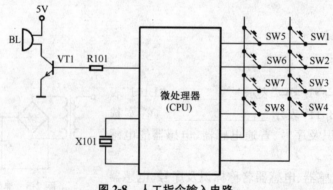

图 2-8　人工指令输入电路

　　解答　SW

　　解析　轻触式按钮开关具有良好的密封性，其结构简单，外形美观、耐环境优良、便于高密
度化的特点，被广泛应用于电视机、显示器等电子电器产品中，常使用字母"SW"进行标识，或
根据按钮的功能进行标记，如图 2-9 所示。

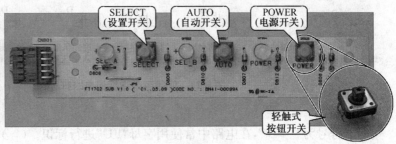

图 2-9 轻触式按钮开关的标记方法

考核试题4：

电磁继电器是电子产品中应用非常广泛的电子元件，主要由线圈、常开/常闭触点构成，图 2-10 中 KM1 表示为_____、KM1-1 表示为_____、KM1-2 表示为_____,SB1 表示为_____。

解答 继电器线圈、继电器常开触点、继电器常闭触点、启动按钮开关

解析 电磁继电器主要应用于电视机、显示器等电子产品中,在电路中常使用字母"KM"进行标识。

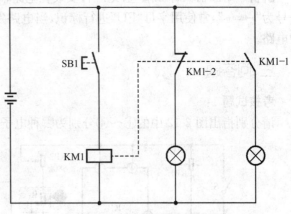

图 2-10 典型电磁继电器的结构

三、判断题

考核试题1：

在图"$\overset{VS1}{\underset{2P4MH}{}}$"中"VS1"为单向晶闸管的序号标识,"2P4MH"为单向晶闸管的名称标识。（　）

解答 错误

解析 晶闸管在电子电路中通常标识有"名称""序号"和"型号"等相关信息,其中"VS"为晶闸管的名称标识、与数字"1"组合标识了晶闸管在电路图中的序号、在晶闸管名称及序号标识的下方通常标识有晶闸管的型号,因此在该图中"VS1"为单向晶闸管的名称及序号标识,"2P4MH"为单向晶闸管的型号标识。

考核试题2：

电路符号"⊥⊢"为晶体三极管。（　）

解答 错误

解析 电路符号"⊥⊢"为场效应晶体管。场效应晶体管是一种电压控制器件,具有电压放大作用,通常用来制作低噪声、高增益放大器,根据其类型的不同其电路符号也有所不同,图 2-11 所示为场效应晶体管的电路符号。

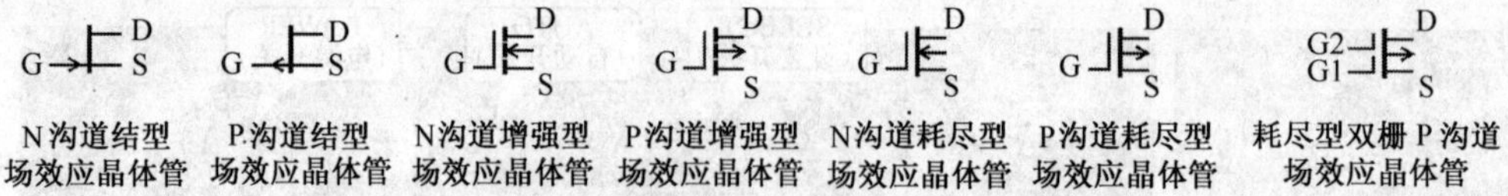

N沟道结型	P沟道结型	N沟道增强型	P沟道增强型	N沟道耗尽型	P沟道耗尽型	耗尽型双栅P沟道
场效应晶体管	场效应晶体管	场效应晶体管	场效应晶体管	场效应晶体管	场效应晶体管	场效应晶体管

图 2-11　场效应晶体管的电路符号

考核试题 3：

熔断器符号为"—■—"，在电路中常使用字母"FU"进行标识。（　）

解答　正确

解析　熔断器又称保险丝，是一种安装在电路中以保证电路安全运行的电子元件，其电路符号为"—■—"，常使用字母"FU"进行标识，当电路发生过流或过载等故障时，会迅速熔断，保护电路。

三、问答题

考核试题 1：

请分别指出图 2-12 中的①～④分别为哪种电子元器件以及标识信息的含义。

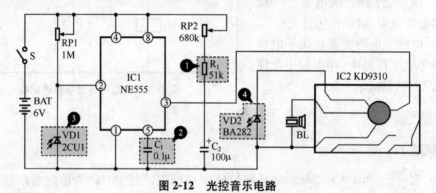

图 2-12　光控音乐电路

解答　①的电路符号"—■—"表示普通电阻器、"R_1"表示普通电阻器的名称标识及序号、"51k"表示该电阻器的阻值为 51kΩ。

②的电路符号"╧"表示普通电容器、"C1"表示普通电容器的名称标识及序号、"0.1μ"表示普通电容器的电容量为 0.1μF。

③的电路符号"⚡"表示光敏二极管、"VD1"表示光敏二极管的名称标识及序号、"2CU1"表示该二极管的型号。

④的电路符号"⚡"表示发光二极管、"VD2"表示发光二极管的名称标识及序号、"BA282"表示该二极管的型号。

解析　普通电阻器的电路符号为"—■—"；在电路中名称标识通常为"R"，与数字组合标识了电阻器在电路图中的序号；电阻器的电阻值单位为"Ω"，在电路中为了简化标识，都将"Ω"字符省略。

电容器是一种可储存电能的元件,根据其种类的不同,电路符号及名称标识也有所不同,图 2-13 所示为电容器的电路符号及名称标识。电容器在电子电路中通常标识有"名称""序号""电容量""耐压值"和"允许偏差"等相关信息,其中"C"为电容器的名称标识、与数字组合标识了电容器在电路图中的序号、电容器的电容量单位为"F",在电路中为了简化标识,都将"F"字符省略。

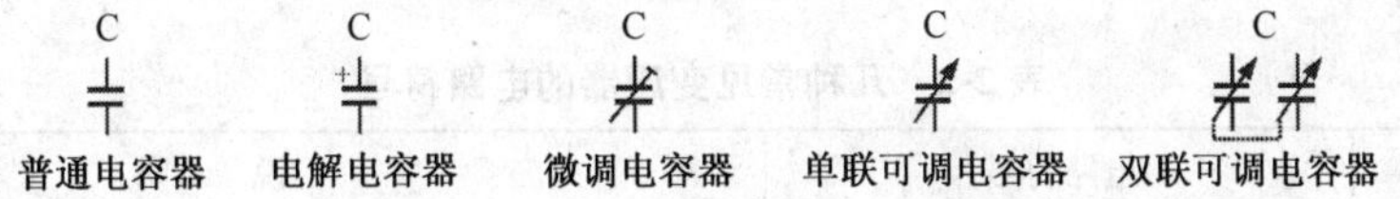

图 2-13 电容器的电路符号及名称标识

二极管是一种常用的具有一个 PN 结的半导体器件,根据其种类的不同,电路符号及名称标识也有所不同,图 2-14 所示为二极管的电路符号及名称标识。二极管在电子电路中通常标识有"名称""序号"和"型号"等相关信息,其中"VD、LED、VZ"为二极管的名称标识、与数字组合标识了二极管在电路图中的序号、在二极管的名称及序号标识的下方通常标识有二极管的型号。

VD　　　LED　　　VD　　　VZ　　　VD　　　VZ　　　VD

普通二极管　发光二极管　光敏二极管　稳压二极管　变容二极管　双向稳压管　双向触发二极管

图 2-14 二极管的电路符号及名称标识

考核试题2:

根据图 2-15 中各变压器的图形符号,填写出各变压器的类型。(答案选项:高频变压器、中频变压器、普通带铁心变压器、带相位标记的变压器、双次级绕组变压器、有中间抽头的变压器、自耦变压器、音频变压器)

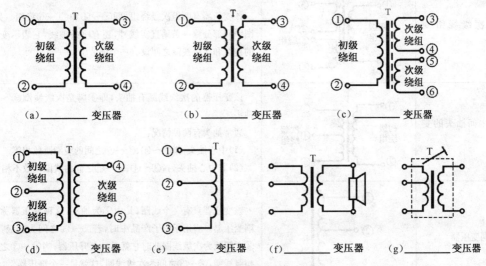

图 2-15 变压器的图形符号

解答 (a)普通带铁心变压器、(b)带相位标记的变压器、(c)双次级绕组变压器、(d)有中间抽头的变压器、(e)自耦变压器、(f)音频变压器、(g)中频变压器

解析 变压器通常只有一组初级线圈,但是次级线圈可以是一组,也可以是多组,初级绕组和次级线圈都可以有抽头。变压器能根据需要通过改变次级线圈的圈数而改变次级电压。几种常见变压器的电路符号见表 2-2 所列,从各符号中可以很容易看出变压器内部的基本结构。

表 2-2　几种常见变压器的电路符号

类　型	电路符号	说　明
普通带铁心变压器	① T ③ 初级绕组　次级绕组 ② ④	该变压器共有两组线圈,其中①~②为初级线圈绕组,③~④为次级线圈绕组,中间的垂直实线表示该变压器有铁心。电源变压器主要用于电压转换以及电源隔离
变压器	① T ③ 初级绕组　次级绕组 ② ④	该变压器与上述变压器基本相同,只是中间没有垂直实线,表示这种变压器没有铁心。(有些电路图中也表示有铁心变压器)
带相位标记的变压器	① •T• ③ 初级绕组　次级绕组 ② ④	在该变压器的初级和次级线圈的一端画有一个小黑点,表示①、③端的极性相同,即当①为正时,③也为正;①为负时,③也为负。多用于对输出端信号的相位有要求时(若次级线圈为两组绕组,有时要求输出的信号相位对称)使用
双次级绕组变压器	① T 初级绕组　④ 次级绕组 ⑤ ② ⑥	该变压器有两组次级绕组,即③~④和⑤~⑥绕组。另外,图中间部分除一条垂直实线外,还有一条虚线,它表示变压器的初级和次级线圈之间设有一个屏蔽层
有中间抽头的变压器	① T ③ 初级绕组　④ 次级绕组 ② ⑤	该变压器的次级线圈有抽头,即④脚是次级线圈③~⑤的抽头。 通常抽头有两种情况: (1)中心抽头,指③~④、④~⑤之间的线圈匝数相等 (2)非中心抽头,指③~④、④~⑤之间的线圈匝数不相等
自耦变压器	① T ② ③	该变压器只有一个线圈,其中②为抽头,这种变压器称为自耦变压器。应用于电子产品中时,若②~③之间为初级,①~③之间就为次级线圈此时它就是一个升压器;当①~③之间为初级线圈,②~③之间为次级线圈,这就是一个降压器

续表 2-2

类　型	电路符号	说　明
音频变压器		音频变压器是传输音频信号的变压器,根据功能它分为输入变压器和输出变压器,它们分别接在功率放大器的输入级和输出级。 音频变压器的频率工作在音频范围内,主要用来耦合信号,进行阻抗的匹配。在一些纯功放电路中,如高保真音响放大器,需要采用高品质的音频变压器
中频变压器		一般变压器仅仅利用电磁感应原理,而中频变压器除此以外还应用了并联谐振原理。因此,中频变压器不仅具有普通变压器变换电压、电流及阻抗的特性,它还具有谐振于某一特定频率的特性。在超外差收音机中,它起到了选频和耦合作用,在很大的程度上决定了灵敏度、选择性和通频带等指标。其谐振频率在调幅式收音机中为 465kHz,在调频式体收音机中为 10.7MHz,电视机的中频变压器为 38MHz

2.2　电子电路基础知识的考核要点

一、选择题

考核试题 1:

全波整流 LC 滤波电路的输出直流电压 U_0 近似等于(　　)。(U_2 是变压器次级电压有效值)

(A)$0.45U_2$　　　(B)$\sqrt{2}U_2$　　　(C)$2\sqrt{2}U_2$　　　(D)$0.9U_2$

解答　D

解析　图 2-16 中变压器次级线圈由抽头分成上下两个部分,组成两个半波整流电路。VD1 对交流输入正半周电压进行整流;二极管 VD2 对交流输入负半周的电压进行整流,这样最后得到两个合成的电流称为全波整流。

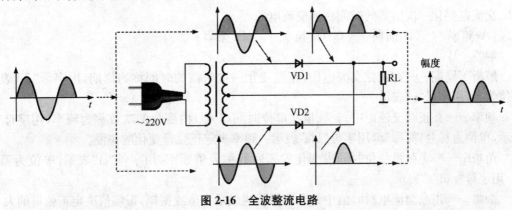

图 2-16　全波整流电路

在半波整流电路中,负载上得到的是脉动直流电压,这个直流电压 U_0 等于正弦半波电压在一个周期内的平均值,它等于变压器次级电压有效值的 45%,即 $U_0=0.45U_2$。

在全波整流电路中,其直流成分是半波整流时直流成分的两倍,即 $U_0=0.9U_2$。

考核试题 2:

大小和方向都不随时间变化的电源称为( )。

(A)恒流源   (B)受控源   (C)直流电源   (D)交流电源

解答 C

解析 直流一般是指方向不随时间变化的电流(简称 DC),那么我们将直流通过电路称为直流电路。直流电源是形成并保持电路中恒定直流电压的供电装置,如干电池、蓄电池、直流发电机等直流电源,直流电源有正、负两级。

考核试题 3:

电源力把单位正电荷从低电位经电源内部移动到高电位所做的功定义为( )。

(A)电位   (B)电动势   (C)电压   (D)电流

解答 B

解析 电动势是描述电源性质的重要物理量,用字母"E"表示,单位为"V"(伏特),它是表示单位正电荷经电源内部,从负极移动到正极所作的功。它标志着电源将其他形式能量转换成电路的动力(即电源供应电路的能力)。

电动势的含义用公式表示即 $E=\dfrac{W}{Q}$

其中 E 为电动势,单位为"V"(伏特);W 表示将正电荷经电源内部从负极引导正极所做的功,单位为"J"(焦耳);Q 表示移动的正电荷数量,单位为"C"(库伦)。

考核试题 4:

电路中流过电阻的电流强度与( )成正比。

(A)电阻的温度   (B)电阻的大小   (C)电源的电功率   (D)电阻两端的电压

解答 D

解析 欧姆定律规定了电压(U)、电流(I)和电阻(R)之间的关系,在电路中,流过电阻器的电流与电阻器两端的电压成正比,与电阻成反比,即 $I=U/R$。

考核试题 5:

交流电变化一次所需的时间称为交流电的( )。

(A)频率   (B)周期   (C)角频率   (D)振幅

解答 B

解析 周期——在正弦交流电中,正弦变化一次所需的时间称为周期,用字母"T"表示,单位为秒,用字母"s"表示。

频率——在正弦交流电中,正弦量在单位时间(1 秒)内变化的次数称为频率,用字母"f"表示,单位为赫兹,简称赫,用字母"Hz"表示。频率决定正弦量变化的快慢。

角频率——正弦量单位时间内变化的弧度数称为角频率,用字母"ω"表示,单位为弧度/秒,用字母"rad/s"表示。

振幅——正弦交流电瞬时值中最大的数值叫做最大值或振幅,振幅值决定正弦量的大小。

考核试题6：

交流电路中有两个同频的正弦信号，计时起点选取不同，初相不同，但（　　）不变。

(A)频率　　(B)幅度　　(C)初相　　(D)相位差

解答　D

解析　当两个同频率正弦量的计时起点（$t=0$）改变时，它们的相位和初相位跟着改变，但相位差不变。

考核试题7：

交流电在某一时刻的大小称为交流电的（　　）。

(A)峰值　　(B)峰-峰值　　(C)瞬时值　　(D)有效值

解答　C

解析　峰值——从零基准点到波峰处的电压或电流值，如图 2-17(a)所示。峰值在一周中出现两次，一次是正最大值处，另一次是负最大值处。

峰-峰值——正弦波从一个峰到另一个峰的总的电压或电流值，如图 2-17(b)所示。它等于2倍的峰值。

瞬时值——电压或电流的瞬时值是正弦波上任意时间的值。

有效值——把一直流电流和一交流电流分别通过同一电阻，如果经过相同的时间产生相同的热量，我们就把这个直流电流的数值叫做该交流电流的有效值。

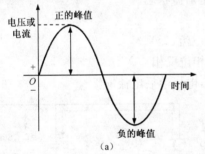 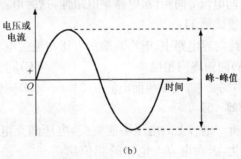

图 2-17　正弦波形的峰值和峰-峰值

(a)正弦波形的峰值　(b)正弦波形的峰-峰值

考核试题8：

两只阻值相同的电阻串联后，其阻值（　　）。

(A)等于两只电阻阻值之和的 1/2　　(B)等于两只电阻阻值的和

(C)等于两只电阻阻值的乘积　　(D)等于其中一只电阻阻值的一半

解答　B

解析　把两个或两个以上的电阻器依次首尾连接起来的方式称为"串联"，电阻器串联电路的特点是电路中各处电流相等（大小相等且方向相同），如图 2-18 所示。

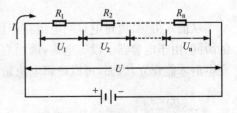

图 2-18　电阻器的串联电路

如果电阻串联连接到电源的两极，由于串联电路中各处电流相等，即有：$U_1 = I R_1$、$U_2 = I R_2$、$U_n = I$

R_n。而 $U=U_1+U_2+\cdots+U_n$，所以有 $U=I(R_1+R_2+\cdots+R_n)$，因而串联后的总电阻 R 为：$R=U/I=R_1+R_2+\cdots+R_n$，因而串联后的总电阻为各电阻之和。

考核试题 9：

在计算线性电阻电路的电压和电流时可用叠加原理，在计算线性电阻电路的功率时（　　）叠加原理。

(A)不可以用　　(B)可以用　　(C)有条件的使用　　(D)任意

解答　A

解析　功率不是电流和电压的一次函数，不能用叠加定理计算功率。

考核试题 10：

在 RLC 串联电路中，电路为感性电路，则（　　）

(A)电压滞后电流，感抗小于容抗　　　　(B)电压超前电流，感抗大于容抗

(C)电压同电流同相位，感抗等于容抗　　(D)电压超前电流，感抗小于容抗

解答　B

解析　电阻、电感及电容串联组成的电路常称为 RLC 串联电路，在 RLC 串联电路中当 $U_L>U_C$ 时，即 $X_L>X_C$ 时，$\phi_U>0$，说明电压 u 超前电流 i，电路呈感性；当 $U_L<U_C$ 时，即 $X_L<X_C$ 时，$\phi_U<0$，说明电压 u 滞后电流 i，电路呈容性；当 $U_L=U_C$ 时，即 $X_L=X_C$ 时，$\phi_U=0$，说明电压 u 同电流 i 同相位，电路呈电阻性，这时电路处于谐振状态。

考核试题 11：

在纯电容电路中，电容两端的电压与流过电容的电流（　　）。

(A)同频率同相位　　　　　　　(B)同频率相位反相

(C)同频率，电压超前电流 $\pi/2$　　(D)同频率，电压落后电流 $\pi/2$

解答　D

解析　电容上的电压不能突变，电压随充电的过程而变化，因而电容上电流的相位超前 $90°$。图 2-19 所示为纯电容构成的交流电路，在电容的两端加一正弦交流电压 $u_C=U_{Cm}\text{Sin}(\omega t)$，则电容中的电流 $i=\omega CU_{Cm}\text{Sin}(\omega t+90°)$。

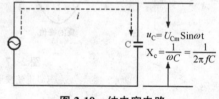

图 2-19　纯电容电路

式中"ωC"称为"容纳"，其倒数"$\dfrac{1}{\omega C}$"称为容抗，用字母"X_C"表示，即：

$$X_C=\frac{1}{\omega C}=\frac{1}{2\pi fC}$$

从前式可见，流过电容的电流在相位上总是超前其端电压 $90°$，当一个电压加到电容器上的瞬间，由于电容器上没有电荷，因而立即有电流给电容充电，电流建立。但电容上的电压待充电后才能建立，因而，可以理解电流超前电压。

二、填空题

考核试题 1：

_____内部是由四个二极管组成的,其电路符号为_____,常使用字母_____进行标识,在整流电路中可实现全波整流。

解答　桥式整流堆、 ⬦▷|◁⬦ 、VD

解析　在整流电路中,为了提高效率、减小体积,常采用四个二极管组成桥式整流堆实现全波整流,在电路中的图形符号为" ⬦▷|◁⬦ ",常使用字母"VD"进行标识,如图 2-20 所示。交流电正半周时,电流 I_1 经 VD2、负载 R、VD4 形成回路,负载上电压 U_R 为上正下负;交流电负半周时,电流 I_2 经 VD3、负载 R、VD1 形成回路,负载上电压 U_R 仍为上正下负,这样桥式整流堆输入的是交流电压输出的则是直流电压,从而实现了全波整流。

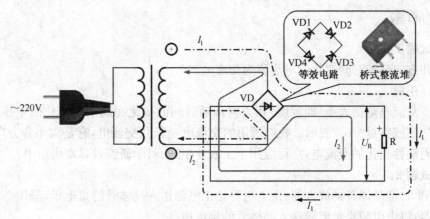

图 2-20　桥式整流堆的全波整流过程

考核试题 2:

图 2-21 所示的电路中,已知 TP1 相对于接地端的电压为 6V,问 TP2 对地之间电压是多少_____,TP3 相对于 TP2 的电压是多少_____。

解答　10V、2V

解析　由图可知,稳压二极管 ZD1 将 TP1 对地之间电压稳定在 6V 上,则与其串联连接的电阻器 R_1、R_2 分得电压也为 6V,R_1 与 R_2 串联,则其分压比等于其电阻比,

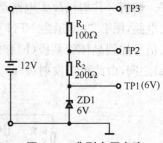

图 2-21　典型电子电路

即 $U_1:U_2=R_1:R_2=1:2$,可得 $U_1=2V$,$U_2=4V$,因此可知 R_1 上分压为 2V,R_2 上分压为 4V,计算可得:TP3 相对 TP2 的电压为 2V,TP2 对地之间电压为 4V+6V=10V。

考核试题 3:

图 2-22 所示电阻器和电容器串联连接后的组合再与电源连接,称为_____电路。

解答　RC 串联

解析　电阻器和电容器串联连接后的组合再与交流电源连接,称为 RC 串联电路。

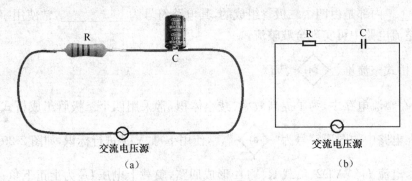

图 2-22　典型串联电路

(a)电路实物图　(b)电路原理图

三、判断题

考核试题1：

大小和方向都随时间变化的电流称为交流电。（　）

解答　正确

解析　交流电是指大小（即幅度）和方向都随时间的变化而周期性变化的电压和电流，通常用符号"～"或字母"AC"表示。我们所用的交流电是正弦交流电，它是大小和方向随时间按正弦规律周期性变化的交流电，广泛应用于工农业生产、科学研究及日常生活中。

考核试题2：

采用PNP型晶体管的放大器，供电电源是正电源送入晶体管的集电极，采用NPN型晶体管的放大器，供电电源是负电源送入晶体管的集电极。（　）

解答　错误

解析　共射极放大电路是指以发射极（e）为输入信号和输出信号的公共接地端的基本放大电路，图2-23所示为NPN型和PNP型晶体管共射极放大电路的基本结构。该电路是将输入信号加到晶体管基极（b）和发射极（e）之间，而输出信号又取自晶体管的集电极（c）和发射极（e）之间，由此可见发射极（e）为输入信号和输出信号的公共接地端。

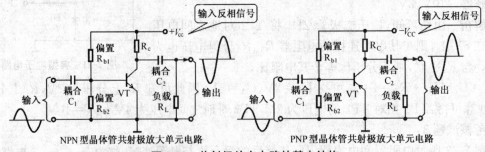

图 2-23　共射极放大电路的基本结构

从图可看出NPN型与PNP型晶体管放大器的最大不同之处在于供电电源：采用NPN型晶体管的放大器，供电电源是正电源送入晶体管的集电极（c）；采用PNP型晶体管的放大器，供电电源是负电源送入晶体管的集电极(c)。

该电路的关键器件包括一只晶体三极管 VT、电阻器 R_{b1}、R_{b2}、R_c、R_L 和电容 C_1、C_2。其中三极管 VT 是这一电路的核心部件,其主要功能是对信号进行放大的作用。

该电路中的直流通路流程:电源通过偏置电阻 R_{b1} 和 R_{b2} 给晶体管基极(b)供电;电源通过电阻 R_c 给晶体管集电极(c)供电;两个电容 C_1、C_2 则起到通交流隔直流作用的耦合电容;电阻 R_L 则是输出信号的负载电阻。

该电路中的交流通路流程:输入信号首先经电容 C_1 耦合后送入三极管 VT 的基极,经三极管 VT 放大后由其集电极输出,并经电容 C_2 耦合后输出。

2.3 电子电路识图技能的考核要点

一、选择题

考核试题1:

下面不属于脉冲信号波形的是( )。

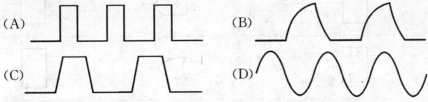

(A)   (B)

(C)   (D)

解答 D

解析 脉冲信号是一种不连续的隔散的突变信号,其脉冲突变的形状是多种多样的,常见的有矩形波、三角波、梯形波、锯齿波、阶梯波等,其波形如图 2-24 所示。脉冲信号在控制电路中应用的非常广泛。例如,在电子设备中,驱动继电器、蜂鸣器、步进电机的信号都采用脉冲信号,电子表中的计时信号也是脉冲信号。

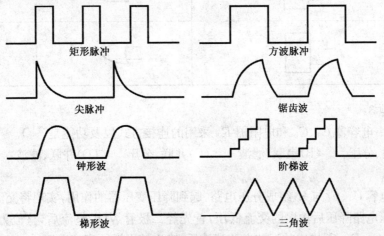

图 2-24 脉冲信号的波形

考核试题 2：

下面为与门电路逻辑符号的是(　　)。

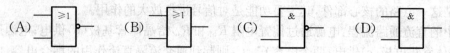

(A)　　　　　　(B)　　　　　　(C)　　　　　　(D)

解答　D

解析　逻辑门电路时最基本的数字电路,是所有数字电路的基础,它实际上是一种逻辑控制电路。当输入信号符合特定的逻辑关系时,它输出的是一种电平信号,当输入信号不符合这种逻辑关系时,它输出另一种不同的电平信号。最基本的逻辑电路有与门(AND)电路、或门(OR)电路和非门(NOT)电路等,在有些电路图中,有些门电路符号采用了国外标准,与我国家标准有所区别,为了帮助大家能够准确快速的识图,这里我们将国家标准与国外标准进行了整理和比较,见表 2-3 所列。

表 2-3　基本门电路国内、国外符号

名　　称	国标图形标准	国外流行符号	曾用符号
与门			
或门			
非门	或	或	或
与非门			
或非门			

考核试题 3：

图 2-25 中电容器 C_1、C_2 和电阻器 R_1 采用的连接方式以及功能是(　　)。

(A)串联、分压　　　(B)串联、滤波　　　(C)并联、分压　　　(D)并联、滤波

解答　A

解析　电容 C_1、C_2 与 R_1 组成分压电路,起到降压变压器的作用,实现将交流 220V 降压后输出。由分压电路降压后输出的交流低压,首先经二极管 VD1 整流后,整流为脉动较大的直流电压,再由 C_3、R_2、C_4 构成的滤波电路滤波后,输出较平滑的直流电压。

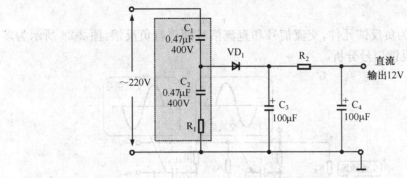

图 2-25　简单的充电电路

考核试题 4：

图 2-26 中三端稳压器的输入、输出电压分别为（　　）

(A)＋5V、＋13.5V　　　(B)＋13.5V、＋5V

(C)～220V、＋5V　　　(D)～220V、＋13.5V

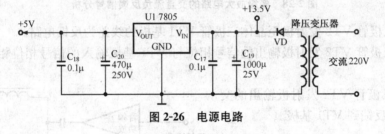

图 2-26　电源电路

解答　B

解析　在一些线性电源电路中，通常使用三端稳压器来代替分立元件的稳压电路，稳压调整晶体管和外围元器件都集成在三端稳压器中，在电路中都是对整流滤波电路输出的电压进行稳压，图中的 U_1 是用于＋5V 稳压的集成三端稳压电路(7805)，这种集成电路有三个引脚，输入＋13.5V，输出＋5V。输入电压是由降压变压器降压后经整流滤波后形成的。接在电路中的电容是用以平滑、滤波的，使直流电压稳定。

考核试题 5：

图 2-27 所示的多级放大电路为（　　）电路。

(A)交直流正反馈　　　(B)交直流负反馈　　　(C)交流负反馈　　　(D)直流负反馈

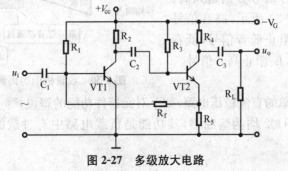

图 2-27　多级放大电路

解答　B

解析　电路中 R_f 为负反馈元件,交流信号和直流信号都进行负反馈,图 2-28 所示为多级放大电路的交直流负反馈信号分析。

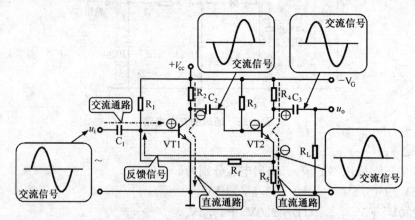

图 2-28　多级放大电路的交直流负反馈信号分析

- 晶体三极管 VT2 发射极至晶体三极管 VT1 基极的线路为反馈电路。
- 晶体三极管 VT2 发射极输出的信号相位与 VT1 基极输入的信号相位相反,故为负反馈电路。
- 晶体三极管 VT2 发射极输出的交直流信号同时反馈到 VT1 基极。

考核试题6:

图 2-29 中对主要元器件功能的解说,哪一项是错误的(　)。

(A)BL1 为低音扬声器,BL2 为高音扬声器

(B)C_1 是全频段信号耦合电容

(C)C_2 是隔直流电容

(D)分频电路的主要元件是 L_1 和 C_2

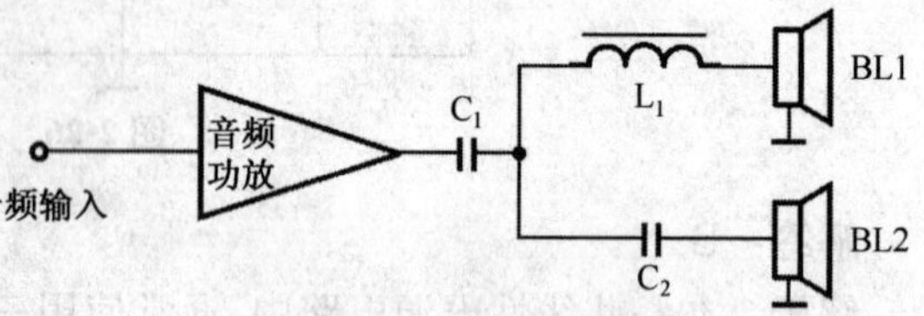

图 2-29　典型电子电路

解答　C

解析　音频功率放大器的输出经分频电路将高音信号和低音信号分别送到高、低音扬声器上,如图 2-30 所示,高音信号通过 C_2 送到 BL2,C_2 阻止低音信号,低音信号通过 L_1 送到 BL1,L_1 阻止高音信号。

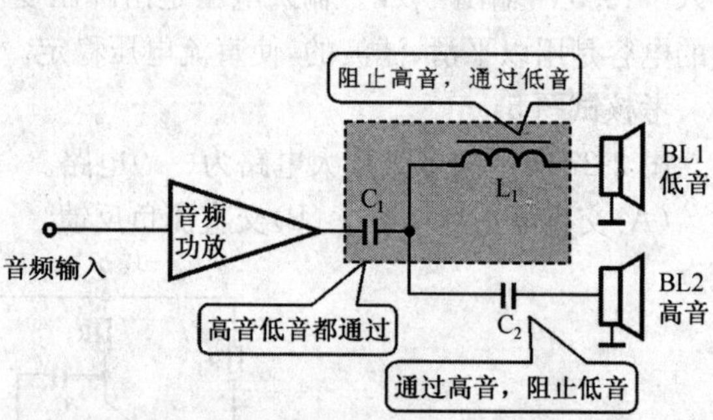

图 2-30　收音机中的高音和低音分频电路

考核试题7:

图 2-31 是一种简单的直流稳压电路,如下对元器件功能的解说,哪一项是错误的(　)。

(A)图中 FU01、FU02 均为熔断器,其功能是负载电路中有过载的元器件,会进行熔断保护

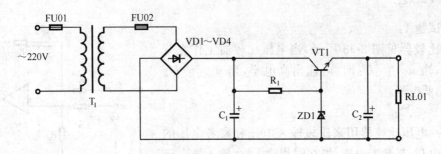

图 2-31　直流稳压电源电路

（B）电路中的 VT1 是调整管，当负载电流变化时，VT1 的内阻会发生变化，从而稳定输出电压

（C）ZD1 是稳压二极管，用以稳定 VT1 基极的电压

（D）R_1 与 C_1 构成滤波器

解答　D

解析　R_1 是为稳压二极管 ZD1 和调整管提供工作电流的限流电阻。

考核试题 8：

图 2-32 是小型收音机电路，如下对元器件功能的解说，哪一项是错误的（　　）。

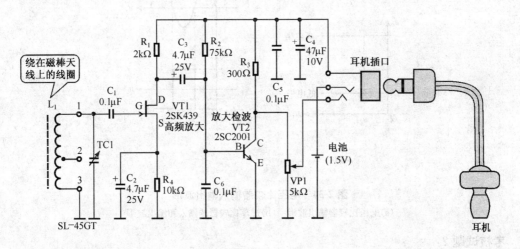

图 2-32　小型收音机电路

（A）电感 L_1 与可变电容 TC1 组成高频调谐电路用以调谐电台频率

（B）VT1 为场效应晶体管（N 沟道 MOS）其功能是放大高频信号

（C）VT2 为 NPN 高频晶体管，其功能是放大和检波将调制在高频载波上的音频信号检出

（D）C_2 是稳压滤波电容

解答　D

解析　C2 是旁路去耦电容，用以提高 VT1 的高频增益。

二、填空题

考核试题1：

电压比较器见图 2-33 所示，当电压比较器工作在开环状态时，当 u_i ＿＿ U_R 时，u_o 输出高电平，当 u_i ＿＿ U_R 时，u_o 输出低电平。

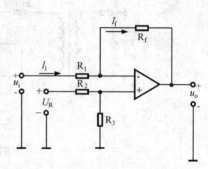

图 2-33　电压比较器

解答　$<$、$>$

解析　电压比较器用来比较输入电压和参考电压的关系。其中 U_R 是参考电压，加在同相输入端，输入端电压 u_i 加在反相输入端。

运算放大器作为电压比较器工作时，当 $u_i < U_R$ 时，u_o 输出高电平，当 $u_i > U_R$ 时，u_o 输出低电平，如图 2-34(a) 所示。

当 $U_R = 0$ 时，参考电压为 0。即输入电压 u_i 和 0 电压比较，也称为过零比较器。此时若 U_i 输入正弦波电压，如图 2-34(b) 所示。当 u_i 为正半周时，u_o 输出低电平，当 u_i 在负半周时，u_o 输出高电平，以此往复，输出信号以高低电平的矩形波形输出。

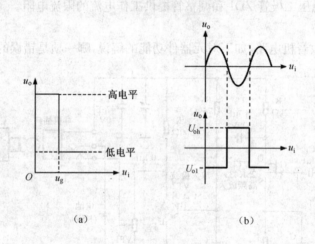

(a)　　　　　　　　　(b)

图 2-34　电压比较器输入输出波形

(a)电压比较器输出波形　(b)过零比较器的输入和输出波形

考核试题2：

图 2-35 中，①和②分别为＿＿＿＿电路和＿＿＿＿电路，在电路中与高频输入信号谐振起＿＿＿＿作用，晶体三极管 2SC2724 在电路中用于对信号进行＿＿＿＿。

解答　LC 串联谐振电路、LC 并联谐振电路、选频、放大

解析　该电路中，在晶体三极管 2SC2724 的发射极设有 LC 谐振电路，它与高频输入信号谐振起选频作用，天线接收天空中的信号后，分别经 LC 组成的串联谐振电路和 LC 并联谐振电路调谐后输出所需的高频信号，经耦合电容 C_1 后送入晶体三极管 2SC2724 的发射极，由晶体管 2SC2724 进行放大后，由其集电极输出。

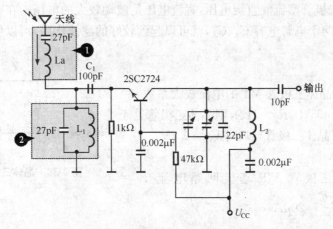

图 2-35　调频收音机高频放大电路

考核试题 3：

图 2-36 中,由来自前级电路中的音频信号经运算放大器 LM386 的____脚送入其内部,经运算放大器将音频信号进行功率放大后,由____脚输出,再经电阻和电容构成的____电路滤除杂波后,由一只 250μF 的电容器耦合到扬声器上,驱动扬声器发出声音。

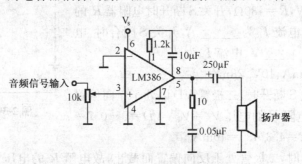

图 2-36　集成运算放大器实用电路

解答　③、⑤、RC 滤波

解析　根据图中运放电路的基本符号标识了解到,该电路是实现对音频信号进行放大的电路,在其负载端,有一个"◁"符号,该符号代表扬声器器件,表示输出信号用于驱动扬声器,由此可知,该电路为一个典型的音频功率放大电路,运算放大器 LM386 的输入端③脚接收由前级电路送来的音频信号,经放大后,由输出端⑤脚输出放大后的信号,放大后的信号经 RC 滤波电路滤波后,由电容器耦合到扬声器上,驱动扬声器发出声音。

考核试题 4：

图 2-37 中在整流二极管的输出端接上一个电阻和两个电解电容 C_1、C_2,构成_____电路,在该电路中起_____作用。

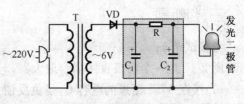

解答　RC 电路、平滑滤波

解析　交流 220V 电压经变压器变成 6V 交

图 2-37　LED 显示电路

流电压,再经整流二极管整流成直流电压,直流电压是波动较大的电压。在整流二极管的输出端接上一个电阻和两个电解电容 C_1、C_2,就可以起到较好的滤波作用,可以使直流电压的波动减小。

考核试题 5:

图 2-38 中已知晶体三极管 VT 的电流放大系数 $\beta=150$,$V_{cc}=10$V,$R_1=465$kΩ,$R_2=1$kΩ,则晶体三极管处于_____工作状态。(晶体三极管导通时 $V_{be}=0.7$V)。

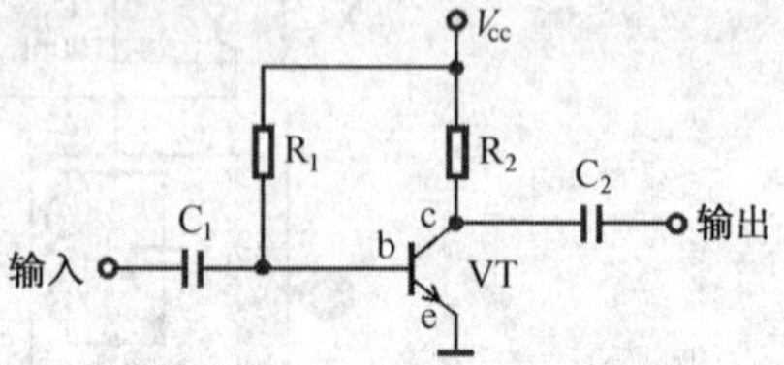

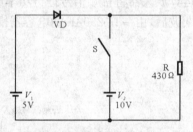

图 2-38   晶体三极管放大电路

解答   放大

解析   晶体三极管 VT 基极回路电流 $I_b=\dfrac{V_{cc}-V_{be}}{R_1}=\dfrac{10-0.7}{465}=20\mu$A

晶体三极管 VT 集电极回路电流 $I_c=\beta I_b=150\times20=3$mA

晶体三极管 VT 集电极电压 $V_{ce}=V_{cc}-I_cR_2=10-3\times1=7$ V

晶体三极管三个电极 $V_c>V_b>V_e$,因此晶体三极管处于放大状态。

考核试题 6:

如图 2-39 所示,已知 $V_1=5$V,$V_2=10$V,默认二极管导通电压 VD 约为 0.7V,$R=430\Omega$,开关 S 断开时电阻器 R 的电压 V_R 为_____ V、电流 I_R 为_____ A,开关 S 闭合时,电阻器 R 的电压 V_R 为_____ V、电流 I_R 为_____ A。

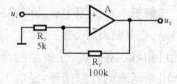

图 2-39   简单电路结构

解答   4.3V、10mA、10V、23mA

解析   •当开关 S 断开时,二极管 VD 因处于正向偏置而处于导通状态,故电阻 R 的电压 $V_R=V_1-VD=5-0.7=4.3$V;电流 $I_R=V_R/R=4.3/430=10$mA。

•当开关 S 闭合时,二极管处于反向偏置而截止,故电阻 R 的电压 $V_R=V_2=10$ V;电流 $I_R=V_R/R=10/430=23$mA。

考核试题 7:

如图 2-40 所示,这是一个_____电路,若已知 $R_1=5$kΩ,$R_f=100$kΩ,请计算闭环电压放大倍数 A_f 为_____?

图 2-40   某放大电路

解答   同相比例放大器、21 倍

解析   由于同相比例放大器 $A_f=u_0/u_i=1+R_f/R_1=1+20=21$ 倍

三、判断题

考核试题 1:

图 2-41 是一个两级直接耦合放大器,对其中元器件功能和特性的解说是否正确。

(1)接在 VT1 栅极的电容 C_1 是负反馈元件。(   )

解答   错误

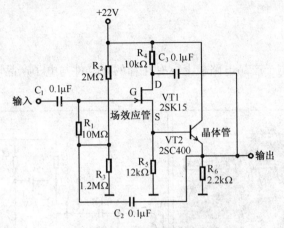

图 2-41 两级直接耦合放大器

解析 C_1是交流信号输入的耦合电容。

(2)接在 VT2 发射极的电容 C_2是交流输入信号耦合电容。（ ）

解答 错误

解析 C_1是交流信号输入的耦合电容。

考核试题 2：

图 2-42 是一种简单的直流电源电路,如下对其中元器件功能特性的解说判断是否正常。

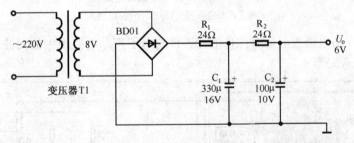

图 2-42 直流电源电路

(1)变压器 T1 是降压变压器,它将交流 220V 输入电压变成交流 8V 低压。（ ）

解答 正确

(2)BD01 是桥式整流电路,它将交流电压进行全波整流输出直流电压。（ ）

解答 正确

(3)R_1、C_1、R_2、C_2主要是滤波作用。（ ）

解答 正确

(4)R_1、R_2电阻值越大,电路的效率越高。（ ）

解答 错误

解析 交流 220V 经变压器降压后输出 8V 交流低压,8V 交流电压经桥式整流电路输出约 11V 直流电压,该电压经两级,RC 滤波后,输出较稳定的 6V 直流电压。

电路中电阻 R_1、R_2 的值越大,自身消耗的功率越大,效率越低,电阻值大滤波效果好。

四、问答题

考核试题 1：

请将图 2-43 中的电子产品电路板上标有注释的元器件与电子产品电路图中的元器件符号进行对应连接。

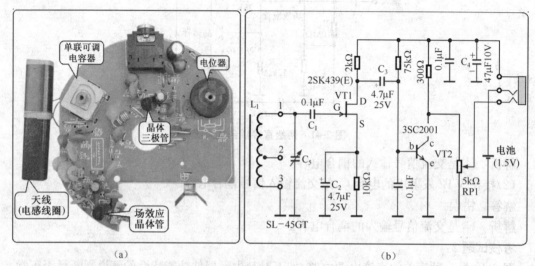

图 2-43　电子产品电路板与电路图

(a)电子产品电路板　(b)电子产品电路图

解答　电子产品电路板上标有注释的元器件与电子产品电路图中的元器件符号进行对应连接如图 2-44 所示。

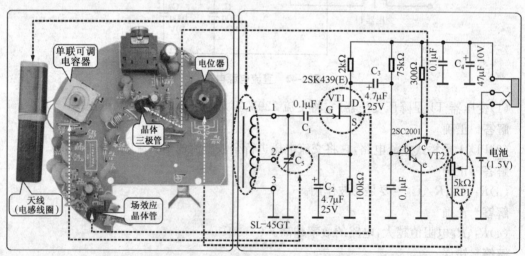

图 2-44　电子产品电路板中实物与电路图中电路符号的对应关系

解析　天线是由电杆线圈绕制而成，因此其电路符号采用带有磁芯的电感器符号"〰〰"，"L_1"为电感器的名称及序号标识。

单联可调电容器的电路符号为"⊥⊢","C_5"为电容器的名称及序号标识。

晶体三极管电路符号为"⊥⊢",该三极管为 NPN 型晶体三极管,"VT2"为晶体三极管的名称及序号标识,"2SC2001"为晶体三极管的型号标识,"b、c、e"为晶体三极管引脚极性的标识。

场效应晶体管电路符号为"⊥⊢",该场效应晶体管为 N 沟道结型场效应晶体管,"VT1"为场效应晶体管的名称及序号标识,"2SK439(E)"为场效应晶体管的型号标识,"G、D、S"为场效应三极管引脚极性的标识。

电位器电路符号为"⊥⊢","RP1"为电位器的名称及序号标识,"5kΩ"为电位器的阻值标识。

考核试题 2:
请画出 NPN 型和 PNP 型晶体三极管的电路符号,并标示出放大状态时的电流方向。

解答 图 2-45 所示为晶体三极管的电路符号及放大状态时的电流方向。

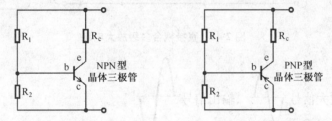

图 2-45 晶体三极管的电路符号及放大状态时的电流方向

解析 要使晶体三极管具有放大作用,以 NPN 晶体三极管为例,基本的条件是保证基极和发射极之间加正向电压(正偏),集电极和发射极之间加正向电压(集电极反偏)。基极相对于发射极为正极性电压,基极相对于集电极则为负极性电压,图 2-46 所示为晶体三极管正常工

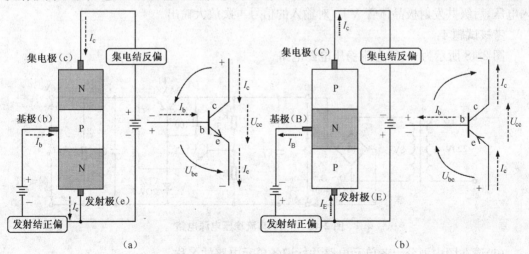

图 2-46 晶体三极管正常工作时各极的极性和电流方向

(a)NPN 型晶体三极管 (b)PNP 型晶体三极管

作时各极的极性和电流方向。

考核试题 3：

图 2-47 所示为直接耦合两级放大电路，图中已给出输入交流电压的信号波形，请在图中画出输出交流电压的信号波形。

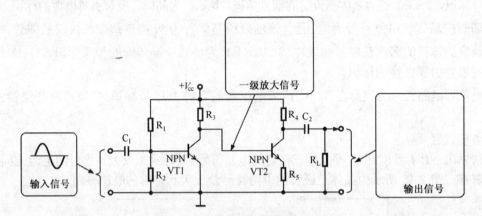

图 2-47   直接耦合多级放大电路

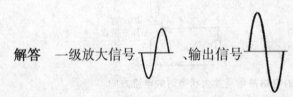

解答

解析   该电路主要是由两个共发射极晶体管放大器连接而成的直接耦合两级放大器，在电路中没有耦合电容，输入的信号经 VT1 后，送入后级电路中共发射极晶体管 VT2 的输入端（基极），前级共发射极晶体管 VT1 输出的直流电压直接作为后级共发射极晶体管 VT2 的输入电压，后级共发射极晶体管 VT2 对输入的信号再次放大输出。

考核试题 4：

图 2-48 所示为 −6V 直流稳压电源电路。

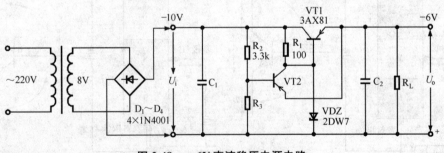

图 2-48   −6V 直流稳压电源电路

(1)请在图中划分出各单元电路并标记各单元电路的名称。

(2)简单叙述各单元电路的工作过程。

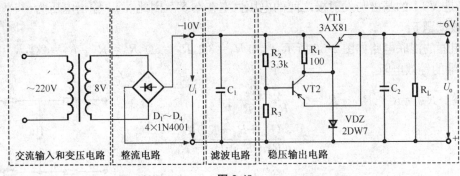

图 2-49

解答

(1)见图 2-49

(2)交流输入和变压电路将输入的 220V 电压经变压器降压后,由次级绕组输出 8V 交流电压,8V 交流电压经整流电路中的桥式整流堆整流后输出−10V 直流电压,−10V 直流电压由滤波电路中的滤波电容器进行平滑滤波后输入到稳压输出电路中,滤波后的−10V 直流电压经限流电阻器 R_1 给稳压二极管提供反向偏压,使之处于反向击穿状态,二极管进入稳压条件,稳压值为−6.5V,−6.5V 加到 VT1 的基极使之导通,于是 VT1 的基极与发射极之间的电压恒定在 0.5V,此时 VT1 输出电压为−6V。

解析　● 交流输入电路单元主要是由变压器组成的,变压器的左侧有 220V 的文字标识,右侧有 8V 的文字标识,这说明,变压器的左侧端(初级绕组)接 220V,右侧(次级绕组)得到的是 8V,因此,我们在交流输入电路单元中可以是读出:该交流输入电路是将输入的 220V 交流经变压器降压后,在变压器的次级绕组上得到了 8V 的交流电压。

● 整流电路单元主要是由桥式整流堆 VD1～VD4 组成,该桥式整流堆的上下两个引脚分别连接降压变压器其次级输出的交流 8V 电压,左右引脚输出直流−10V 电压,由此可知,该桥式整流堆的主要功能是将交流 8V 电压整流输出−10V 的直流电压。

● 滤波电路单元主要是由滤波电容 C_1 组成的,它可将桥式整流堆输出的−10V 的脉动直流电压进行平滑滤波。

● 稳压输出电路分为两部分,分别为稳压电路和检测保护电路。其中,稳压电路部分由 VT1、VDZ 和 R_L 构成。输出检测和保护电路是由 VT2 和偏置元件构成的。

检测和保护电路在稳压电路正常工作时,VT2 发射极电位等于输出端电压。而基极电位由 U_i 经 R_2 和 R_3 分压获得,发射极电位低于基极电位,发射结反偏使 VT2 截止,保护不起作用。当负载短路时,VT2 的发射极接地,发射结转为正偏,VT2 立即导通,而且由于 R_2 取值小,一旦导通,很快就进入饱和。其集—射极饱和压降近似为零,使 VT1 的基—射之间的电压也近似为零,VT1 截止,起到了保护调整管 VT1 的作用。而且,由于 VT1 截止,对 U_i 无影响,因而也间接地保护了整流电源。一旦故障排除,电路即可恢复正常。

稳压电路可将滤波后的−10V 直流电压经限流电阻器 R_1 给稳压二极管提供反向偏压,使之处于反向击穿状态,二极管进入稳压条件,稳压值为−6.5V,−6.5V 加到 VT1 的基极使之导通,于是 VT1 的基极与发射极之间的电压恒定在 0.5V,因此 VT1 输出电压为-6V。

考核试题 5:

电阻器的混联电路如图 2-50 所示,已知 $R_1=3\Omega$,$R_2=6\Omega$,$R_3=R_4=R_5=2\Omega$,$R_6=4\Omega$,求 A、B 两端的等效电阻。

解答
$$R_{AB}=R_1+R_{CD}+R_6=3+\frac{R'_{CD}R_2}{R'_{CD}+R_2}+4$$
$$=3+\frac{(R_3+R_4+R_5)R_2}{(R_3+R_4+R_5)+R_2}+4$$
$$=3+\frac{6\times6}{6+6}+4=3+3+4=10\Omega$$

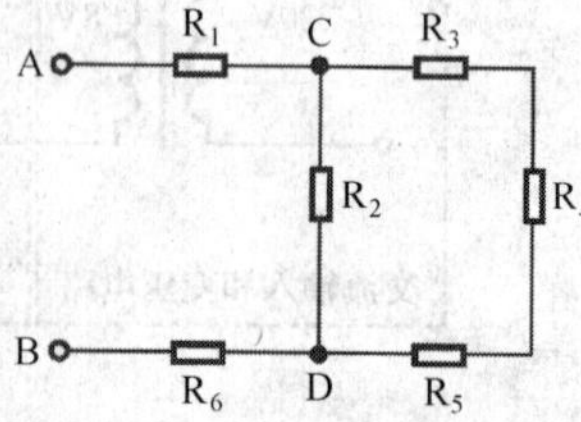

图 2-50 电阻器的混联电路

因此 A、B 两端的等效电阻为 10Ω。

解析 在一个电路中,既有电阻器的串联又有电阻器的并联的电路称为混联电路。首先假设有一电源接在 A、B 两端,且 A 端为"+",B 端为"-",则电流流向如图 2-51 中箭头所示。

在 I_3 流向的支路中,R_3、R_4、R_5 是串联的,因而该支路总电阻 R'_{CD} 为:
$$R'_{CD}=R_3+R_4+R_5=6\Omega$$

由于 I_3 所在支路与 I_2 所在支路是并联的,所以:
$$\frac{1}{R_{CD}}=\frac{1}{R_2}+\frac{1}{R'_{CD}}$$

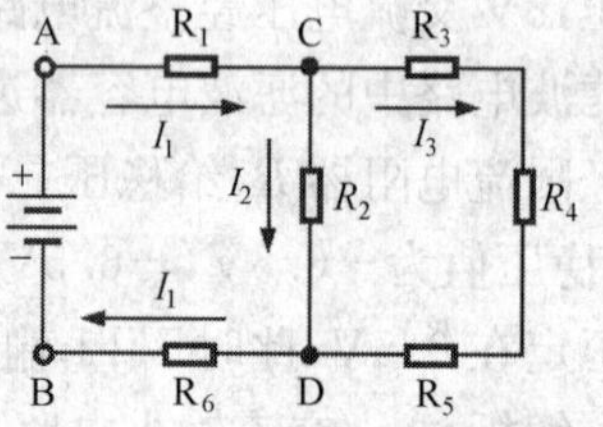

即:

图 2-51 电阻器的混联电路电流流向

$$R_{CD}=\frac{R'_{CD}R_2}{R'_{CD}+R_2}=3\Omega$$

R_1、R_{CD} 和 R_6 又是串联的,因而电路的总电阻为:
$$R_{AB}=R_1+R_{CD}+R_6=10\Omega$$

考核试题 6:

电阻器的混联电路如图 2-52 所示,已知 $R_1=1\Omega$,$R_2=2\Omega$,$R_3=3\Omega$,$R_4=6\Omega$,$E=2V$ 求 a、b 两端的总电阻,并计算 R_1 两端的电压。

解答
$$R_{ab}=R_1+\frac{1}{\frac{1}{R_2}+\frac{1}{R_3}+\frac{1}{R_4}}=1+\frac{1}{\frac{1}{2}+\frac{1}{3}+\frac{1}{6}}=2\Omega$$

$$U_1=IR_1=\frac{E}{R_{ab}}R_1=\frac{2}{2}\times1=1V$$

因此 a、b 两端的总电阻为 2Ω,R_1 两端的电压为 1V。

解析 首先根据等电位点画出实际电路的等效电路如图 2-53 所示。

由图中可见 R_2 和 R_3、R_4 是并联的,然后再与 R_1 串联,因而总电阻 R_{ab} 为:
$$R_{ab}=R_1+\frac{1}{\frac{1}{R_2}+\frac{1}{R_3}+\frac{1}{R_4}}=1+\frac{1}{\frac{1}{2}+\frac{1}{3}+\frac{1}{6}}=2\Omega$$

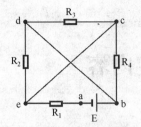

图 2-52　电阻器的混联电路

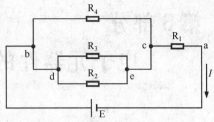

图 2-53　电阻器混联的等效电路

电路总电流为：$I = \dfrac{E}{R_{ab}} = \dfrac{2}{2} = 1A$

由欧姆定律可知 R_1 两端的电压为：$U_1 = I R_1 = 1 \times 1 = 1V$

考核试题 7：

图 2-54 所示为 LC 构成滤波器，请分别指出这两种滤波器的类型并画出频率响应曲线。

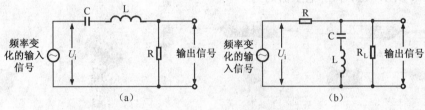

图 2-54　LC 构成滤波器

解答　图（a）为带通滤波器、图（b）为带阻滤波器（陷波器），两种滤波器频率响应曲线如图 2-55 所示。

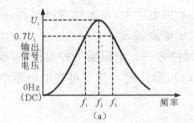

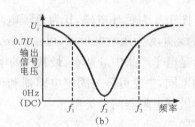

图 2-55　频率响应曲线

(a)串联谐振带通滤波器的频率响应曲线　(b)带阻滤波器的频率响应曲线

解析　LC 构成滤波器主要分为带通滤波器和陷波器两种。

带通滤波器允许两个限制频率之间所有频率的信号通过，而高于上限或低于下限的频率的信号将被阻止；而带阻滤波器（陷波器）阻止特定频率带的信号传输到负载。它滤除特定限制频率间的所有频率的信号，而高于上限或低于下限的频率将自由通过。

3.1   电阻器识别与检测技能的考核要点

一、选择题

考核试题1：

如图 3-1 所示,其中属于电阻器的为(   )。

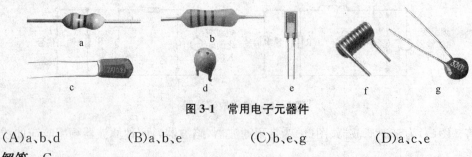

图 3-1   常用电子元器件

(A)a、b、d   (B)a、b、e   (C)b、e、g   (D)a、c、e

解答   C

解析   图中 a 为色环电感,b 为色环电阻器,c 为电容器,d 为色点电感器,e 为湿敏电阻器,f 为空心线圈,g 为压敏电阻器,可知,b、e、g 表示电阻器。

电阻器是电子产品中最基本、最常用的电子元件之一。电阻器的种类很多,根据其功能和应用领域的不同,主要可分为固定电阻器和可变电阻器几种。其中可变电阻器中又可分为可调电阻器和敏感电阻器两种类型。

考核试题2：

电阻器的伏安特性曲线是(   )

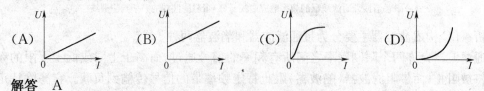

解答   A

解析   电阻器阻碍电流的流动是它最基本的功能,因而常用作限流器件。根据欧姆定律,电路中的电流(I)与电路中的电压(E)成正比,与电阻(R)成反比。即当电阻值固定时,加在电阻两端的电压越大,流过它的电流越大三者呈线性关系。

图 3-2 中的电路明确的表示出了电压与电流的关系。三个电路中的电阻相同(10Ω)。注意,当电路中电压增大或减小(25V 或 10V)时,电流值也按照同样比例增大或减小(从 3A 变为

1A)。所以电流与电压成正比。

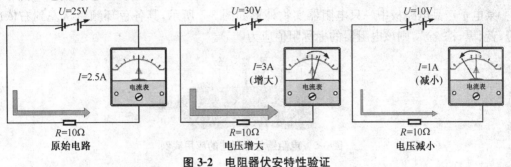

图 3-2 电阻器伏安特性验证

考核试题3:

在图 3-3 中,电阻器的功能主要是( )。

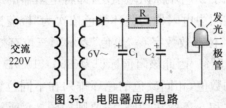

图 3-3 电阻器应用电路

(A)分压 (B)滤波和限流 (C)分流 (D)稳压

解答 B

解析 交流 220V 电压经变压器变成 6V 交流电压,再经整流二极管整流成直流电压,直流电压是波动较大的电压。在整流二极管的输出端接上一个电阻和两个电解电容 C_1、C_2 构成 RC 滤波电路,可以使直流电压的波动减小。同时,电阻还可以起到限流的作用,为发光二极管提供适当的供电电流。

图 3-4 所示为信号通过电阻器分压电路的状态示意图。电阻对不同频率信号的阻碍作用是相同的。不同频率的信号经过电阻器时,信号的幅度会有所衰减。

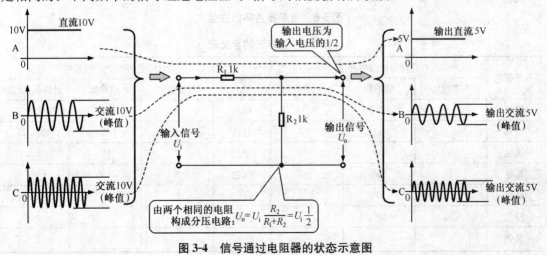

图 3-4 信号通过电阻器的状态示意图

考核试题 4:

某电子产品电路板中一只电阻器实物外形如图 3-5 所示,其各色环颜色从左到右依次为"橙、蓝、黑、棕、金",则该电阻器的标称阻值应为( )。

图 3-5   电阻器色环标注的应用实例

(A)3.6kΩ±5%   (B)2.6kΩ±5%   (C)3.5kΩ±2%   (D)3.8kΩ±2%

解答   A

解析   图中电阻器采用了 5 色环标识阻值法,即将电阻器的参数用不同颜色的色环或色点标注在电阻体表面上。在图中电阻器的色环颜色依次为"橙蓝黑棕金","橙色"表示第一位有效数字 3;"蓝色"表示第二位有效数字 6;"黑色"表示第三位有效数字 0;"棕色"表示倍乘数 10^1;"金色"表示允许偏差±5%。因此该阻值标识为$(360×10^1)$Ω±5%=3.6kΩ±5%。

不同的颜色代表不同的数值,相同颜色的色环排列在不同位置上的意义也不同。一般电阻器色环标注法有 4 环标注和 5 环标注,其标注原则如图 3-6 所示,各颜色表示含义见表 3-1 所列。

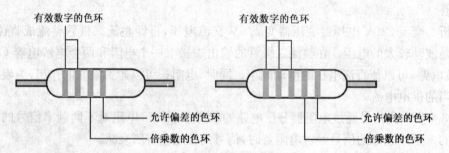

图 3-6   电阻器色环标注含义

表 3-1   色标法的含义表

色环颜色	色环所处的排列位			色环颜色	色环所处的排列位		
	有效数字	倍乘数	允许偏差(%)		有效数字	倍乘数	允许偏差(%)
银色	—	10^{-2}	±10	绿色	5	10^5	±0.5
金色	—	10^{-1}	±5	蓝色	6	10^6	±0.25
黑色	0	10^0	—	紫色	7	10^7	±0.1
棕色	1	10^1	±1	灰色	8	10^8	—
红色	2	10^2	±2	白色	9	10^9	—
橙色	3	10^3	—	无色	—	—	±20
黄色	4	10^4	—				

考核试题5：

图 3-7 所示电阻器的标称阻值应为(　　)。

图 3-7　电阻器外壳上的标识(一)

(A)6kΩ±8%　　　　(B)8kΩ±6%　　　　(C)6.8kΩ±5%　　　　(D)6.8kΩ±2%

解答　C

解析　图中的电阻器采用了直接标注法标识其电阻值参数信息。直接标注法是将电阻器的类别、标称电阻值及允许偏差、额定功率及其他主要参数的数值等直接标注在电阻器外表面上。

识读电阻器的标称阻值如图 3-8 所示。

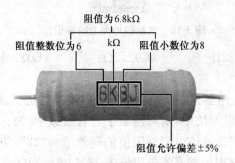

图 3-8　识读电阻器的标称阻值

该电阻的标注为"6 K8J",其中 "6 K8"表示阻值大小(通常电阻器的直标采用的是简略方式,也就是说只标识出重要的信息,而不是所有的都被标识出来);"J"表示允许偏差±5%。即该电阻的阻值大小为 6.8kΩ±5%。

其中,标称阻值的单位符号有 R、K、M、G、T 几个符号,各自表示的意义如下:R=Ω、K=kΩ=10^3Ω、M=MΩ=10^6Ω、G=GΩ=10^9Ω、T=TΩ=10^{12}Ω。

电阻实际阻值与标称阻值之间允许的最大偏差范围用字母表示,如:N(±30%)、M(±20%)、K(±10%)、J(±5%)、G(±2%)、F(±1%)、D(±0.5%)、C(±0.25%)、B(±0.1%)。

考核试题6：

图 3-9 所示电阻器外壳上标识字母及数值的含义为(　　)。

图 3-9　电阻器外壳上的标识(二)

(A)电阻值为 20Ω,额定功率 10W　　　　(B)电阻值为 20Ω±5%,额定电压 10W

(C)电阻值为 20Ω±5%,额定功率 10W　　　(D)电阻值为 2Ω,额定功率 10W

解答　C

解析　该电阻器为一只水泥电阻器,其外壳上的数字表示其额定功率参数和电阻值,其中"10W"表示该电阻器的额定功率为 10W;"20Ω"表示该电阻器的电阻值为 20Ω;"J"表示其实际阻值与标称阻值之间允许的最大偏差范围为±5%,因此图中标识字母及数值的含义为:电阻值为 20Ω±5%,额定功率 10W。

考核试题 7:

在一些小型或集成度较高的家用电子产品中,多采用一些体积较小的贴片电阻器,图 3-10 所示为一只贴片电阻器实物外形,从其表面可看到"220"标识,则该电阻器的电阻值为(　　)。

图 3-10　电阻器外壳上的标识(三)

(A)220Ω　　　　(B)22Ω　　　　(C)2.2Ω　　　　(D)220kΩ

解答　B

解析　图中所示贴片电阻器采用了全数字标记阻值的方法。该方法即电阻器表面的标识文字全部为数字,在这种标识方法中,前两位数字为有效数字,第三位数字则表示倍乘。也就是说,第一位和第二位的"2"表示该电阻器阻值的有效值为"22",第三位的"0",表示该电阻器有效值的倍乘为 10^0,因此该电阻器真实的阻值为 $22×10^0＝22Ω$。

考核试题 8:

图 3-11 所示为某小型电子产品中的一只贴片电阻器实物外形,从其表面可看到"22A"标识,则该电阻器的电阻值为(　　)。

图 3-11　电阻器外壳上的标识(四)

(A)220Ω　　　　(B)22Ω　　　　(C)165Ω　　　　(D)2.2Ω

解答　C

解析　图中所示贴片电阻器采用了数字与字母的混合标记方法。该方法中,前两位数字表示电阻值的代号,而并非实际的有效值。而第三位字母则表示有效阻值的倍乘数,图中贴片式电阻器表面标识为"22A",其中的"22"对应电阻器的有效值为 165,"A"则对应倍乘为 10^0,因此该电阻器真实的阻值为 $165×10^0＝165Ω$。

不同数字和字母所代表含义见表 3-2、3-3 所列。

表 3-2　数字与字母混合标记中前两位数字标识所对应的电阻有效值

代码	有效值	代码	有效值	代码	有效值	代码	有效值	代码	有效值	代码	有效值
01	100	17	147	33	215	49	316	65	464	81	681
02	102	18	150	34	221	50	324	66	475	82	698
03	105	19	154	35	226	51	332	67	487	83	715
04	107	20	158	36	232	52	340	68	499	84	732
05	110	21	162	37	237	53	348	69	511	85	750
06	113	22	165	38	243	54	357	70	523	86	768
07	115	23	169	39	249	55	365	71	536	87	787
08	118	24	174	40	255	56	374	72	549	88	806
09	121	25	178	41	261	57	383	73	562	89	852
10	124	26	182	42	267	58	392	74	576	90	845
11	127	27	187	43	274	59	402	75	590	91	866
12	130	28	191	44	280	60	412	76	604	92	887
13	133	29	196	45	287	61	422	77	619	93	909
14	137	30	200	46	294	62	432	78	634	94	931
15	140	31	205	47	301	63	442	79	649	95	953
16	143	32	210	48	309	64	453	80	665	96	976

表 3-3　字母与倍乘的对应关系

代码字母	A	B	C	D	E	F	G	H	X	Y	Z
倍乘	10^0	10^1	10^2	10^3	10^4	10^5	10^6	10^7	10^{-1}	10^{-2}	10^{-3}

二、判断题

考核试题 1：

电路板上的一只色环电阻器,其色环颜色从左向右排列依次为"橙、橙、棕、金",根据识读其色环标识可知其标称阻值为 $330\Omega\pm5\%$,用指针万用表在路检测其实际电阻器约为 150Ω,因其实测阻值与标称阻值偏差过大,则可判断该电阻器损坏。(　)

解答　错误

解析　电阻器的检测方法比较简单,使用指针万用表和数字万用表均可方便进行检测。一般选择与标称阻值相接近的量程,进行欧姆调零,将万用表两只表笔搭在电阻器的两端即可进行检测。

若在路检测时,实测阻值与标称阻值偏差过大,不能立即判断该电阻器损坏,可能是由于电路中有小阻值的电阻器与该电阻器并联造成的,此时,应将电阻器从电路板上焊下或焊开一只引脚后,再重新测量,如图 3-12 所示。

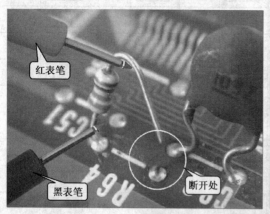 

图 3-12　普通色环电阻器的检测方法

断开电阻器的一只引脚后,实测阻值为 330Ω。

考核试题 2:

正温度系数热敏电阻器的阻值随温度的升高而升高,随温度的降低而降低;负温度系数热敏电阻器的阻值随温度的升高而降低,随温度的降低而升高。(　)

解答　正确

解析　热敏电阻器是指阻值随温度的变化而明显变化的一类电阻器,根据其特性可分为正温度系数(PTC)和负温度系数(NTC)两种热敏电阻。其中,正温度系数热敏电阻的阻值随温度的升高而升高,随温度的降低而降低;负温度系数热敏电阻的阻值随温度的升高而降低,随温度的降低而升高。

三、问答题

考核试题 1:

在对色环电阻器进行识别时,不同颜色的色环所表示含义不同,相同颜色的色环因位置不同,所代表含义也不相同,那么识读电阻器上的色环时,如何确定电阻器哪一侧的色环为起始色环?

解答　确定色环电阻器识读的起始端一般可从四个方面入手,即通过允许偏差色环识别、通过色环位置识别、通过色环间距识别、通过电阻值与允许偏差的常识识别。

解析

(1)通过允许偏差色环识别。色环电阻器常见的允许偏差色环有金色和银色,而有效数字不能为金色或银色,因此色环电阻器的一端出现金色或银色环,一定是表示允许偏差。读取有效数字应当从另一端读取。

(2)通过色环位置识别。通常,色环电阻器有效数字端的第一环与电阻器导线间的距离较近,允许偏差端的第一环与电阻器导线间的距离较远。

(3)通过色环间距识别。当色环电阻器两端的第一环距离导线距离相似时,需要通过色环间距来判断。通常代表有效数字的色环间距较窄,有效数字与倍乘数、倍乘数与允许偏差之间的色环间距较宽。

考核试题2:

有些电阻器无法从外观上识读其标称阻值,如何检测其电阻值并判断好坏呢?

解答 首先选择万用表的合适挡位,进行欧姆调零后,将万用表红黑表笔分别搭在待测电阻器的引脚上,便可测得电阻值,对于敏感电阻可观察在不同环境下,不同电阻器电阻值的变化规律,通过对该变化规律的分辨和判断,来识别电阻值是否正确。

解析 以光敏电阻器为例,可以首先在普通光照条件下检测其电阻值,然后再在强光照或弱光照条件下检测其电阻值,如图 3-13 所示,观察其电阻值是否有变化。

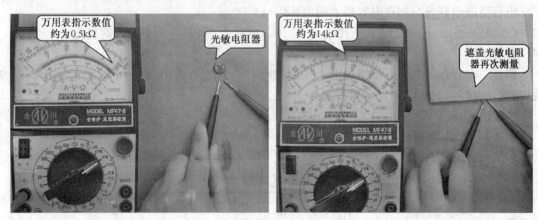

图 3-13 光敏电阻器的检测方法

3.2 电容器识别与检测技能的考核要点

一、选择题

考核试题1:

电容器的允许偏差等级主要有三级,分别为( )。

(A)Ⅰ(5%) Ⅱ(10%) Ⅲ(15%)   (B)Ⅰ(15%) Ⅱ(8%) Ⅲ(15%)
(C)Ⅰ(10%) Ⅱ(15%) Ⅲ(20%)   (D)Ⅰ(5%) Ⅱ(10%) Ⅲ(20%)

解答 D

解析 电容器的实际容量与标称容量存在一定偏差,电容器的标称容量与实际容量的允许最大偏差范围,称作电容量的允许偏差。电容器的允许偏差可以分为 3 个等级:Ⅰ级,即偏差±5%以下的电容;Ⅱ级,即偏差±5%~±10%的电容;Ⅲ级,即偏差±20%以上的电容。

考核试题 2：

电容器并联使用时将使总容量（　　）。

(A)增大　　　　　(B)减少　　　　　(C)不变　　　　　(D)不确定

解答　A

解析　电容器并联电路的等效电容量等于各个电容器的容量之和。即：

$$C = C_1 + C_2 + C_3$$

当两个电容串联时，它与电阻的串联计算相反，即电容串联时，总电容的倒数等于两个电容倒数之和。多个电容串联的总电容的倒数等于各电容的倒数之和。即：

$$C = \frac{C_1 C_2}{C_1 + C_2} \qquad \frac{1}{C} = \frac{1}{C_1} + \frac{1}{C_2} + \frac{1}{C_3}$$

考核试题 3：

电容器的电容量与加在电容器上的电压（　　）。

(A)无关　　　　　(B)成正比　　　　　(C)成反比　　　　　(D)无规则变化

解答　A

解析　电容器的电容量是指加上电压后贮存电荷的能力大小，它是电容器的一个固定参数，与加在电容器上的电压大小无关。

考核试题 4：

图 3-14 中，电容器 C_1、C_2 的作用是（　　）。

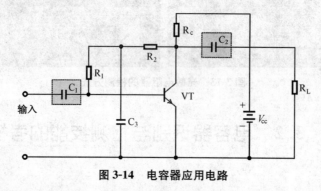

图 3-14　电容器应用电路

(A)滤波　耦合　　　(B)耦合　滤波　　　(C)耦合　耦合　　　(D)分压　滤波

解答　C

解析　电容对交流信号阻抗较小，可视为通路，而对直流信号阻抗很大，可视为断路。在放大电路中，电容常作为交流信号的输入和输出耦合电路器件。交流信号经电容 C_1 后耦合至晶体管的基极，经晶体管放大后，由集电极输出的信号再经电容 C_2 耦合加至负载电阻 RL 上，因此可知电路中 C_1 起到耦合的作用，电容器 C_2 也起到耦合的作用。

电容器在电子产品电路中主要起到滤波和耦合作用。

考核试题 5：

下列不属于电容器的种类的是（　　）。

(A)固定电容器　　　(B)可变电容器　　　(C)汽油电容器　　　(D)微调电容器

解答　C

解析　在实际应用中电容器分很多种,根据制作工艺和功能的不同,主要可以分为固定电容器、可变电容器和微调电容器三大类。

固定电容器是指经制成后,其电容量不再改变的电容器。还可以细分为无极性固定电容器和有极性固定电容器两种。无极性固定电容器主要包括纸介电容器、瓷介电容器、云母电容器、涤纶电容器、玻璃釉电容器和聚苯乙烯电容器;有极性电容器主要包括铝电解电容器和钽电解电容器。

可变电容器是指电容量可以调整的电容器。这种电容器主要用在接收电路中选择信号。可变电容器按介质的不同可以分为空气介质和有机薄膜介质两种。按照结构的不同又可分为单联可变电容器、双联可变电容器和四联可变电容器。

微调电容器又叫半可调电容器,这种电容器的容量较固定,常见的有瓷介微调电容器、管型微调电容器(拉线微调电容器)、云母微调电容器薄膜微调电容器等,主要用于调谐电路中。

图 3-15 所示为几种常见电容器的实物外形。

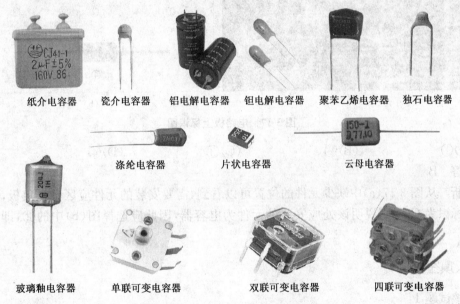

纸介电容器　　瓷介电容器　　铝电解电容器　　钽电解电容器　　聚苯乙烯电容器　　独石电容器

涤纶电容器　　　　片状电容器　　　　云母电容器

玻璃釉电容器　　单联可变电容器　　双联可变电容器　　四联可变电容器

图 3-15　几种常见电容器的实物外形

考核试题 6:
电容器在直流电路中相当于(　　)。
(A)开路　　　　(B)断路　　　　(C)低通滤波器　　　　(D)高通滤波器

解答　A

解析　根据电容器隔直通交的特性可知,电容器在直流电路中相当于开路,了解这一特性对分析电子产品电路十分有帮助,如分析直流电压供给电路,此时可将电路图中的所有电容器看成开路(电容器具有隔直特性),将所有电感器看成短路(电感器具有通直的特性),如图 3-16 所示。

图 3-16　在直流电路中电容器相当于开路

考核试题 7：

图 3-17(a)所示电路板上有一处未安装元器件，应该装入图(b)的（　）器件。

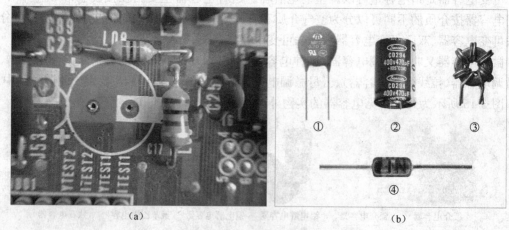

（a）　　　　　　　　　　　　　　　　（b）

图 3-17　电路板上标识图

（A）①　　　　　　（B）②　　　　　　（C）③　　　　　　（D）④

解答　B

解析　从图 3-17(a)中缺少元件的位置可以看到，需要安装的元件应区分正负极，且电路板上的标识为 C17，则说明该处应安装的元件为电容器，因此应选择图(b)中的②，即电解电容器。

二、填空题

考核试题 1：

电容器能够隔_____通_____。

解答　直流、交流

解析　电容器的两个重要特性：(1)阻止直流电流通过，允许交流电流通过。

(2)在充电或放电过程中，电容器两极板上的电荷有积累过程，或者说极板上的电压有建立过程，因此电容器上的电压不能突变。

两块金属板相对平行地放置，而不相接触就构成一个最简单的电容器。把金属板的两端分别接到电源的正、负极，那么接正极的金属板上的电子就会被电源的正极吸引过去；而接负极的金属板，就会从电源负极得到电子。这种现象就叫做电容器的"充电"。充电时，电路中有电流流动。两块金属板有电荷后就产生电压，当电容所充的电压与电源的电压相等时，充电停止。电路中就不再有电流流动,相当于开路,这就是电容器能隔断直流电的道理。

如果将接在电路中的电源拿开,而用导线把电容器的两个金属板接通(即视为将开关S断开),则在电源断开的一瞬间,电路中便有电流流通,电流的方向与原充电时的电流方向相反。随着电流的流动,两金属板之间的电压也逐渐降低。直到两金属板上的正、负电荷完全消失,这种现象叫做"放电",图3-18所示为电容器的充放电原理示意图。

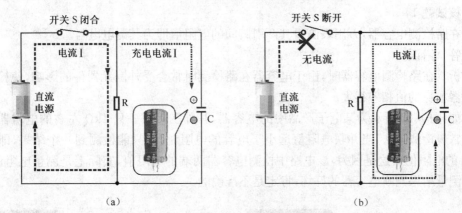

图3-18 电容器的充放电原理示意图
(a)电容器的充电原理 (b)电容器的放电原理

如果电容器的两块金属板接上交流电,因为交流电的大小和方向在不断地变化着,电容器两端也必然交替地进行充电和放电,因此,电路中就不停地有电流流动。这就是电容器能通过交流电的道理。

考核试题2:

滤波电路图3-19中有三个电容 $C_1=100\mu F/250V$,$C_2=100\mu F/400V$,$C_3=100\mu F/100V$,该电路的输入电压最大允许值为( )。

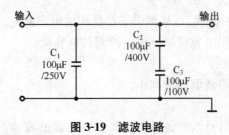

图3-19 滤波电路

解答 200 V

解析 当输入电压加到电路中,使任何一只电容上的电压都不允许超过其耐压值。注意该电路中 C_3 的耐压值最小,当输入电压达200V时,C_3 上的电压降为100V。如超过200V,C_3 有可能损坏,因而最大允许电压为200V。

考核试题3:

电容器电容量的标记为"3n3"其容值为_____。

解答 3.3nF

解析　在一些电子产品电路中,电容器的电容量采用数码表示法表示,数字表示电容量的有效值,字母 F、μ、n、p 等表示电容量的单位,其所在的位置代表小数点的位置,例如,"3n3"表示 3.3 nF,"10μ"表示 10μF,"100n"表示 100nF。

三、判断题

考核试题 1:

若在路检测电容器,万用表测得其两引脚间的电阻值即为其漏电电阻。(　)

解答　错误

解析　在路检测电容器时,由于电容器在路检测时常会受外围元器件的影响,使检测结果与电容器本身的值相差很大。

例如,图 3-20 所示为某电子产品中的电容器,其外围接有一只 1kΩ 左右的电阻器。若按照上述常规检测方法,当并联电阻值远小于电容的电阻时,都只能检测到一个结果,即电阻器约 1kΩ 的电阻值。这是因为,该电路中检测电容器两端的电阻值,实际上是测量电阻的值,因此根据测量结果判断电容器的好坏,肯定是不准确的。

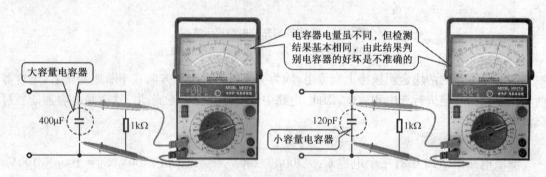

图 3-20　应用于电子产品中电容器

也正是由于上图 3-20 的原因,在检测电子产品中的电容器时,最好将电容器焊下或焊开一只引脚后进行测量,或用专用电容量检测仪表检测其电容量。

考核试题 2:

并联电容器越多,总的等效电容量越小。(　)

解答　错误

解析　并联电容器越多,总的等效电容量越大。串联电容越多,等效电容越小。n 只电容量均为 C 的电容器串联后,其总等效电容量为 c/n。

考核试题 3:

在电路中并联的电容器越多,容抗越小。(　)

解答　正确

解析　电容器在一些场合下可用于降压,通常电容器的电容量越大,其阻抗相对越小,产生压降越低。并联的电容器其电容量等于各电容器电容量之和,因此,在电路中并联的电容器越多,容抗越小。

考核试题4：

电容器外壳上采用电容量数字表示法标识为"221"，其表示容量为 $22\times10^1\,pF=220pF$ 。（　）

解答　正确

解析　电容量三位数字的表示法也称电容量的数码表示法。三位数字的前两位数字为标称容量的有效数字，第三位数字表示有效数字后面零的个数，它们的单位都是 pF。

例如，102 表示标称容量为 $10\times10^2\,pF=1000pF$；224 表示标称容量为 $22\times10^4\,pF$ 等，但需要注意的是在这种表示法中有一个特殊情况，就是当第三位数字用"9"表示时，是用有效数字乘上 10^{-1} 来表示容量大小，如 229 表示标称容量为 $22\times10^{-1}\,pF=2.2pF$。

四、问答题

考核试题1：

识别有极性电容器引脚极性有哪些方法，如何识别？

解答　识别有极性电容器的引脚极性主要有直标信息识别法、引脚长短识别法、外壳颜色及缺口识别法和漏电电阻检测识别法四种。

直标信息识别法是指通过外壳的标注信息进行识别，一般标注"－"一端为负极；引脚长短识别法是指根据电容器引脚的长度进行识别，通常较长的引脚为正极；外壳颜色及缺口识别是指根据外壳上的颜色深浅及是否有缺口识别，颜色标记深的一侧为负极，带有缺口的一侧为正极；漏电电阻检测识别法是指通过检测电容器的漏电电阻识别引脚极性，当测得漏电电阻值小的一侧，黑表笔所接触的为电容器的负极。

解析　对于有极性电容器来说，由于引脚有极性之分，为确保安装或检修检测时正确操作，应正确区分有极性电容器的引脚极性。

（1）根据电容器上的标注信息直接判断引脚极性。大多有极性电容器的外壳上除了标注出该电容器的相关参数外，还对电容器引脚的极性进行了标注。如图 3-21 所示，电容器外壳上标注有"－"的引脚为负极性引脚，用以连接电路的低电位。

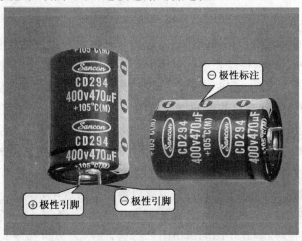

图 3-21　直接标注法识别电容器极性

（2）根据电容器引脚长度判断引脚极性。一些电解电容可从引脚的长短判别引脚极性，如图 3-22 所示，引脚相对较长的为正极性引脚，引脚相对较短的为负极性引脚。

（3）根据电容器外壳上的颜色深浅及是否有缺口判断引脚极性。一些贴片式有极性电容器在顶端和底部也都通过不同的方式进行标注。从顶端颜色标记进行识别时，颜色较深的一侧引脚为负极性引脚；如果从底部进行识别，有缺口的一侧为正极性引脚，没有缺口的一侧为负极性引脚，如图 3-23 所示。

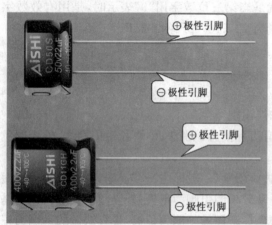

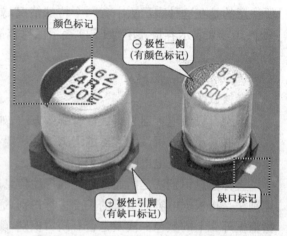

图 3-22　引脚长短法识别电容器极性　　　　图 3-23　顶端和底端标识法识别电容器极性

（4）通过检测漏电电阻判断电容器的引脚极性。通过检测漏电电阻判断电容器的引脚极性时，首先选择万用表的欧姆挡（一般选择×1k 欧姆挡），根据电容器的容量选好合适的量程，用两表笔接电容器的两引脚测其漏电电阻，并记下这个阻值的大小，然后将两表笔对调再测一次漏电电阻值，将两次测量的漏电电阻值对比，漏电电阻值小的一次，黑表笔所接触的是电容器的负极。

考核试题 2：

请简述电解电容器漏电电阻的检测方法，并简要说明如何判断电解电容器的好坏？

解答　检测电解电容器的漏电电阻时，可首先对电解电容器进行放电，然后再进行检测。

选择万用表的合适量程，将红表笔接电解电容的负极，黑表笔接电解电容的正极，此时，表针向电阻小的方向摆动，摆到一定幅度后，又反向向无穷大方向摆动，直到某一位置停下，此时指针所指的阻值便是电解电容器的正向漏电电阻。接着，将万用表的红、黑表笔对调（红表笔接正极，黑表笔接负极），再进行测量，此时指针所指的阻值为电容器的反向漏电电阻，此值应比正向漏电电阻小些。如测得的两漏电电阻值很小，则表明电解电容器的性能不良。

解析　在对有极性电容器进行开路检测时，常使用指针万用表对其漏电阻值检测以判断性能的好坏。在检测前，一般还需要对待测电解电容器进行放电，以避免电解电容器中存有残留电荷而影响检测的结果。检测时，将万用表置于"×1k"欧姆挡，红表笔搭在电容器的负极，黑表笔搭在电容器的正极，测其正向漏电电阻。然后，调换表笔测其反向漏电电阻，具体过程，如图 3-24 所示。

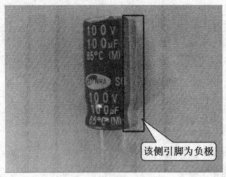

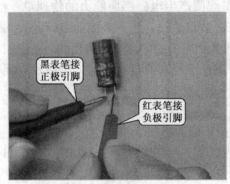

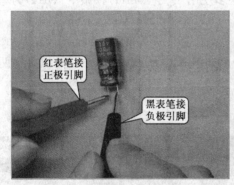

图3-24　电解电容器性能好坏的检测方法

正常情况下,在刚接通的瞬间,万用表的指针会向右(电阻小的方向)摆动一个较大的角度。当表针摆动到最大角度后,接着表针又会逐渐向左摆回,直至表针停止在一个固定位置(一般为几百千欧姆),这说明该电解电容有明显的充放电过程。所测得的阻值即为该电解电容的正向漏电阻值,正向漏电电阻越大,说明电容器的性能越好,漏电流也越小。反向漏电电阻一般小于正向漏电电阻。若测得的电解电容器正反向漏电电阻值很小(几百千欧以下),则表明电解电容器的性能不良,不能使用。

3.3   电感器识别与检测技能的考核要点

一、选择题

考核试题1：

下列选项中，与线圈的电感量无关的是（   ）。

(A)线圈自身材料和尺寸 　　　　(B)线圈结构、匝数

(C)磁介质的磁导率 　　　　　　(D)线圈的颜色

解答   D

解析   电感量是线圈的主要参数，它是衡量线圈产生电磁感应能力的物理量。给一个线圈通入电流，线圈周围就会产生磁场，线圈就有磁通量通过。通入线圈的电流越大，磁场就越强，通过线圈的磁通量就越大。通过线圈的磁通量和通入的电流是成正比的，它们的比值叫做自感系数，也叫做电感量。电感量的大小，主要决定于线圈的直径、材料、匝数及有无铁芯（磁介质）等。

考核试题2：

下列关于电感器电感量单位及其关系的说法正确的是（   ）。

(A)$1H=10^3 \mu H$ 　　(B)$1H=10^{-3} mH$ 　　(C)$1H=10^6 \mu H$ 　　(D)$1H=10^6 mH$

解答   C

解析   导线绕制成圆圈状及构成电感，绕制的圈数越多，电感量越大。电感量的单位是"亨利"，简称"亨"，用字母"H"表示，除此之外还多使用"毫亨"（mH）、"微亨"（μH）为单位。它们之间的关系是：$1H=10^3 mH=10^6 \mu H$。

考核试题3：

某电子产品电路板中采用的电感器实物外形如图 3-25 所示，从其外壳标识可知两只电感器的电感量为（   ）。

红 黑 黑 银 　　　　　　　　　　黑 绿 红 　　　　　　　　　　银

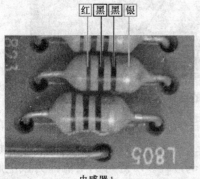 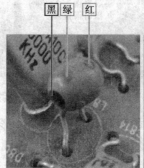 

电感器1 　　　　　　　　　电感器2（左侧） 　　　　电感器2（右侧）

图 3-25   电感器外壳上的标识

(A)电感器 1 的电感量为 $20 \mu H \pm 10\%$ 　　　　(B)电感器 2 的电感量为 $20 \mu H \pm 10\%$

(C)电感器 1 的电感量为 25μH$\pm20\%$　　　(D)电感器 2 的电感量为 25μH$\pm20\%$

解答　A

解析　图中电感器 1 采用了色环标注法,由不同颜色代表不同数值和有效位数,从左侧开始,第一环为标称值的第 1 位有效数字;第二环为标称值第 2 位有效数字;第三环为倍乘数;第四环为允许偏差。

电感器 2 采用了色点标注法,由不同颜色代表不同数字和有效位数,最右侧色点表示允许误差,顶部右侧色点为第一位有效数字,顶部左侧色点为第二位有效数字,最左侧色点表示倍乘数,图 3-26 所示为电感器标识的识别过程。

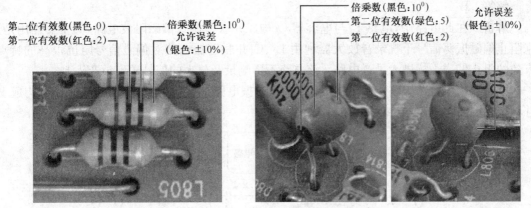

图 3-26　电感器标注信息的识别

可以看到,电感器 1 的标称电感量为 $20\times10^0=20\mu$H,允许误差为 $\pm10\%$;电感器 2 的标称电感量为 $25\times10^0=25\mu$H,允许误差为 $\pm10\%$。

不同颜色标识表示含义见表 3-4 所列。

表 3-4　色标法的含义表

色环颜色	色环所处的排列位			色环颜色	色环所处的排列位		
	有效数字	倍乘数	允许偏差(%)		有效数字	倍乘数	允许偏差(%)
银色	—	10^{-2}	±10	绿色	5	10^5	±0.5
金色	—	10^{-1}	±5	蓝色	6	10^6	±0.25
黑色	0	10^0	—	紫色	7	10^7	±0.1
棕色	1	10^1	±1	灰色	8	10^8	—
红色	2	10^2	±2	白色	9	10^9	±5
橙色	3	10^3	—				-20
黄色	4	10^4	—	无色	—	—	±20

考核试题 4:

图 3-27 中电感器 L_1 和 L_2 的功能是( )。

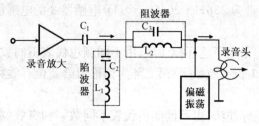

图 3-27　电感器应用电路

(A)滤波　　(B)与电容器构成 LC 谐振电路　　(C)限流　　(D)分压

解答　B

解析　在此电路中,电感 L_2 与电容器 C_3 构成并联谐振式偏磁阻波电路,其主要作用是用来阻止偏磁振荡信号干扰录音放大器利用 L_2、C_3 并联谐振电路对偏磁信号阻抗很高的特点,有效的阻止偏磁干扰进入录音电路。该电路不影响录音放大的信号送到录音头上。

电感器与电容器串联连接可构成 LC 串联谐振电路,电感器与电容器并联连接可构成 LC 并联谐振电路,其各自电路特征如图 3-28 所示。

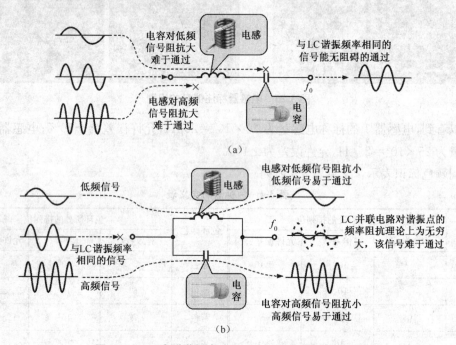

图 3-28　LC 串联谐振电路和 LC 并联谐振电路的特征

(a)LC 串联谐振电路　　(b)LC 并联谐振电路

可以看到,图 3-28(a)表示了不同频率信号通过 LC 串联谐振频率后的结果。当输入信号经过 LC 串联谐振电路时,电感对频率较高的信号阻抗很高无法通过电感,而低频信号则难于通过电容器。LC 串联谐振电路中,在谐振频率 f_0 处阻抗最小,此频率的信号很容易通过电容器和电感器。此时 LC 串联谐振电路起到选频的作用。图 3-27 中 L_1、C_2 串联谐振电路作为偏磁陷波电路,将偏磁干扰短路到地,消除偏磁信号的干扰。

图 3-28(b)表示了不同频率的信号通过 LC 并联谐振电路后的结果。当输入信号经过 LC 并联谐振电路时,较高频率的信号可以从电路的电容器通过,低频信号则易于通过电感器。由于 LC 回路在谐振频率 f_0 处阻抗最大,将谐振频率设在偏磁信号的频率,可有效阻止偏磁信号而不影响录音信号。

二、判断题

考核试题 1:
一个线圈电流变化而在另一个线圈产生电磁感应的现象,叫做自感现象。( )
解答　错误
解析　一个线圈中有电流变化就会产生磁场,该磁场会对相邻线圈产生电磁感应的现象,叫做互感现象。线圈本身的电流变化而在线圈内部产生电磁感应的现象,叫做自感现象。

考核试题 2:
电感和电容组成的滤波器适用于电源波动大且负载电流较大的场合。( )
解答　正确
解析　滤波是将脉动的直流电转变为平滑的直流电,电容器具有存储电荷的能力,其上的电压不会突变,电感具有储能的功能即阻碍电流变化的特性,电感与电容组合滤波效果较好。

▶ 3.4　晶体二极管识别与检测技能的考核要点

一、选择题

考核试题 1:
晶体二极管的主要特性就是( )。
(A)可控整流　　　　(B)单向导电性　　　　(C)反向击穿　　　　(D)稳压
解答　B
解析　晶体二极管是一种半导体器件,它是由一个 P 型半导体和 N 型半导体形成的 P—N 结,并在 P—N 结两端引出相应的电极引线,再加上管壳密封制成的。它最重要的特性就是单方向导电性,即在电路中,电流只能从晶体二极管的正极流入,负极流出。

考核试题 2:
PN 结的 P 端相对于 N 端的电压为正极性,该状态为( )。
(A)饱和　　　　(B)截止　　　　(C)正偏　　　　(D)反偏
解答　C
解析　晶体二极管是由一个 PN 结(两个电极)组成,当 PN 结两边外加正向电压,即 P 区接外电源正极,N 区接外电源负极,这种接法又称正向偏置,简称正偏。如图 3-29(a)所示,由图可以看出,PN 结外加正向电压时,其内部电流方向与电源提供电流方向相同,电流很容易通过 PN 结,形成电流回路。此时 PN 结呈低阻状态(正偏状态的阻抗较小),这种情况下电路为导通状态。

当 PN 结两边外加反向电压,即 P 区接外电源负极,N 区接外电源正极,这种接法又称反向偏置,简称反偏。图 3-29(b)所示,由图可以看出,PN 结外加反向电压时,其内部电流方向与电源提供电流方向相反,电流不易通过 PN 结形成回路。此时 PN 结呈高阻状态,这种情况下电路为截止状态。

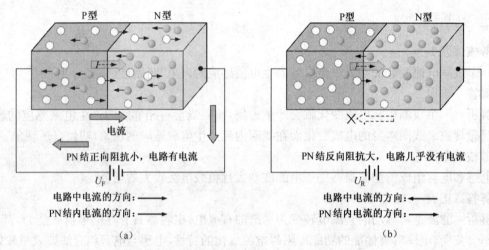

图 3-29　PN 结正向导通、反向截止原理示意图
(a)加正向电压的情况　(b)加反向电压的情况

考核试题3:
通常工作在反向偏置状态下的晶体二极管是( )。
(A)发光二极管　　(B)光电二极管　　(C)稳压二极管　　(D)变容二极管
解答　C、D
解析　稳压二极和变容二极管都是工作在反向偏压的状态,发光二极管是一种工作在正向偏置状态下,将电能转换为光能的器件。

考核试题4:
下列功能不是晶体二极管的常用功能的是( )。
(A)整流　　　　(B)检波　　　　(C)放大　　　　(D)开关
解答　C
解析　晶体二极管没有放大信号的功能,晶体二极管具有整流检波和开关的作用。如图 3-30 所示为由晶体二极管构成的半波整流电源电路。由于晶体二极管具有单向导电特性,在交流电压处于正半周时,晶体二极管导通;在交流电压负半周时,晶体二极管截止,因而交流电经晶体二极管 VD 整流后原来的交流波形变成了缺少半个周期的波形,称之为半波整流。经晶体二极管 VD 整流出来的脉动电压再经 RC 滤波器滤波后即为直流电压。

晶体二极管具有检波作用。图 3-31 所示为超外差收音机检波电路。第二中放输出的调幅波加到晶体二极管 VD 负极,由于晶体二极管单向导电特性,其负半周调幅波通过二级管,正半周被截止,通过晶体二极管 VD 后输出的调幅波只有负半周。负半周的调幅波再由 RC 滤波

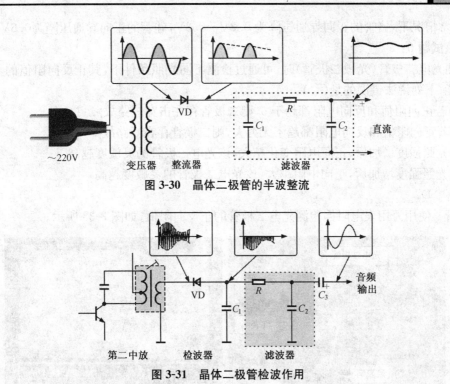

图 3-30 晶体二极管的半波整流

图 3-31 晶体二极管检波作用

器滤除其中的高频成分,电容 C_3 阻止其中的直流成分,输出的就是调制在载波上的音频信号,这个过程称为检波。

晶体二极管具有开关作用。图 3-32 所示电路中,由于晶体二极管具有单向导电性,当开关接+9V 时,晶体二极管 VD 正极接+9V,VD 导通,输入端(IN)信号可以通过晶体二极管 VD 到达输出端(OUT);当开关接−9V 时,晶体二极管 VD 正极接−9V,VD 截止,输入端(IN)与输出端(OUT)之间通路被切断。

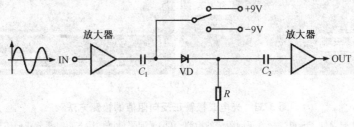

图 3-32 晶体二极管开关作用

考核试题 5:

硅二极管的正常导通管压降为( )。

(A)0.2~0.3V   (B)0.3~0.4V   (C)0.4~0.5V   (D)0.6~0.7V

解答 D

解析 晶体二极管根据制作半导体材料的不同,可分为锗二极管(Ge 管)和硅二极管(Si

管)。正常情况下,锗管的正向导通压降为 0.2V~0.3V,硅管的正向导通压降为0.6V~0.7V。

考核试题 6:

检测光电二极管(光敏二极管)时,可通过检测不同光照条件下,其正反向阻值的方法来判断其性能,下列说法错误的是(　　)。

(A)若正向阻值和反向电阻都趋于 0,则二极管存在击穿短路故障

(B)若正向阻值和反向电阻都趋于无穷大,则二极管存在断路故障

(C)光照强度增加后,正向电阻变化越大,该光电二极管的灵敏度越高

(D)光照强度增加后,正向电阻越大,该光电二极管的灵敏度越高

解答　D

解析　使用万用表电阻挡检测光电二极管的正反向阻值,如图 3-33 所示。

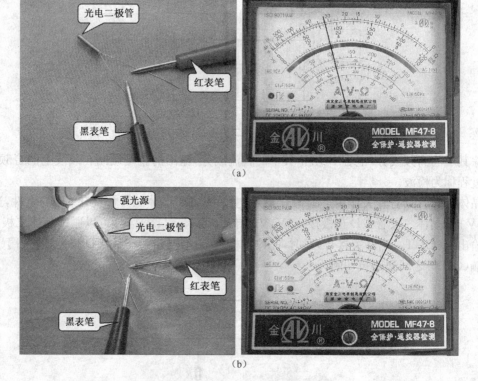

图 3-33　光电二极管正反向阻值的检测方法
(a)普通光照条件下光电二极管正向阻值的检测　(b)光照强度增加后光电二极管正向阻值的检测

正常情况下,假设普通光照条件下测得正向阻值为 R_1,反向阻值为 R_2;光照强度增加后测得正向阻值为 R_3,反向阻值为 R_4。则:

若正向阻值 R_1 和反向电阻 R_2 都趋于无穷大,则二极管存在断路故障;

若正向阻值 R_1 和反向电阻 R_2 都趋于 0 或数值都很小,则多为二极管存在击穿短路;

若 R_3 远远小于 R_1,即改变光照条件后,光电二极管的正向电阻变化量越大,可以断定该光敏二极管的灵敏度越高。

考核试题7:

图 3-34 中,关于两只晶体二极管的工作状态说法正确的是( )。

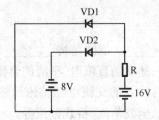

图 3-34 晶体二极管应用电路(一)

(A)VD1,VD2 均导通   (B)VD1,VD2 均截止

(C)VD1 导通,VD2 截止   (D)VD1 截止,VD2 导通

解答 A

解析 将 3-34 电路可改画为图 3-35 所示,两电源相当于串联,VD1、VD2 的正极都接至电源的正极,VD1 的负端接 16V 负极,VD2 的负端接 $16+8=24V$ 负极,都处于导通状态。

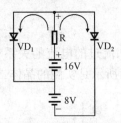

图 3-35 晶体二极管应用电路(二)

二、填空题

考核试题1:

当加至晶体二极管上的反向电压增大到一定数值时,反向电流会突然增大,此现象通常称为_____现象。

解答 反向击穿

解析 晶体二极管外加反向电压不超过一定范围时,通过晶体二极管的电流很小且基本保持不变,当反向电压超过一定范围时,其电流突然增大,称为晶体二极管的反向击穿特性。

考核试题2:

发光二极管是把_____能转变为_____能,它工作于_____状态;光电二极管是把_____能转变为_____能,它工作于_____状态。

解答 电、光、正向偏置、光、电、反向偏置

解析 发光二极管是一种利用正向偏置时 PN 结两侧的多数载流子直接复合释放出光能的发射器件。当它处于工作状态时,将电能转换为光能。

光电二极管顶端有能射入光线的窗口,光线可通过该窗口照射到管芯上。其特点是当

受到光照射时,二极管反向阻抗会随之变化(随着光照射的增强,反向阻抗会由大到小),利用这一特性,光敏二极管常用作光电传感器件使用。当它处于工作状态时,将光能转换为电能。

考核试题3:

整流是把_____转变为_____。滤波是将_____转变为_____。

解答　交流电、脉动的直流电、脉动的直流电、平滑的直流电

解析　整流二极管的功能是将输入的交流电经整流后输出脉动的直流电,多个二极管可构成不同的整流电路,如半波整流、全波整流、桥式整流等。

滤波是指滤除杂波,多指在整流电路后级设置的电路,用于将整流输出的脉动直流电,滤除脉动杂波后,输出平滑的直流电。

三、判断题

考核试题1:

晶体二极管中流过电流的大小与加入的电压成正比例关系,即晶体二极管上所加电压越大,其流过的电流越大。( )

解答　错误

解析　晶体二极管两端的电压和流过的电流的关系称为晶体二极管的伏安特性,一般用于描述晶体二极管的性能,如图 3-36 所示是实测的晶体二极管的伏安特性曲线。

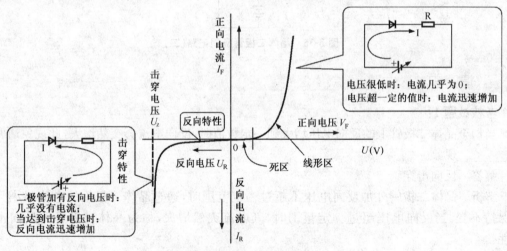

图 3-36　晶体二极管的伏安特性曲线

(1)正向特性。外加正向电压时的伏安特性称为正向特性,如图中的右段所示。

由图可知,在正向特性起始部分,正向电压很低,不能使晶体二极管导通,因而正向电流几乎为零,特性曲线与横轴几乎重合。这是因为 PN 结内极性不同的载流子形成一定的内电场,当外加正向电压很小时,外电场尚不足以克服 PN 结内电场的影响,多数载流子的扩散运动受内电场的阻挡。因而正向电流很小,晶体二极管呈现很高的电阻。这段区域称为死区。随着

外加正向电压的升高,外电场增强到足以克服内电场的影响时,正向电流开始上升,晶体二极管开始导通。对应于晶体二极管开始导通时的外加正向电压称为死区电压,不同材料制成的晶体二极管死区电压也不相同,如锗管的死区电压约为 0.1V,硅管的死区电压约为 0.5V。

当外加正向电压超过死区电压,内电场被大大削弱,正向电流增长很快。此时,正向电流与外加正向电压近似成正比,伏安特性曲线近似为直线,这一区域称为线性区,这是晶体二极管导通的正常工作区。正常情况下,锗管的正向导通压降为 0.2V~0.3V,硅管的正向导通压降为 0.6V~0.7V。

(2)反向特性。外加反向电压时的伏安特性称为反向特性,如图 3-36 中的曲线中段。

外加反向电压不超过一定范围时,通过晶体二极管的电流是少数载流子漂移运动所形成的很小的反向电流,故反向特性曲线与横轴靠得很近。

反向电流有两个显著特点:一是受温度影响很大;二是反向电压不超过一定范围时,其大小基本不变。即与反向电压大小无关,因此反向电流又称为反向饱和电流。

(3)击穿特性。外加反向电压 U_R 超过某一数值 U_Z 后,反向电流突然增大。这种现象称为击穿,U_Z 称为击穿电压。如图 3-36 中的曲线左下段。

发生击穿的过程很复杂,我们可以简单理解为:外加反向电压过高时,强大的电流冲破 PN 结内部与之反向电流的阻力,而通过 PN 结,从而形成很大的反向电流。

考核试题 2:

在电子电路当中,晶体二极管可以作为开关来使用。( )

解答 正确

解析 根据晶体二极管的单向导电性:外加正偏电压时导通,外加反偏电压时截止,可以以此来发挥开关的闭和、断开作用。

考核试题 3:

晶体二极管在反向截止区的反向电流随反向电压升高而急剧升高。( )

解答 错误

解析 晶体二极管外加反向电压不超过一定范围(反向击穿电压)时,其处于反向截止区,通过晶体二极管的电流是少数载流子漂移运动所形成的很小的反向电流,其大小基本保持不变。

考核试题 4:

晶体二极管只要工作在反向击穿区,一定会被击穿损坏。

解答 错误

解析 普通晶体二极管若工作电压超过其反向击穿电压时,将会导致击穿损坏,但稳压二极管除外,稳压二极管是利用 PN 结反向击穿后,其端电压在一定范围内保持不变的特性工作的。只要反向电流不超过其最大工作电流,稳压二极管是不会损坏的。

四、问答题

考核试题 1:

请简要说明图 3-37 中,两只整流二极管构成的全波整流电路的整流过程。

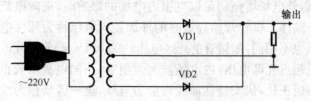

图 3-37 整流二极管应用电路(一)

解答 该图以变压器次级绕组中间抽头为基准做成的电路。变压器次级线圈由抽头分成上下两个部分,组成两个半波整流。VD1 对交流电正半周的电压进行整流;VD2 对交流电负半周的电压进行整流。

解析 交流电压输入至变压器初级绕组,使次级绕组产生感应的交流电压。变压器次级绕组中间抽头使次级输出的交流电压相位相反,即组成两个半波整流。VD1 对交流电正半周电压进行整流;VD2 对反相后的交流电压正半周的电压进行整流,也就是对原相位电压的负半轴整流,这样最后得到两个合成的电流,称为全波整流,如图 3-38 所示。

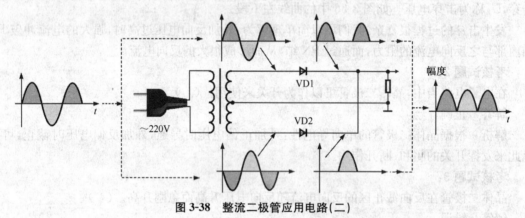

图 3-38 整流二极管应用电路(二)

考核试题 2:

某电子产品中,由晶体二极管构成的功能电路如图 3-39 所示,请确定图中晶体二极管 VD1、VD2 是正偏还是反偏。假设晶体二极管正偏时的正向压降为 0.7 V,估算 U_A、U_B、U_C、U_D、U_{AB}、U_{CD}。

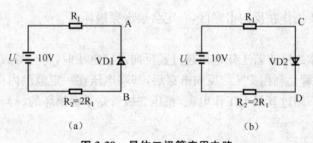

图 3-39 晶体二极管应用电路

解答 VD1:反偏。VD2:正偏。$U_A = 10V$,$U_B = 0V$,$U_{AB} = 10V$,$U_C = 6.9V$,$U_D = 6.2V$,

$U_{CD}=0.7V$

解析 图 3-39(a)中,电池正极与晶体二极管负极连接,因此晶体二极管两端加上的电压为反偏电压,晶体二极管处于截止状态,在电路中相当于开路,因此可知 UA=10V,UB=0V,UAB=10V。

图 3-39(b)中,电池正极与晶体二极管正极连接,因此晶体二极管两端加上的电压为正偏电压,晶体二极管处于导通状态。

根据已知条件,晶体二极管正偏时的正向压降为 0.7V,因此两只电阻器分的电压为 10－0.7=9.3V,则电阻器 R1 上压降为 9.3V/3=3.1V,可知 $U_C=10V-3.1V=6.9V$,又因为 $U_{CD}=0.7V$,则可知 $U_D=6.9V-0.7V=6.2V$。

3.5 晶体三极管识别与检测技能的考核要点

一、选择题

考核试题 1：
如使晶体三极管具有放大的作用,必须满足的外部条件是( )。

(A)发射结正偏、集电结正偏　　(B)发射结反偏、集电结正偏

(C)发射结正偏、集电结反偏　　(D)发射结反偏、集电结反偏

解答 C

解析 如使晶体三极管具有放大作用,以 NPN 晶体管为例,基本的条件是保证基极和发射极之间加正向电压(发射结正偏),基极与集电极之间加反向电压(集电结反偏)。基极相对于发射极为正极性电压,基极相对于集电极则为负极性电压,如图 3-40 所示。从电路结构上看,电源通过偏置电阻使基极和集电极的电压相对发射极为正极性。

当发射结和集电结都处于正偏状态时,三极管工作于饱和状态;

当发射结处于正偏,集电结处于反偏状态时,三极管工作于放大状态;

当发射结和集电结都处于反偏状态时,三极管工作于截止状态。

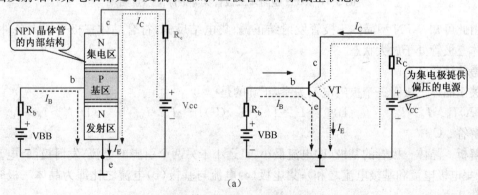

(a)

图 3-40 晶体三极管放大的外部偏置条件

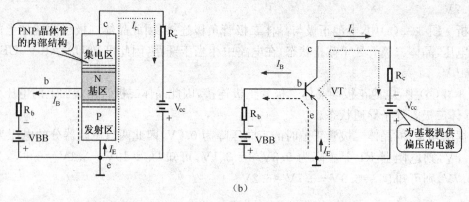

（b）

图3-40　晶体三极管放大的外部偏置条件（续）

（a）NPN 型晶体三极管放大条件　（b）PNP 型晶体三极管放大条件

考核试题 2：

测得 NPN 型晶体三极管上各电极对地电位分别为 $U_e=2.1V$，$U_b=2.8V$，$U_c=4.4V$，则该晶体三极管处在（　　）。

（A）放大状态　　　　（B）饱和状态　　　　（C）截止状态　　　　（D）反向击穿区

解答　A

解析　NPN 型晶体三极管其等效原理如图 3-41 所示，根据题意可知 $U_b>U_e$，二极管 VD1 导通，即 U_{be} 处于正偏，$U_b<U_c$，二极管 VD2 截止，即 U_{bc} 处于反偏。

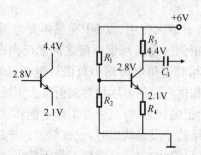

图3-41　NPN 型晶体三极管其等效原理示意图

由此可知，NPN 型晶体三极管发射结正偏，集电结反偏，符合晶体三极管放大条件，因此该晶体三极管处于放大状态。

考核试题 3：

关于晶体三极管三个极的电流关系，正确的是（　　）。

（A）$I_b>I_c>I_e$　　　　（B）$I_c>I_b>I_e$　　　　（C）$I_e>I_c>I_b$　　　　（D）$I_c>I_e>I_b$

解答　C

解析　晶体三极管的基极（b）电流最小，且远小于另两个引脚的电流；发射极（e）电流最大（等于集电极电流和基极电流之和）；集电极（c）电流与基极（b）电流之比即为晶体三极管的放大倍数 β。

晶体三极管最重要的功能就是它具有电流放大作用。即在基极输入一个很小的电流，其发射极端可输出一个大电流,其原理如图 3-42 所示。

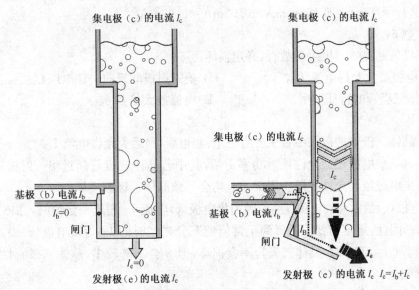

图 3-42　晶体三极管放大原理示意图

晶体三极管的放大作用我们可以理解为一个水闸。由水闸上方流下的水流我们可以将其理解为集电极(c)的电流 I_c,由水闸侧面流入的水流我们称为基极(b)电流 I_b。当 I_b 有水流流过,冲击闸门,闸门便会开启,这样水闸侧面的水流(相当于电流 I_b)与水闸上方的水流(相当于电流 I_c)就汇集到一起流下(相当于发射极 E 的电流 I_E)。

可以看到,控制水闸侧面流过很小的水流流量(相当于电流 I_b),就可以控制水闸上方(相当于电流 I_c)流下的大水流流量。这就相当于三极管的放大作用,如果水闸侧面没有水流流过,就相当于基极电流 I_b 被切断,那么水闸闸门关闭、上方和下方就都没有水流流过,相当于集电极(c)到发射极(e)的电流也被关断了。

考核试题 4:

用万用表测得一只晶体三极管 $I_b=30\mu A$ 时,$I_c=2.4mA$;当 $I_b=40\mu A$ 时,$I_c=3mA$,则可知该晶体三极管的动态电流放大系数为(　)。

(A)60　　　　(B)75　　　　(C)80　　　　(D)100

解答　A

解析　根据公式:$\beta=\dfrac{\Delta I_c}{\Delta I_b}$可知,

该三极管的放大倍数 $\beta=(3mA-2.4mA)/(40\mu A-30\mu A)=60$

考核试题 5:

用万用表测得某晶体三极管的发射极电流 $I_e=1mA$,基极电流等于 $I_b=20\mu A$,则可通过计算获得该晶体三极管集电极电流 I_c 等于(　)。

(A)0.8mA　　　(B)0.98mA　　　(C)1.02mA　　　(D)1.2mA

解答　B

解析　晶体三极管中,发射极电流等于基极电流与集电极电流之和,即:$I_e = I_b + I_c$,则可知,$I_c = I_e - I_b$,即 $I_c = 1mA - 0.02mA = 0.98mA$

考核试题 6：

晶体三极管超过(　)极限参数时,必定损坏。

(A)集电极最大允许电流 I_{CM}　　　(B)集—射极间反向击穿电压 $U_{(BR)CEO}$

(C)晶体三极管的特征频率　　　(D)电流放大倍数 β

解答　B

解析　晶体三极管的极限参数主要有三个:集电极(c)最大允许电流 I_{CM}、集—射极反向击穿电压 $U_{(BR)CEO}$、集电极最大允许耗散功率 P_{CM},其中若晶体三极管超过集—射极反向击穿电压 $U_{(BR)CEO}$、集电极最大允许耗散功率 P_{CM} 时均会导致晶体三极管损坏。

(1)集电极(c)最大允许电流 I_{CM}。因为集电极(c)电流 I_c 超过一定值时,晶体三极管的 β 值将会下降。因此,规定当 β 值下降到正常值的三分之二时的 I_c 为集电极(c)最大允许电流 I_{CM}。当 I_c 超过 I_{CM} 不多时,晶体三极管不会损坏,但 β 会下降较多,晶体三极管性能变坏(失去放大能力)。

(2)集—射极反向击穿电压 $U_{(BR)CEO}$。$U_{(BR)CEO}$ 是指当基极(b)开路时,加在集电极(c)与发射极(e)之间的最大允许电压。集—射极电压超过 $U_{(BR)CEO}$ 时,集电极(c)电流会大幅度上升,此时晶体三极管已击穿,并导致损坏。

(3)集电极(c)最大允许耗散功率 P_{CM}。由于集电极(c)电流流经集电结时会产生热量,使结温上升,过高的结温将会烧坏晶体三极管。为确保安全,规定当晶体三极管因受热而引起的参数变化不超过允许值时,集电极(c)所消耗的功率为集电极(c)最大允许耗散功率,$P_{CM} = I_c U_{ce}$。

一般地说,锗管允许的结温约为 $70℃ \sim 90℃$,硅管允许的结温约为 $150℃$。功率较大的晶体三极管要附加散热片。根据给定的 P_{CM} 值,可在晶体三极管输出特性曲线上作出 P_{CM} 曲线,定出过损耗区。

考核试题 7：

检测光敏晶体三极管时,其集电极与发射极间的相关参数,随光照强度的大增而发生变化,下列说法正确的是(　)。

(A)集电极与发射极间阻抗随光照强度增大而增加

(B)集电极与发射极间阻抗随光照强度增大而降低

(C)集电极与发射极间电流随光照强度增大而降低

(D)集电极与发射极间电压随光照强度增大而增加

解答　B

解析　光敏晶体管是一种具有放大能力的光—电转换器件,因此相比光敏二极管它具有更高的灵敏度。判断光敏晶体管的好坏,也可根据其在不同光照条件下电阻值会发生变化的特性来判断其性能好坏。光敏晶体三极管的检测方法如图 3-43 所示。

正常情况下,测得集电极与发射极间阻抗随光照强度增大而降低。

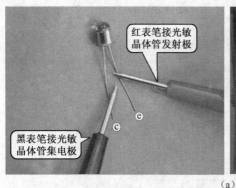

（a）

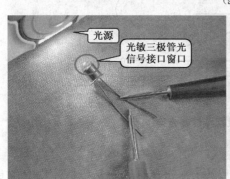

（b）

图 3-43 光敏晶体三极管的检测方法
（a）普通光照条件下光敏三极管集电极与发射极之间阻值的检测；
（b）光照强度增加后光敏三极管集电极与发射极之间阻值的检测

二、填空题

考核试题 1：

晶体三极管的特性曲线分为＿＿＿＿＿区、＿＿＿＿＿区和＿＿＿＿＿区。

解答 截止区、放大区、饱和区

解析 输出特性曲线是指当基极电流 I_B 为常数时，输出电路中集电极电流 I_C 与集—射极间的电压 U_{CE} 之间的关系曲线，即：

$$I_C = f(U_{CE})|_{I_B=常数}$$

因为 I_C 与 I_B 密切相关，I_B 不同，对应不同的特性曲线，所以三极管输出特性曲线是一组曲线，如图 3-44 所示，根据三极管不同的工作状态，输出特性曲线分为三个工作区，即截止区、放大区和饱和区，其中 $I_B = 0$ 曲线以下的区域称为截止区、接近水平的部分是放大区、特性曲线上升和弯曲部分的区域称为饱和区。

考核试题 2：

实测某晶体三极管三个电极的对地电位分别为①脚－1V、②脚－1.3V、③脚－6V，则可知，该晶体三极管为＿＿＿＿＿型三极管，①脚为＿＿＿＿＿，②脚为＿＿＿＿＿，③脚为＿＿＿＿＿。

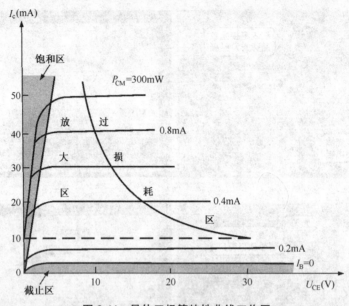

图 3-44　晶体三极管特性曲线工作区

　　解答　PNP 型锗管、发射极、基极、集电极

　　解析　正常情况下,NPN 型硅管的发射结电压 U_{BE} 为 0.6V～0.7V,PNP 型锗管的 U_{BE} 为 −0.2V～−0.3V。

　　上述三极管中,①脚和②脚电压相差 0.3V,显然一个锗管,一个是基极,一个是发射极,则说明③脚为集电极。而③脚比①脚和②脚的电位都高,所以一定是一个 PNP 型锗管。再根据 PNP 型管子在放大时的原则,基极电位低于发射极电位,基极电位高于集电极电位,由此可判断出②脚是基极,①脚是发射极,③脚是集电极。

　　考核试题 3:

　　对于硅晶体管来说其死区电压约为_____,锗晶体三极管的死区电压约为_____。

　　解答　0.5V、0.2V

　　解析　硅管的死区电压约为 0.5V,锗管的死区电压约为 0.2V。只有在 U_{BE} 超过死区电压时,三极管才可以正常工作。

　　考核试题 4:

　　晶体三极管主要用于放大_____,其放大倍数通常用_____标识。

　　解答　电流　β

　　解析　晶体三极管属于电流型放大器件,其主要用于放大基极电流,不同晶体管的放大倍数不同,一般用 β 标识。

　　考核试题 5:

　　一般情况下,晶体三极管的电流放大倍数等于集电极电流的变化量与基极电流的变化量_____。

　　解答　之比

解析 晶体三极管接成共发射极电路时,直流(静态)电流放大系数用 $\bar{\beta}$ 表示,$\bar{\beta}=I_c/I_b$。但晶体三极管通常工作在交流信号输入的情况下,基极(B)电流产生一个变化量 ΔI_b,相应的集电极(C)电流的变化量为 ΔI_C,则 ΔI_C 与 ΔI_B 的比值称为晶体三极管交流(动态)电流放大系数 β。见图 3-45 所示。

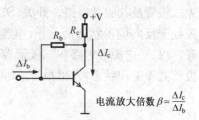

电流放大倍数 $\beta = \dfrac{\Delta I_c}{\Delta I_b}$

图 3-45 晶体管集电极电流与基极电流的关系(放大倍数)

$\bar{\beta}$ 和 β 含义不同,但在输出特性放大区内,曲线接近于平行并且等距,$\beta \approx \bar{\beta}$,所以在使用时,一般用 β 代替 $\bar{\beta}$,而不再将二者分开。

由于制造工艺的离散性,即使同一型号的晶体三极管,β 值也有很大的差别。常用晶体三极管的 β 值一般为 $20\sim100$,该值随温度的升高而增大。

发射结的导通压降是指其基极与发射极之间的电压差,该导通压降随温度的升高而减小。

考核试题 6:

晶体三极管工作在放大区时,改变 I_c 的惟一途径就是_____。

解答 改变 I_b

解析 三极管工作在放大区时,若改变 I_b 大小,I_c 大小会随之改变,对应的曲线组平坦部分上下移动。因此,改变 I_c 的惟一途径就是改变 I_b,而这正是 I_b 对 I_c 的控制作用。

考核试题 7:

晶体三极管在电子电路中除实现_____作用外,还常用作_____使用。(答案选项:放大、电子开关、滤波器)

解答 放大、电子开关

解析 晶体三极管最基本的作用之一就是放大。如图 3-46 所示,当输入信号加至三极管的基极时,基极电流 I_b 随之变化,进而使集电极电流 I_c 产生相应的变化。由于三极管本身具有的放大倍数 β,根据电流的放大关系 $I_c = \beta I_b$,使经过三极管后的信号放大了 β 倍,输出信号经耦合电容 C_c 阻止直流后输出,这时在电路的输出端便得到了放大后的信号波形。

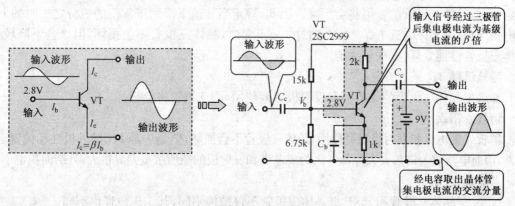

图 3-46 三极管放大原理实例

除此之外,在电子产品中,晶体三极管还常常用作电子开关,以控制电路中某些器件通断状态。例如,图 3-47 所示为一个典型电子电路,从图可见,按键开关接通有电压(12V)加到发光二极管及其驱动电路。开关(S)设置在被检测的机构上,在正常状态开关(S)接通,晶体管基极处于反向偏置状态而截止,电流直接由开关 S 流走。一旦被测机构有异常情况使开关 S 断开,+12V 电源经电路和二极管 VD1 使三极管满足导通条件,晶体管 VT 饱和导通。发光二极管处于工作状态,发出报警信号。

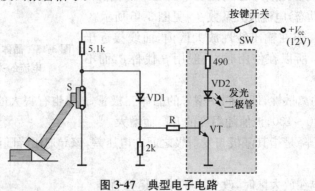

图 3-47   典型电子电路

三、判断题

考核试题 1:
既然晶体三极管具有两个 PN 结,则可以用两个二极管相连以构成一只三极管。(　)
解答   错误
解析   晶体三极管中有两个 PN 结但不是两个独立的 PN 结,两个 PN 结的结构中基区是共用的。

考核试题 2:
当晶体三极管的集电极电流大于它的最大允许电流 I_{CM} 时,该管必被击穿。(　)
解答   错误
解析   晶体三极管的最大允许电流 I_{CM} 是其使用极限参数之一。当集电极(c)电流 I_c 超过一定值时,晶体三极管的 β 值将会下降。因此,规定当 β 值下降到正常值的三分之二时的 I_c 为集电极(c)最大允许电流 I_{CM}。当 I_c 超过 I_{CM} 不多时,晶体三极管不会损坏,但 β 会下降较多,晶体三极管性能变坏(失去放大能力)。

考核试题 3:
如果把晶体三极管的集电极和发射极对调使用,则三极管将会损坏。(　)
解答   错误
解析   集电极和发射极对调使用,晶体三极管不会损坏,但是内部 PN 结的极性和偏置会不正常,因而电流放大倍数大大降低。因为集电极和发射极的杂质浓度差异很大,且结面积也不同。

考核试题 4:
NPN 型晶体三极管和 PNP 型晶体三极管不仅结构不同,其工作原理也不同。(　)
解答   错误
解析   各种晶体三极管都分为发射区、基区和集电区等三个区域,三个区域的引出线分别称为发射极、基极和集电极。发射区域基区之间的 PN 结称为发射结,基区与集电区之间的

PN 结称为集电结。

NPN 型和 PNP 型三极管的工作原理相同,不同的只是使用时连接电源的极性相反,晶体管各极间的电流方向也相反。

考核试题5:

正常情况下,NPN 型晶体三极管的基极与集电极、基极与发射极之间正向阻值为一个固定阻值,其余引脚间阻值为无穷大,则表明该晶体三极管正常。(　)

解答　正确

解析　晶体三极管的好坏一般可用万用表测引脚间阻值的方法进行检测,正常情况下,三个引脚之间两两阻值的检测时,只有基极与集电极、基极与发射极之间正向阻值有数值,其他均趋于无穷大,则说明该晶体三极管正常。

四、问答题

考核试题1:

晶体三极管放大倍数可否用万用表进行检测,如何检测?

解答　检测晶体三极管的放大倍数可用数字万用表的"hFE"三极管挡进行检测,一般需用到数字万用表的附加测试插座,区别 NPN、PNP 插孔后,将待测三极管插入相应测试孔内即可。

解析　晶体三极管的主要功能就是具有对电流放大的作用,其放大倍数的检测方法如图3-48 所示。

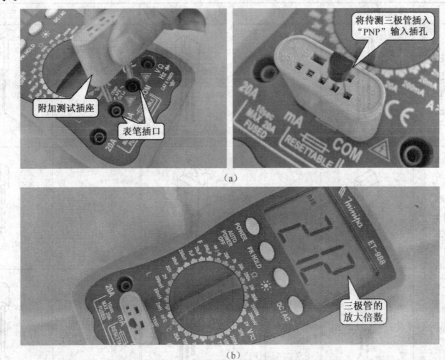

(a)

(b)

图3-48　晶体三极管放大倍数的检测方法

(a)将待测晶体三极管插入万用表附加测试插座相应插孔中　(b)通过万用表显示屏识读晶体三极管的放大倍数

考核试题 2:

检测电子产品中的晶体三极管时,若无图纸对应时,如何快速、准确了解到三极管的引脚极性和排列顺序?

解答　通过识别晶体三极管外壳上的型号标识,并通过查找该型号晶体三极管的应用或使用手册,是快速、准确确定晶体三极管引脚极性和排列顺序的有效方法。

解析　在电子产品的实际维修过程中,对晶体三极管检测前,首先应该了解其各引脚的极性,即找到其基极(b)、集电极(c)、发射极(e)对应引脚再进行检测。目前,大多数情况下,首先识别其外壳上的型号标识,如图 3-49 所示,再根据型号标识找到其相关参数资料,了解其引脚排列顺序,或根据晶体管应用电路的相关参数资料或维修手册对应找到其元件安装图、元件参数资料等即可掌握其各引脚极性。

图 3-49　晶体三极管外壳上的型号标识

另外一些常见晶体三极管可能型号不同,但其外形及引脚排列相同,由此可根据一些常见晶体三极管引脚的排列顺序,来快速区别三极管的各个引脚。一些较常见晶体三极管的引脚排列规律见表 3-5 所列。

表 3-5　一些较常见晶体三极管的引脚排列规律

型号	外形及引脚排列	型号	外形及引脚排列	型号	外形及引脚排列
DTA114ES DTC114ES DTC124ES DTC143TS DTC144ES 2SC3327-A	E C B	2SA1174-HFE 2SC2785-HFE	E C B	2SA1220A-P 2SC2611 2SC2688-LK 2SC3601-E 2SC3840K	E C B
2SA1221-L 2SB734-34 2SC2958-L 2SD774-34	E C B	2SA1306A - Y 2SC 3298B -Y	B C E	2SC2216	B E C
2SD1408	B C E	DTC144ESA DTD114ES 2SA1175-HFE 2SC2785-HFE	E C B	2SA1091-0 2SA933AS-QRT	E C B

续表 3-5

型号	外形及引脚排列	型号	外形及引脚排列	型号	外形及引脚排列
2SA1315-Y	E C B	MA3091 RD3.3M-B2 RD5.6M-B2 RD6.8M-B3 RD9.1M-B1	2 1 3	D5LC20U FMX-12S	1 2 3

3.6 场效应晶体管识别与检测技能的考核要点

一、选择题

考核试题 1：

在一块杂质浓度较低的 P 型硅片上制作两个高浓度的 N 区,本体材料上分别引出电极引线,称为场效应管的（　）。

(A)漏极 D　　　　(B)源极 S　　　　(C)栅极 G　　　　(D)漏极 D、源极 S

解答 D

解析 结型场效应管的结构示意图如图 3-50 所示。在图中可以看到在一块 N 型半导体材料两边扩散高浓度的 P 型区域（用 P+表示）,形成两个 PN 结。两边 P+型区域引出两个电极并联在一起称为栅极 G,在 N 型本体材料的两端各引出一个,分别称为源极 S 和漏极 D。

考核试题 2：

P 沟道场效应晶体管与 N 沟道场效应晶体管,从结构上,其区别主要是（　）。

(A)P 型场效应晶体管 PN 结中间区域为 N 型半导体材料

(B)P 型场效应晶体管 PN 结中间区域为 P 型半导体材料

(C)N 型场效应晶体管 PN 结中间区域为 P 型半导体材料

(D)没有区别,结构相同

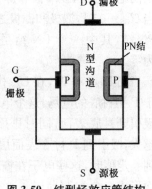

图 3-50 结型场效应管结构示意图

解答 B

解析 P 沟道场效应晶体管和 N 沟道场效应晶体管的制作流程是相同的。区别在于 P 沟道场效应晶体管使用 P 型半导体材料,两边扩散高浓度的 N 型区域;N 沟道场效应晶体管使用 N 型半导体材料,两边扩散高浓度的 P 型区域。如图 3-51 所示。

考核试题 3：

下列关于 N 沟道增强型 MOS FET（绝缘栅场效应晶体管）导通条件,正确的是（　）。

(A)$U_{GS} > U_T$（开启电压）,$I_D > 0$　　　　(B)$U_{GS} = U_T$（开启电压）,$I_D > 0$

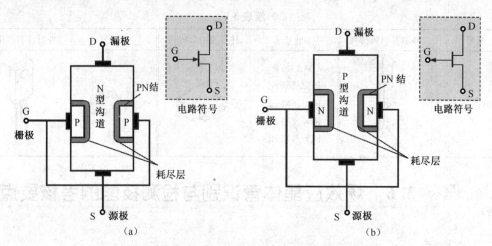

图 3-51　P 沟道场效应晶体管与 N 沟道场效应晶体管的区别
(a)N 沟道场效应晶体管　(b)P 沟道场效应晶体管

(C)$U_{GS} < U_T$(开启电压),$I_D > 0$　　　　　　　　　(D)不确定

解答　A

解析　图 3-52 所示是 N 沟道增强型 MOS FET 工作原理电路示意图。在栅极和源极之间加正向电压 V_{CC},在漏极和源极之间加正向电压 V_{DD},当 $U_{GS} = 0$ 时,漏极和源极之间形成两个反向连接的 PN 结,其中一个 PN 结是反偏的,因此漏极电流为零。

当 $U_{GS} > 0$ 时,在 U_{GS} 作用下,会产生一个垂直于 P 型衬底的电场,这个电场将 P 区中的自由电子吸引到衬底表面,同时排斥衬底表面的空穴。U_{GS} 越大,吸引到 P 衬底表面层的电子越多。当 U_{GS} 达到一定值时,这些电子在栅极附近的 P 型半导体表面形成一个 N 型薄层。通常,把这个在 P 型衬底表

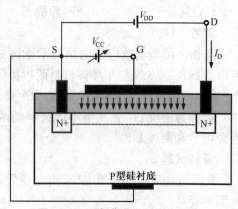

图 3-52　N 沟道增强型 MOS FET 工作原理电路示意图

面形成的 N 型薄层称为反型层。这个反型层实际上就构成了漏极和源极之间的 N 型导电沟道。若在漏极和源极之间加上电压 U_{DS},就会产生漏极电流 I_D。将形成导电沟道时所需最小的栅极和源极电压称为开启电压,用 U_T 表示。改变栅极和源极的电压就可以改变沟道的宽度,则可以有效地控制漏极电流 I_D。

由于这种场效应管没有原始导电沟道,只有当 $U_{DS} > U_T$ 时才形成导电沟道,所以称为增强型场效应管。

N 沟道 MOS 管的转移特性和输出特性如图 3-53 所示,其中图 3-53(a)所示为转移特性,图 3-53(b)所示为输出特性。

从转移特性曲线的形状看 MOS 管与普通的三极管的输入特性较为相似。当 $U_{GS} < U_T$ 时,

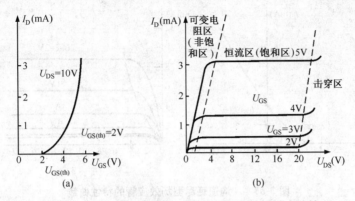

图 3-53　N 沟道增强型 MOS 管的转移特性和输出特性

(a)转移特性曲线　(b)输出特性曲线

I_D 几乎为零,这如同前面讲过的三极管输入特性的死区;当 $U_{GS} > U_T$ 时,才有 I_D,且受 U_{GS} 控制,因此我们把 U_T 称为"开启电压"。

考核试题 4：

下列关于 N 沟道耗尽型 MOS FET(绝缘栅场效应晶体管)导通条件,不正确的是(　　)。

(A)$U_{GS} = 0, I_D > 0$　　　　　　(B)$U_{GS} < 0, I_D > 0, I_D$ 随 U_{GS} 减小而减小

(C)$U_{GS} > 0, I_D > 0$　　　　　　(D)$U_{GS} \leqslant U_{GS(OFF)}$(夹断电压)$, I_D > 0$

解答　D

解析　图 3-54 所示为 N 沟道耗尽型 MOS FET 的结构图,耗尽型 MOS FET 的结构和增强型 MOS FET 相似,所不同的是 N 沟道耗尽型 MOS FET 在制造时,在二氧化硅绝缘层中掺有大量的正离子。

由于正离子的作用,即使在 $U_{GS} = 0$,漏极和源极之间也能形成导电沟道。因此,只要在漏极和源极之间加上正向电压 U_{DS},就会产生漏极电流 I_D。通常,将 $U_{GS} = 0$ 时的漏极电流 I_D 称

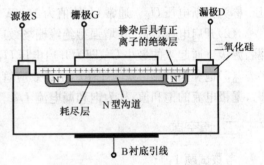

图 3-54　耗尽型 MOS FET 的结构

为饱和漏极电流,用 I_{DSS} 表示。当栅极和源极之间加反偏压 U_{DS} 时,沟道中感应的负电荷减少,从而使 I_D 减少,反偏电压 U_{DS} 增大,沟道中感应的负电荷进一步减少。当反偏电压增大到某一个值时,沟道被夹断,使 $I_D = 0$,此时的 U_{GS} 称为夹断电压,用 $U_{GS(OFF)}$ 表示。

图 3-55(a)所示为 N 沟道耗尽型场效应管的转移特性曲线,图 3-55(b)为 N 沟道耗尽型场效应管的输出特性曲线。

这种管子的 U_{GS} 无论是正还是负或零,都可以控制 I_D,这使它的使用更具有较大的灵活性。

考核试题 5：

下列不属于场效应晶体管参数的是(　　)。

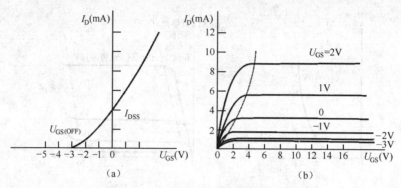

图 3-55 N 沟道耗尽型场效应管的特性曲线

(a)转移特性曲线　(b)输出特性曲线

(A)夹断电压 U_P　　　　　　(B)开启电压 U_T

(C)饱和漏电流 I_{DSS}　　　　(D)集电极(c)最大允许电流 I_{CM}

解答　D

解析　场效应管的主要参数主要包括：夹断电压 U_P、开启电压 U_T、饱和漏电流 I_{DSS}、直流输入电阻 R_{GS}、漏源击穿电压 $V_{(BR)DSS}$、栅源击穿电压 $V_{(BR)DSS}$ 等。

(1)夹断电压 U_P。在结型场效应管(或耗尽型绝缘栅管)中，当栅源间反向偏压 U_{GS} 足够大时，沟道两边的耗尽层充分地扩展，并会使沟道"堵塞"，即夹断沟道($I_{DS}\approx0$)，此时的栅源电压，称为夹断电压 U_P。通常 U_P 的值为 $1\sim5$V。

(2)开启电压 U_T。在增强型绝缘栅场效应管中，当 U_{DS} 为某一固定数值时，使沟道可以将漏、源极连通起来的最小 U_{GS} 即为开启电压 U_T。

(3)饱和漏电流 I_{DSS}。在耗尽型场效应管中，当栅源间电压 $U_{GS}=0$，漏源电压 U_{DS} 足够大时，漏极电流的饱和值，称为饱和漏电流 I_{DSS}。

二、填空题

考核试题 1：

某 N 沟道场效应晶体管(JFET)的转移特性曲线如图 3-56 所示，由此可知其饱和漏电流为＿＿＿＿，夹断电压为＿＿＿＿。

解答　饱和漏电流 $I_{DSS}\approx4$mA、夹断电压 $U_P\approx-4$V

解析　在 U_{DS} 恒定时，反映 I_D 与 U_{GS} 之间关系的曲线称为转移特性曲线。

考核试题 2：

增强型 N 沟道 MOS 场效应晶体管的开启电压 U_T ＿＿＿＿。(大于零、小于零)

解答　大于零

解析　N 沟道增强型 MOS 场效应晶体管 U_T 大

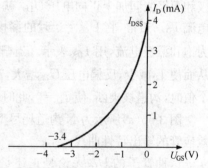

图 3-56 某 N 沟道场效应晶体管 (JFET)的转移特性曲线

于零。

考核试题3：

增强型P沟道MOS场效应晶体管的开启电压U_T_____。（大于零、小于零）

解答 小于零

解析 P沟道增强型MOS场效应晶体管U_T小于零。

考核试题4：

结型场效应晶体管工作在饱和区时，其栅极—源极间所加电压应该_____。（正偏、反偏）

解答 反偏

解析 图3-57所示为结型场效应晶体管的特性曲线，由图可知，结型场效应晶体管工作在饱和区时，其栅极—源极间所加电压小于零，即处于反偏状态。

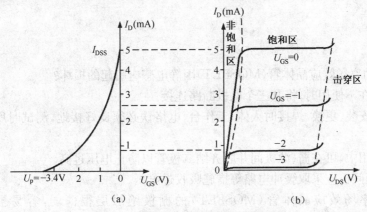

图3-57 结型场效应晶体管的特性曲线

(a)转移特性曲线 (b)输出特性曲线

三、判断题

考核试题1：

绝缘栅型场效应晶体管受静电作用易于损坏。（ ）

解答 正确

解析 绝缘栅型场效应晶体管是一种电压控制器件，受到静电的作用易于击穿损坏，因而在贮存、检测和生产过程中，注意屏蔽、接地以防损坏。

考核试题2：

检测结型场效应晶体管通常选择"×100"欧姆挡和"×1k"欧姆挡。（ ）

解答 正确

解析 用万用表检测结型场效应晶体管时，一般检测栅极与漏极、栅极与源极之间正反向阻值时采用"×100"欧姆挡，检测漏极与源极之间正反向阻值时采用"×1k"欧姆挡。

考核试题3：

结型场效应管外加的栅极—源极电压应使栅极—源极间的耗尽层承受反向电压，才能保

证 R_{GS} 大的特点。（　）

解答　正确

解析　结型场效应管在栅源极之间没有绝缘层,所以外加的栅极—源极电压应使栅极—源极间的耗尽层承受反向电压,才能保证 R_{GS} 大的特点。

考核试题 4:

若耗尽型 N 沟道 MOS 场效应管的 U_{GS} 大于零,则其输入电阻会明显减小。（　）

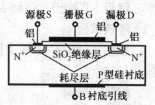

图 3-58　MOS 场效应管的内部结构

解答　错误

解析　MOS 场效应管因为栅源极间和栅漏极之间有 SiO_2 绝缘层而使栅源极间电阻非常大,如图 3-58 所示。因此耗尽型 N 沟道 MOS 场效应管的 U_{GS} 大于零,有绝缘层故而不影响输入电阻。

四、问答题

考核试题 1:

如何防止功率场效应晶体管(MOSFET)因静电感应引起的损坏?

解答　• 在不使用时,将其三个电极断路连接。

• 在进行安装、更换、焊接时人体、工作台、电烙铁必须良好接地,测试时所有仪器外壳必须接地。

• 实际应用中,可在栅、源极间并联齐纳二极管以防止电压过高。

• 漏、源极间也应采取缓冲电路等措施吸收过电压。

解析　功率场效应晶体管(MOSFET)的栅极绝缘层很薄弱,容易被击穿而损坏。MOSFET 的输入电容是低泄漏电容,当栅极开路时极易受静电干扰而充上超过 ± 20V 的击穿电压,所以为防止 MOSFET 因静电感应而引起的损坏,应注意以下几点:

• 在不使用时,将其三个电极断路连接。

• 在进行安装、更换、焊接时人体、工作台、电烙铁必须良好接地,测试时所有仪器外壳必须接地。

• 实际应用中,可在栅、源极间并联稳压二极管以防止电压过高。

• 漏、源极间也应要采取缓冲电路等措施吸收过电压。

▶ 3.7　晶闸管识别与检测技能的考核要点

一、选择题

考核试题 1:

单向晶闸管内部有(　)PN 结,双向晶闸管内部有(　)结。

(A)两个、三个　　　(B)三个、三个　　　(C)三个、四个　　　(D)三个、五个

解答　C

解析 单向晶闸管内部是由 3 个 PN 结组成的 P-N-P-N 四层结构,图 3-59 所示为单向晶闸管的内部结构及等效电路原理图。可以看到,单向晶闸管可等效于一个 PNP 型晶体三极管和一个 NPN 型晶体三极管交错的结构。

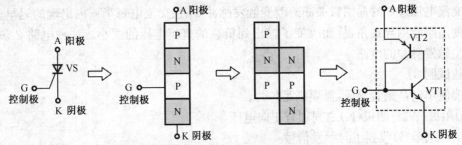

图 3-59 单向晶闸管的内部结构及等效电路原理图

双向晶闸管内部为 N-P-N-P-N 五层结构的半导体器件,图 3-60 所示为双向晶闸管的内部结构及等效电路原理图。

可以看到,双向晶闸管等效于 2 个晶闸管正、反向并联结构。

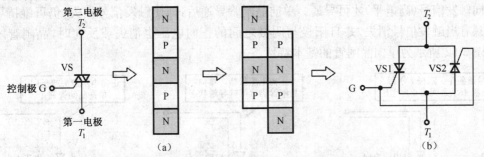

图 3-60 双向晶闸管的内部结构及等效电路原理图

(a)双向晶闸管内部结构 (b)双向晶闸管等效电路

考核试题 2:

在图 3-61 中,晶闸管 VS1、VS2 起到( )作用。

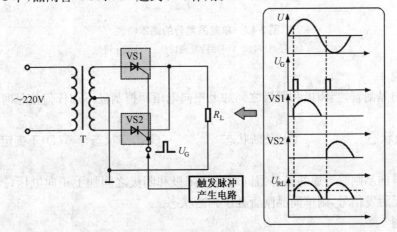

图 3-61 晶闸管应用电路(一)

(A)无触点开关　　　　　(B)可控整流　　　　(C)放大　　　　(D)调压

解答　B

解析　图3-61中,只有当控制极有正触发脉冲 U_G 时,晶闸管 VS1、VS2 才导通进行整流,而每当交流电压过零时晶闸管关断。改变触发脉冲 U_G 在交流电每半周内出现的迟早(相位),即可改变晶闸管的导通角,从而改变了输出到负载的直流电压的大小。这种电路必须有一个专门产生触发脉冲的电路。

考核试题3:

若要使单向晶闸管导通,需要满足( )。

(A)阳极(A)与阴极(K)之间加有正向电压

(B)控制极(G)收到正向触发信号

(C)阳极(A)与阴极(K)之间加有正向电压,控制极(G)收到正向触发信号

(D)阳极(A)与阴极(K)之间加有反向电压,控制极(G)收到正向触发信号

解答　C

解析　单向晶闸管只有在同时满足阳极(A)与阴极(K)之间加有正向电压,控制极(G)收到正向触发信号(高电平)才可导通。单向晶闸管导通后,即使触发信号消失,仍可维持导通状态。只有当触发信号消失,并且阳极与阴极之间的正向电压也消失或反向时,晶闸管才可截止。图3-62所示为单向晶闸管的基本特性。

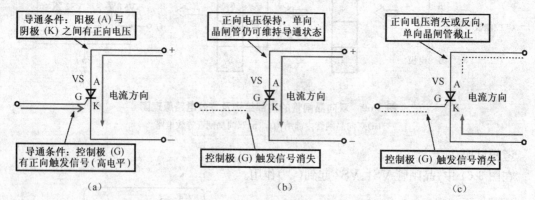

图3-62　单向晶闸管的基本特性

(a)导通特性　(b)维持导通特性　(c)截止特性

考核试题4:

对于单向晶闸管,当阳极和阴极之间加上正向电压而控制极不加任何信号时,晶闸管处于( )。

(A)导通状态　　　　(B)关断状态　　　　(C)击穿状态　　　(D)不确定状态

解答　B

解析　单向晶闸管导通的条件需同时满足阳极和阴极之间加上正向电压,控制极加入触发信号。如无触发信号,则单向晶闸管处于判断状态。

考核试题5:

下列关于双向晶闸管的导通与截止条件,说法错误的( )。

(A)控制极输入触发信号,第一与第二电极 T_1、T_2 间加正向电压,双向晶闸管导通

(B)控制极输入触发信号,第一与第二电极 T_1、T_2 间加反向电压,双向晶闸管导通

(C)第一电极 T_1、第二电极 T_2 电流减小至小于维持电流,双向晶闸管截止

(D)控制极触发信号消失,双向晶闸管截止

解答 D

解析 双向晶闸管可等效为2个单向晶闸管反向并联,使其具有双向导通的特性,允许两个方向有电流流过,如图 3-63 所示。双向晶闸管第一电极 T_1 与第二电极 T_2 间,无论所加电压极性是正向还是反向,只要控制极 G 和第一电极 T_1 间加有正、负极性不同的触发电压,就可触发晶闸管导通,并且失去触发电压,也能继续保持导通状态。当第一电极 T_1、第二电极 T_2 电流减小至小于维持电流或 T_1、T_2 间的电压极性改变且没有触发电压时,双向晶闸管才会截止,此时只有重新送入触发电压方可导通。

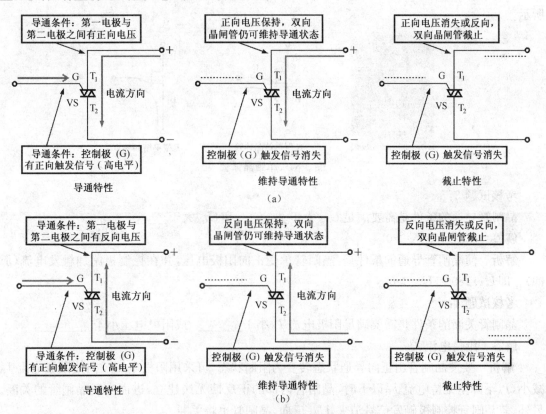

图 3-63 双向晶闸管的基本特性

(a)双向晶闸管正向导通特性 (b)双向晶闸管反向导通特性

二、填空题

考核试题1:

晶闸管是_____的简称，又可称为_____，它是一种_____。（答案选项：晶体闸流管、可控硅、半导体器件）

解答　晶体闸流管、可控硅、半导体器件

解析　晶闸管是晶体闸流管的简称，又可称为可控硅，它是一种半导体器件，有单向和双向两种结构。由于其导通后内阻很小，管压降很低，因此，本身消耗功率很小，此时外加电压几乎全部降在外电路负载上，而且负载电流较大，因此常用在可控整流线路中。

考核试题2：

单结晶体管的内部一共有_____个PN结，外部有3个电极，它们分别是_____极、_____极和_____极。（答案选项：一个、两个、发射极E、第一基极 B_1、第一基极 A_1、第二基极 B_2、第二基极 A_2）

解答　一个、发射极E、第一基极 B_1、第二基极 B_2

解析　单结晶体管（UJT）也称双基极二极管。它有一个PN结和两个基极，如图3-64所示。

 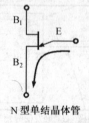 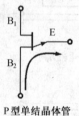

N型单结晶体管　　　　P型单结晶体管

图3-64　单结晶体管

考核试题3：

晶闸管导通的条件是需要满足 U_{AK} 大于_____和 U_{GK} 大于_____。

解答　$U_{AK} > 0$、$U_{GK} > 0$

解析　使晶闸管导通的条件是：晶闸管承受正向阳极电压，并在控制极施加触发电流（脉冲）。即 $U_{AK} > 0$ 和 $U_{GK} > 0$。

考核试题4：

晶闸管关断的条件是需要满足阳极电流 I_A 小于_____或阳极电压小于_____。

解答　维持电流、0

解析　要使晶闸管由正向导通状态转变为阻断状态，可采用阳极电压反向使阳极电流 I_A 减小，I_A 下降至维持电流 I_H 以下时，晶闸管内部的正反馈无法建立，进而实现晶闸管的关断。另外，若晶闸管控制极触发信号消失，U_{AK} 反向，晶闸管也将关断。

三、判断题

考核试题1：

单向晶闸管内部有两个PN结。（　）

解答　错误

解析 单向晶闸管内部是由 3 个 PN 结组成的 P-N-P-N 四层结构。

考核试题 2：

单结晶闸管与单向晶闸管属于同一类元器件的不同说法。（　）

解答 错误

解析 单结晶体管（UJT）也称双基极二极管。从结构功能上类似晶闸管，它是由一个 PN 结和两只内电阻构成的三端半导体器件，有一个 PN 结和两个基极。

单向晶闸管（SCR）是 P-N-P-N4 层 3 个 PN 结组成的，它被广泛应用于可控整流、交流调压、逆变器和开关电源电路中。

考核试题 3：

在实际应用中，晶闸管、场效应晶体管、晶体三极管从外观上有很多相似之处，一般无法直接区分。（　）

解答 正确

解析 晶闸管、场效应晶体管、晶体三极管都属于电子产品中常用的半导体器件，对于普通的晶闸管、场效应晶体管、晶体三极管都有三只引脚，直接从外观上不易区分。另外，一些特殊功能的晶闸管、场效应晶体管、晶体三极管都有其各自的外形特征，熟悉这些特殊器件的特点，对快速识别半导体器件的类型十分有帮助。

图 3-65 所示为电子产品中几种常用晶闸管的实物外形。

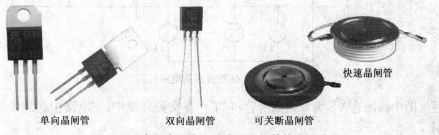

单向晶闸管　　　　双向晶闸管　　可关断晶闸管　　快速晶闸管

图 3-65　电子产品中几种常用晶闸管的实物外形

考核试题 4：

在实际应用中，单向晶闸管主要应用于直流电路中，双向晶闸管可应用于交流电路中。（　）

解答 正确

解析 单向晶闸管（SCR）是指其导通后只允许一个方向的电流流过的半导体器件，实际应用中，主要应用于直流电路中。

双向晶闸管（BTT）又称双向可控硅，与单向晶闸管在大多方面都相同，不同的是双向晶闸管可以双向导通，可允许两个方向有电流流过，常用在交流电路中。

考核试题 5：

晶闸管导通后，流过晶闸管的电流大小由管子本身电特性决定。（　）

解答 错误

解析 晶闸管的导通条件是：晶闸管阳极和阳极间施加正向电压，并在门极和阳极间施加正向触发电压和电流(或脉冲)。

导通后流过晶闸管的电流由负载阻抗决定,负载上电压由输入阳极电压 U_A 决定。

四、问答题

考核试题1:

试分析图 3-66 所示电路中,晶闸管 VS 属于什么类型的晶闸管,在该电路中起什么作用,简要说明其工作过程。

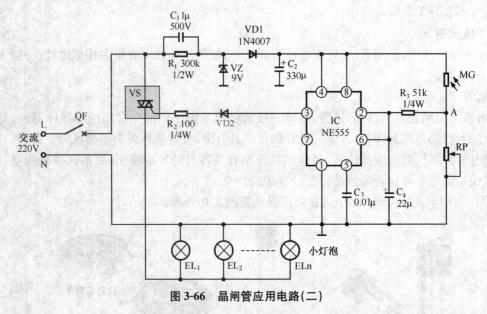

图 3-66　晶闸管应用电路(二)

解答　图中晶闸管 VS 为双向晶闸管,它工作在交流环境中,在电路中起到无触点电子开关的作用。

当时基电路 NE555③脚输出触发信号时,为 VS 提供触发信号,在交流供电条件下,VS 导通,为照明灯供电,全部点亮。

当触发信号消失后,双向晶闸管控制极触发信号消失,同时当交流电压处于 0 临界点瞬间,双向晶闸管 VS 第一电极 T1 与第二电极 T2 在该瞬间电压为零,双向晶闸管截止,使照明灯供电电源断开,全部熄灭。

解析　图中所示电路为由双向晶闸管控制小灯泡点亮或熄灭的电子电路,在该电路中,双向晶闸管起到无触点电子开关的作用。当双向晶闸管导通时,电源为照明灯供电,全部点亮;当双向晶闸管截止时,切断灯泡供电,全部熄灭。其控制过程如图 3-67 所示。

夜晚来临时,光照强度逐渐减弱,光敏电阻器 MG 的阻值逐渐增大,其压降升高,分压点 A 点电压降低。加到时基集成电路 IC 的②、⑥脚的电压变为低电平,内部触发器翻转,其③脚输出高电平,二极管 VD 导通,触发晶闸管 VS 导通,照明路灯得电,$EL_1 \sim ELn$ 同时点亮。

当第二天黎明来临时,光照强度越来越高,光敏电阻器 MG 的阻值逐渐减小,光敏电阻器 MG 分压后加到时基集成电路 IC②、⑥脚上的电压又逐渐升高。当 IC②脚电压上升至大于

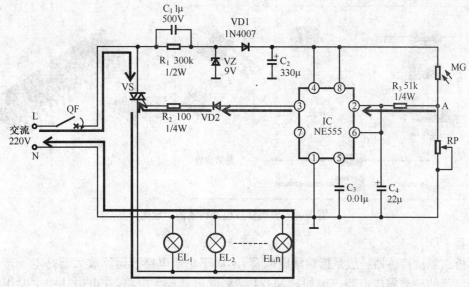

图3-67　晶闸管应用电路(三)

$2/3V_{DD}$时,⑥脚电压也大于$2/3V_{DD}$时,使IC内部触发器再次翻转(NE555时基电路特点),IC③脚输出低电平,二极管VD截止、晶闸管VS截止,照明路灯EL_1～ELn供电回路被切断,所有照明路灯同时熄灭。

3.8　集成电路识别与检测技能的考核要点

一、选择题

考核试题1:
下列关于集成电路的说法,不正确的是(　　)。
(A)集成电路是一个具有某种功能的完整电路
(B)集成电路具有体积小、集成度高的特点
(C)集成电路内部集成了电阻器、电容器、晶体管等器件
(D)集成电路是指具有十个及以上引脚的电路模块

解答　D

解析　集成电路是利用半导体工艺将电阻器、电容器、晶体管以及连线制作在一片半导体材料或绝缘基板上,形成一个完整的电路,并封装在特制的外壳之中。它具有体积小、重量轻、电路稳定、集成度高等特点,一般在电路中用符号"IC"表示,在电子产品中应用十分广泛,图3-68所示为典型集成电路构成的示意图。

考核试题2:
下列各元件中,不属于集成电路的是(　　)。
(A)运算放大器　　　　(B)微处理器　　　　(C)三端稳压器　　(D)温度传感器

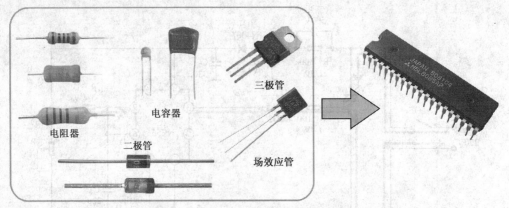

图 3-68　典型集成电路构成的示意图

解答　D

解析　温度传感器一般是指热敏电阻器,不属于集成电路。运算放大器是电子产品中应用较为广泛的一类集成电路。例如,LM324 型集成运算放大电路,在电磁灶中主要用来组成电压以及温度的检测电路。

在彩色电视机、影碟机、空调器等任何一种具有自动控制功能的家电产品中,都有微处理器,它的信号不同引脚数不同,是家用电子产品中十分典型的一类集成电路。

三端稳压器是常用的一种中小功率集成稳压电路,它们之所以被称为三端稳压器,是因为它只有 3 个端,即①脚输入端(接整流滤波电路的输出端)、②脚输出端(接负载)与③脚公共(接地)。

考核试题 3:

下列各元件中,属于数字集成电路的是( )。

(A)NE555 时基电路　　(B)音频功率放大器　　(C)存储器　　　　(D)运算放大器

解答　C

解析　数字集成电路是用于处理数字信号的电路,常用的集成电路主要有门电路、触发器、存储器、微处理器等。

考核试题 4:

关于集成运算放大器适用范围,下述说法正确的是( )。

(A)能处理数字信号　　　　　　　　　　(B)只能处理正弦交流信号

(C)对数字和模拟信号都不能进行处理　　(D)适用于模拟信号的处理

解答　D

解析　集成运算放大器是一种高增益的直接耦合放大器。其内部包括数百个晶体管、电阻、电容,体积却只有一个小功率晶体管那么大,功耗也仅有几毫瓦至几百毫瓦,但功能很多,属于模拟集成电路,适用于处理模拟信号。

考核试题 5:

图 3-69 所示为 NE555 时基电路的实物外形及引脚名称及排列,下列说法不正确的是( )。

图 3-69 NE555 时基电路的实物外形和引脚功能

(a)双列直插式 NE555 实物外形 (b)贴装式 NE555 实物外形 (c)NE555 的引脚功能

(A)NE555 时基电路属于模拟集成电路

(B)NE555 时基电路属于数字集成电路

(C)NE555 时基电路①脚为接地端、⑧脚为供电端

(D)NE555 时基电路一般有双列直插式或贴装式两种安装方式

解答 B

解析 NE555 属于模拟集成电路,图 3-70 所示为 NE555 时基电路的引脚功能和内部结构框图。

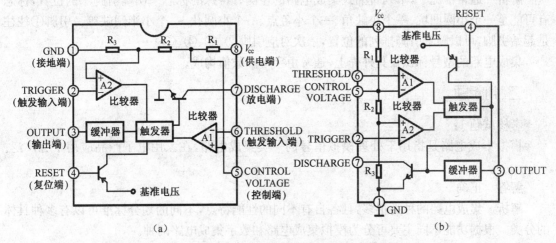

图 3-70 NE555 时基电路的内部结构框图

(a)NE555 的内部结构框图(形式一) (b)NE555 的内部结构框图(形式二)

可以看到,NE555 时基集成电路用字母"IC"标识,其内部设有振荡电路、分频器和触发电路。②脚、⑥脚、③脚为关键输入和输出端引脚。③脚输出电平为高电平还是低电平受内部触发器的控制,触发器则受②脚和⑥脚触发输入端控制。

根据其内部结构框图可知,内部设有三只电阻器,构成分压器,比较器 A1 的⑤脚接在 R_1 与 R_2 之间,其电压为 $2/3\,V_{CC}$,若使比较器 A1 输出高电平,则⑥脚(A1 的同相输入端)应高于⑤脚电压;比较器 A2 同相输入端接在 R_2 与 R_3 之间,其电压值为 $1/3\,V_{CC}$,若使比较器 A2 输出高电平,其条件为②脚(A2 反相输入端)电压低于 $1/3\,V_{CC}$。

因此,一般情况下 NE555 时基电路的②脚电位低于 $1/3\,V_{CC}$,即有低电平触发信号加入时,会使输出端③脚输出高电平;当②脚电位高于 $1/3\ V_{CC}$,⑥脚电位高于 $2/3\ V_{CC}$时,输出端③脚输出低电平。

④脚为 NE555 的复位端,当④脚电压小于 0.4V 时,不管②、⑥脚状态如何,输出端③脚都输出低电平。

⑦脚为放电端,与③脚输出同步,输出电平一致,但⑦脚并不输出电流。

考核试题 6：

如图 3-71 所示为一只典型集成电路,下列的说法错误的是(　　)。

（A）该集成电路为一只单列直插式集成电路

（B）该集成电路左侧的小圆凹坑为其①号引脚标识

（C）该集成电路的引脚排列从右至左依次为①、②……⑩

图 3-71　单列直插式集成电路引脚分布

（D）该集成电路型号为 XRA6209

解答　C

解析　通常情况下,单列直插式集成电路的左侧有特殊的标志来明确引脚①的位置,标志有可能是一个小圆凹坑、一个小缺角、一个小色点、一个小圆孔、一个小半圆缺等。引脚①往往是起始引脚,可以顺着引脚排列的位置,依次对应引脚②、③、④、⑤……

集成电路的型号标识在其外壳上,通常由字母和数值构成。

二、判断题

考核试题 1：

模拟集成电路是指用于处理模拟信号的一类集成电路,在家用电子产品应用十分广泛。(　　)

解答　正确

解析　集成电路的种类很多,且各自有不同的性能特点,不同的划分标准可以有多种具体的分类。根据功能不同主要可分为模拟集成电路和数字集成电路两种。

模拟集成电路用以产生、放大和处理各种模拟电信号。所处理的信号频率范围从直流一直到最高的上限频率,电路内部结构复杂,使用大量不同种类的元器件,制作工艺也极其复杂。根据电路功能的不同,电路结构、工作原理多变。

数字集成电路用以产生、放大和处理各种数字电信号,内部电路结构简单,一般可由“与”“或”“非”逻辑门构成。

考核试题 2：

集成电路的静态工作电流主要有典型值、最小值、最大值 3 个数值。(　　)

解答　正确

解析　静态工作电流是集成电路的主要参数之一。它是指不给集成电路输入引脚加上输入信号的情况下,电源引脚回路中的电流大小,相当于三极管的集电极静态工作电流。通常,静态工作电流给出典型值、最小值、最大值 3 个指标。

考核试题 3：

集成电路的电源电压是指集成电路电源引脚与接地端引脚之间的最小电压值。（　　）

解答　错误

解析　集成电路的电源电压是指厂家推荐在集成电路电源引脚与地端引脚之间电压的值。

▶ 3.9　变压器识别和检测技能的考核要点

一、选择题

考核试题 1：

绕组是变压器的（　　）部分。

(A)电路　　　　　(B)电阻　　　　　(C)阻抗　　　　　(D)绝缘

解答　A

解析　变压器的结构简单地讲,就是将两组或两组以上的线圈绕在同一个线圈骨架上,或绕在同一铁芯上。其中,与电源相连的线圈,接收交流电能,称为初级绕组;与负载相连的线圈,送出交流电能,称为次级绕组。由此可知,绕组是变压器的电路部分。

考核试题 2：

变压器输入电源一定时,只要改变（　　）,就可得到不同的输出电压。

(A)一次绕组匝数　　(B)二次绕组匝数　　(C)匝数比　　　　(D)绕组材质

解答　C

解析　该题考察变压器的变压比知识。变压器是指如果忽略铁芯、线圈的损耗,N_1 和 N_2 分别为变压器的初、次级线圈的圈数,初级线圈两端接入交流电压 U_1,使铁芯内产生交变磁场,这个交变磁场耦合到次级线圈并产生感应电动势 U_2,变压器电路中有以下的关系:

$$n = \frac{U_1}{U_2} = \frac{N_1}{N_2}$$

式中　n——变压比;U_1——初级线圈输入电压;U_2——次级线圈输出电压;N_1——初级线圈匝数;N_2——次级线圈匝数。

考核试题 3：

普通变压器初级绕组和次级绕组之间（　　）。

(A)仅存在电的联系　　　　　　　　(B)仅存在磁的联系

(C)既存在电的联系,又存在磁的联系　　(D)存在电阻值的关系

解答　C

解析　普通变压器的特点是在初、次级绕组之间既有电的联系又有磁的联系。图 3-72 所示为变压器的工作原理图。我们可以将变压器的初级线圈和次级线圈看成是两个电感。当交流 220V 流过初级线圈时,在初级线圈上就形成了感应电动势,绕制的线圈就产生出交变的磁

场,从而使铁芯磁化。次级线圈便也产生与初级线圈变化相同的交变磁场,再根据电磁感应原理,次级线圈会产生出交流电压。这就是变压器的变压过程。

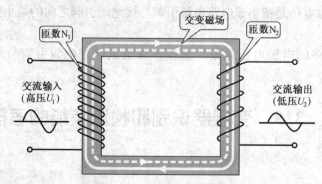

图 3-72 变压器的工作原理

考核试题 4:

变压器初级绕组 $N_1 = 400$ 匝,次级绕组 $N_2 = 20$ 匝,则变压器的输入和输出阻抗之比为( )。

(A)1/20   (B)20   (C)1/400   (D)400

解答 D

解析 普通变压器次级阻抗 Z_2 与初级阻抗 Z_1 之比,等于次级圈数 N_2 与初级圈数 N_1 之比的平方,即:$Z_2/Z_1 = (N_2/N_1)^2$。

考核试题 5:

图 3-73 中,变压器 T 的主要作用为( )。

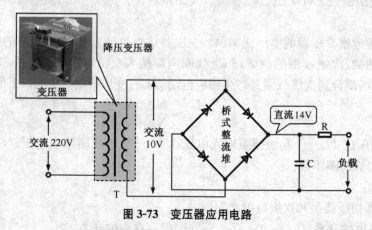

图 3-73 变压器应用电路

(A)降压   (B)升压   (C)阻抗变换   (D)电流变换

解答 A

解析 该电路中变压器 T 初级绕组输入交流 220V 电压,次级绕组输出交流 10V 电压,由此可知,该变压器主要起到降压的作用。

考核试题 6:

用万用表电阻挡检测变压器初级绕组及次级绕组与铁芯间的阻值来判断好坏,下列说法正确的是( )。

(A)初级绕组与次级绕组之间的阻值应为零

(B)初级绕组与铁芯之间的绝缘电阻应趋近无穷大

(C)初级绕组线圈的阻值通常较大

(D)次级绕组线圈的阻值通常较大

解答 B

解析 正常情况下,检测变压器初级绕组、次级绕组阻值时,应能检测到一个很小的阻值。若阻值趋于无穷大,则说明初级绕组或次级绕组的线圈存在断路。

检测变压器初级绕组与次级绕组之间、次级绕组与次级绕组之间、初级绕组与铁芯之间、次级绕组与铁芯之间的电阻值时,由于它们之间均应是隔离的,因此正常情况下,阻值均应趋近无穷大。若检测其中任意一组数值为零,则说明变压器出现内部绕组间或绕组与铁芯间短路故障。

变压器的检测方法如图 3-74 所示。

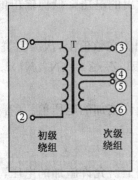

(a)

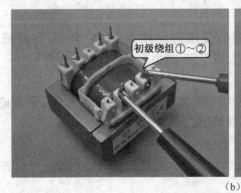

(b)

图 3-74 变压器的检测方法

(a)确认变压器内部结构及引脚排列 (b)检测变压器绕组内部及绕组间的电阻值

正常情况下,绕组内部的电阻值较小,绕组间及绕组与铁芯间的电阻值均为无穷大。

二、填空题

考核试题 1：

变压器的损耗包括_____和_____。（答案选项：铜损、铁损）

解答　铜损、铁损

解析　铜损是指变压器铜制绕组上的损耗，铁损是指变压器铁芯上的损耗。

考核试题 2：

变压器的主要功能有_____、_____、_____、和_____。（答案选项：电压变换、电流变换、阻抗变换、高低压电气隔离、耦合信号、滤除杂波）

解答　电压变换、电流变换、阻抗变换、高低压电气隔离

解析　变压器由完全不相连接的初级绕组和次级绕组通过电磁感应原理进行电能的传递，因此具有高低压电气隔离的功能。

变压器输出电压与输入电压之比等于次级线圈的匝数 N2 与初级线圈的匝数 N1 之比，即：$U_2/U_1 = N_2/N_1$。

变压器的输出电流与输出电压成反比，通常降压变压器输出的电压降低但输出的电流增强了。具有输出强电流的能力。$I_2/I_1 = N_1/N_2$。

变压器初级与次级的圈数比不同，耦合过来的阻抗也不同。在数值上，次级阻抗 Z_2 与初级阻抗 Z_1 之比，等于次级圈数 N_2 与初级圈数 N_1 之比的平方，即：$Z_2/Z_1 = (N_2/N_1)^2$。

考核试题 3：

变压器的额定电压是指在变压器工作时，_____上所允许施加的电压值。（答案选项：初级线圈、次级线圈）

解答　初级线圈

解析　变压器的额定电压是指在变压器工作时，初级线圈上所允许施加的电压，工作时，不应超过这个额定值。

考核试题 4：

如果将额定电压为 220/110V 的变压器的低压边误接到 220V 电压，则激磁电流将_____，变压器将_____。（答案选项：增大很多倍、减小很多倍、烧毁、爆炸）

解答　增大很多倍、烧毁

解析　变压器的工作电压不能够超过其初级和次级绕组的额定电压。超过额定电压后将导致线圈中的激磁电流成倍增加，将烧毁变压器绕组。

三、判断题

考核试题 1：

变压器的空载损耗就是空载电流在绕组中产生的损耗。（　）

解答　错误

解析　变压器的空载损耗是指变压器次级开路时，在初级测得功率损耗。由铁芯损耗和铜损（空载电流在初级线圈铜线上产生的损耗）组成，其中铜损部分的损耗很小。

考核试题2：

变压器是一种传递电能的设备。（ ）

解答 正确

解析 变压器可以看作是由两个或多个电感线圈构成的，它利用电磁线圈靠近时的互感原理，从一个电路向另一个电路传递电能或信号。

考核试题3：

变压器只是用于实现电压变换的器件。（ ）

解答 错误

解析 变压器主要作用是实现电压变换，可用于升压或降压，也可实现阻抗变换、电流变换和相位变换。

四、问答题

考核试题1：

请简述检修家用电子产品时为何接入隔离变压器可防止触电事故。

解析 检修家用电子产品时接入隔离变压器是为了保证人身安全。由于变压器的结构原理，其初级与次级绕组之间形成电气隔离，可将交流220V市电与被测电子产品隔离开来。当需要对待测电子产品接电检测时，可有效防止检测人员误碰触到电子产品交流220V部分，引发触电事故。

解答 隔离变压器的工作原理如图3-75所示，如果人体直接与市电220V接触，就会通过零线（相当于接地线）形成回路而发生触电事故，但当接入隔离变压器后，由于变压器线圈分离不接触，起到隔离电压的作用，即使人体接触到电压 U_2，也不会与交流220V市电构成回路，保证了人身安全。

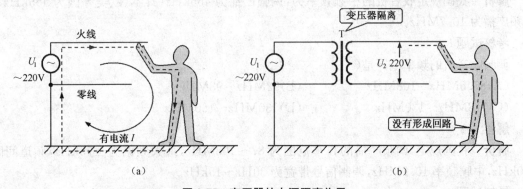

图 3-75 变压器的电源隔离作用

(a)没有加隔离变压器容易发生触电危险 (b)加入隔离变压器起到电源隔离的作用

第4部分
收音机的结构、原理与维修技能考核鉴定内容 >>>>

▰▰▰➡ **4.1 收音机理论知识的考核要点**

一、选择题

考核试题1：
下面不属于国际上认可可行的调制立体声广播制式是（ ）。

(A)导频制　　(B)极化调制式　　(C)调频—调频　　(D)调幅—调幅

解答 D

解析 目前国际上认可可行的调制立体声广播制式有三种：导频制、极化调制式和调频—调频(FM—FM)制。导频制是调幅—调频(AM—FM)方式，它完全抑制掉副载波，外插一个导频信号，为中国、日本、美国、英国等多数国家所采用。

考核试题2：
调幅收音机的中频频率为（ ）。

(A)38MHz　　(B)10.7MHz　　　(C)455kHz　　　　(D)465kHz

解答 D

解析 我国规定收音机的中频频率为：调幅广播为465kHz(日本、欧美等国为455kHz)；调频广播为10.7MHz。

考核试题3：
调频收音机的频率范围是（ ）。

(A)87.5MHz～108MHz　　　　　　(B)92MHz～98MHz

(C)118MHz～130MHz　　　　　　(D)130MHz～160MHz

解答 A

解析 我国规定，调频广播的频率范围为87～108MHz，最大频偏为±75kHz，频道间隔100kHz，中频频率10.7MHz，调制信号带宽为30Hz～15kHz。

考核试题4：
广播电台的发射频率是909kHz，这个频率的信号属于（ ）。

(A)声音信号的频率　　　　　　(B)载波信号的频率

(C)本振信号的频率　　　　　　(D)中频信号的频率

解答 B

解析 载波是一种无线电信号，用于将广播的声音信号传送到千家万户的收音机天线上。

二、填空题

考核试题1：

收音机混频电路的作用是将输入混频器的已调制＿＿载波信号变成已调制＿＿载波信号。

解答 高频、中频

解析 混频电路是超外差式接收机的重要组成部分，它的主要作用是变换载波频率，即将输入混频器的已调制高频载波信号变成已调制中频载波信号。变频前与变频后的调制信息不变。对调幅信号而言，包络形状和原来一样，改变的只是载波的频率，如图4-1所示。

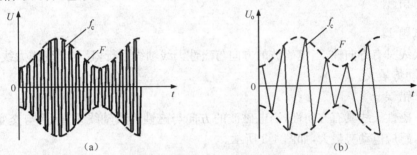

图4-1 混频电路的输入与输出波形
(a)高频载波　(b)中频载波

混频器的主要作用是将天线接收来的电台信号频率变换成一个较低的频率，即中频，然后送至下级进行中频放大、解调；并且对每个电台的频率，不论它的频率是多少（当然是在相应的中波或短波的频率范围之内），一律变换成相同的中频。

考核试题2：

调频广播是用＿＿＿＿信号去调制＿＿＿＿的频率。

解答 音频、高频载波

解析 调频广播是用音频信号去调制高频载波的频率，即高频载波的频率随音频信号的变化而有规律地变化，高频载波的幅度则保持不变。利用这种调制方式得到的已调波，我们叫做调频波。调频波波形如图4-2所示。

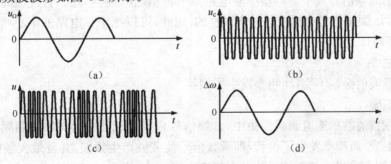

图4-2 调频波波形
(a)音频振荡　(b)高频振荡　(c)调频振荡　(d)频率偏移

考核试题3：

调频信号所占频谱的有效宽度称为＿＿＿＿，简称＿＿＿，用字母＿＿表示。（参考答案：频率、振幅、频带宽度、带宽、B）

解答　频带宽度、带宽、B

解析　调频信号所占频谱的有效宽度即频带宽度，简称带宽，用 B 表示，即：

$$B \approx 2(m_f + 1)F$$

式中 m_f 为调频指数；F 为调制信号的频率。为保证收音机解调出来的信号不产生失真，发射机及接收机的实际带宽值均不能小于 B。

三、判断题

考核试题1：

磁性天线具有方向性，当电磁波的方向与磁性天线轴线平行，且与交变磁力线（虚线）垂直时，感应电动势最大。（　）

解答　错误

解析　磁性天线具有方向性，当电磁波的方向与磁性天线轴线垂直，且与交变磁力线（虚线）平行时，感应电动势最大，如图 4-3 所示。

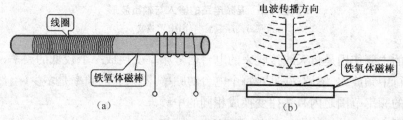

图 4-3　磁性天线

考核试题2：

调整收音机的中频电路是用高频信号发生器发出的 465kHz 调幅信号为标准信号来调整的。（　）

解答　正确

解析　用高频信号发生器调整中频电路是一种精确的调整方法，它是用高频信号发生器发出的 465kHz 调幅信号为标准信号来调整的，因此，可以把中频电路的中心频率准确地调整在规定的 465kHz 上。

考核试题3：

调频后载波的振幅不变，而频率发生了偏移。（　）

解答　正确

解析　在普通的单通道调频广播中，音频信号直接对载波进行调频。调频后载波的主要特点是振幅不变，而频率发生了偏移，即音频信号使载波产生频偏，并且最大频偏（规定 100% 调制频偏为 75kHz）仅由调制信号的最大幅度决定。

考核试题4：

在广播发射机中将高音频提升称之为预加重,而在接收机解调器之后,去掉提升量,称之为去加重。( )

解答 正确

解析 为了提高调频收音机信号的信噪比,要在发射机中人为的提升高音频信号幅度,加大频偏,使 m_f 随 F 增加而增大。在发射机中将高音频提升称之为预加重;而在接收机解调器之后,去掉提升量,称之为去加重。这样,调制信号的幅度并未改变,而高音频端的噪声却被减弱了。

考核试题5:
频偏是调频波的瞬时频率与原高频载波频率的偏移量。( )

解答 正确

解析 频偏是频率偏移的简称,指调频波的瞬时频率与原高频载波频率 f_c(中心频率)的偏移量,即:$\Delta f = f - f_c$。

调频时,声音较强频偏就加大,反之频偏减小,即调频波的频率偏移随调制信号的幅度而改变,而与调制信号的频率无关。调频波频率变化的最大值,即最大频偏用 Δf_m 表示。最大频偏在不同的国家规定的值是不同的,我国规定的最大频偏值为 $\pm 75\text{kHz}$,与国际上限定的标准相同。例如有一调频广播节目的载波频率为 100MHz,$\Delta f_m = \pm 75\text{kHz}$,其调频波的最高频率为 $(100+0.075)\text{MHz}$,最低频率为 $(100-0.075)\text{MHz}$。调频广播的频道间隔规定为 200kHz。

4.2 收音机实用知识的考核要点

一、选择题

考核试题1:
用于广播接收机的国产天线磁棒分( )。
(A)AB 型和 AY 型　　　　(B)AB 型和 AC 型
(C)AX 型和 AY 型　　　　(D)AX 型和 AC 型

解答 A

解析 用于广播接收机的国产天线磁棒分 AY 型(圆形)、AB 型(扁形)两类,它们通常采用 R260、R400(中波用)、R90(中短波两用)、R60(短波用)材料。其中适用于中波的磁棒由锰锌铁氧体(呈黑色)制成,中、短波两用和短波磁棒由镍锌铁氧体(呈棕色)制成。

考核试题2:
图 4-4 是一种阻容耦合共射极放大电路,如下对该电路的解说哪一项是错误的( )。
(A)体积小,重量轻　　　　(B)输入阻抗低,输出阻抗高
(C)工作可靠,频率响应好　　(D)频率失真较大

解答 D

解析 阻容耦合放大电路的主要优点是节省元器件,体积小,重量轻,工作可靠,频率响应好。缺点是由于它的输入阻抗低,输出阻抗高,使其不易与前后级匹配。

图 4-4 中 C_1 是输入耦合电容器，C_2 是输出耦合电容器。C_e 为发射极交流旁路电容器，在一定程度上决定着放大电路的低频特性，容量愈大，低频效果愈好，一般采用 $10\sim50\mu F$ 的电解电容器。R_c 为晶体管的集电极负载电阻，R_1、R_2 构成晶体管基极的偏置电路，R_e 为发射极电阻，产生直流电流负反馈，起稳定工作点的作用。一般 R_1 取 $20\sim70k\Omega$，R_2 取 $3\sim15k\Omega$，R_e 取 $1\sim2k\Omega$ 左右。

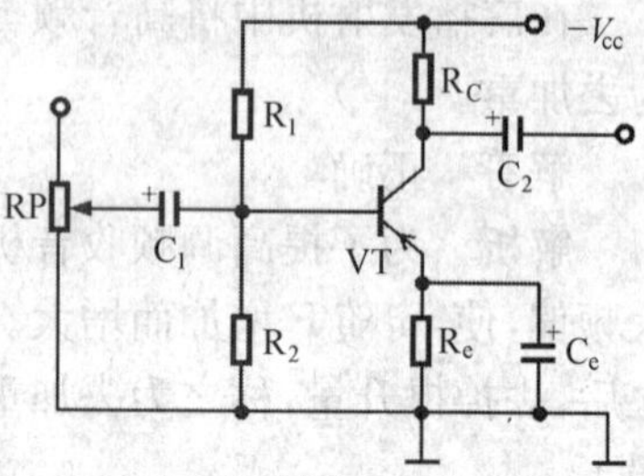

图 4-4　阻容耦合放大电路

考核试题 3：

下面不属于音频功率放大电路的类型的是（　）放大电路。

(A)甲类　　(B)乙类　　(C)丙类　　(D)甲乙类

解答　C

解析　音频功率放大电路是直接用来推动扬声器的，是以输出功率为主的放大电路。由于它的输入、输出信号幅度都比较大，因此是一种大信号放大电路，也是音响电路中消耗能量最多的部分。音频功率放大电路按晶体管的工作状态可分为甲类、乙类和甲乙类放大电路；若按电路结构形式可分为变压器耦合电路和无变压器耦合电路两种。两类放大器是用 LC 谐振电路选频，只适用于高频放大。

考核试题 4：

在超短波接收机电路中，旁路电容一般不用太大，而且最好采用（　）。

(A)纸介电容器　　(B)瓷介电容器　　(C)电解电容器　　(D)云母电容器

解答　B

解析　在超短波接收机电路中，旁路电容一般不用太大（数千皮法），而且最好采用瓷介电容器，不能用纸介或电解电容器，因为它们多是卷绕而成的，在超短波段分布电容、电感不能忽视。

考核试题 5：

收录机出现调频收音无声故障时，下列哪种对故障的分析和检查方法是错误的（　）。

(A)检查电源滤波电路的元器件是否良好

(B)检查高放、混频部分集成块引脚电压或晶体管的直流工作状态

(C)检查高频输入电路电容与电感线圈，调谐电路电容与电感线圈，是否有断开或短路

(D)检查振荡线圈是否开路，振荡耦合电容是否开路

解答　A

解析　对高放、混频电路而言，常见调频收音无声可检查下列部分：

(1)检查天线接触是否良好，天线为收音机的信号接收部分，因此调频收音无声时应首先对天线的连接进行检查。

(2)检查高放、混频部分集成块引脚电压或晶体管的直流工作状态，以判断工作是否正常。检查时还要注意各级电路有无断路、短路等现象。

(3)检查输入电路电容与电感应线圈（如图 4-5 中 C_2、L_1），调谐电路电容与电感线圈（如图 4-5 中 Ca_2、C_6、C_7、L_2），是否有断开或短路。查线圈时可直接用万用表判断是否开路，查电容

时可用代换法。

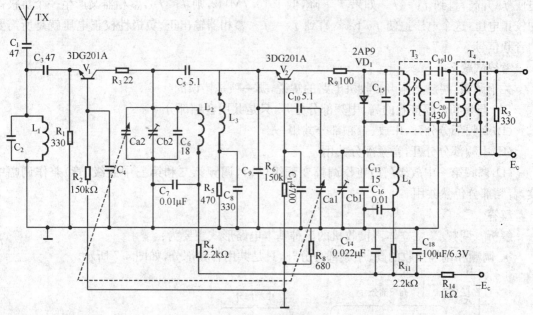

图 4-5 实用调频头电路

（4）检查振荡线圈是否开路，振荡耦合电容是否开路（如图 4-5 中 L_4、C_{10}）。

（5）检查天线到高放之间的耦合电容（如图 4-5 中的 C_1、C_3）是否开路；高放到混频之间的耦合电容（图 4-5 中 C_5）是否开路。

考核试题6：

下面不是锁相鉴频器组成部件的是（ ）。

（A）立体声解调器　　（B）鉴相器　　（C）低通滤波器　　（D）压控振荡器

解答　A

解析　随着集成电路技术的发展，在 FM 收音机移相鉴频器的基础上又使用了锁相鉴频器。图 4-6 是锁相鉴频器的方框图。

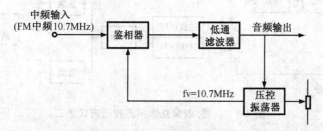

图 4-6　锁相鉴频器方框图

FM 收音机的锁相鉴频器主要由鉴相器、低通滤波器和压控振荡器三个部分组成。中放输出的信号与压控振荡器的输出信号同时加到鉴相器进行比较，当中放输出的调频信号瞬时频率 $f = 10.7$MHz 时，由于 $f = f_v$，鉴相器的输出电压为零。当 f 增高时，由于 f_v 仍是

10.7MHz,使得 $f>f_V$,经鉴相器进行比较,使鉴相器产生一个极性为正的校正电压,这个电压迫使 f_V 升高,直到 $f_V=f$。如果 f 下降,低于 10.7MHz,则 $f<f_V$,鉴相器又产生一个负极性的校正电压,这个电压迫使 f_V 下降,直到 $f_V=f$。鉴相器输出正、负极性校正电压就是所需要的音频信号。

考核试题 7:

关于调频/调幅立体声接收机电路的解说,哪一项是错误的(　　)。

(A)调频和调幅接收的高、中频部分分开,只是共用音频部分

(B)高频部分分开,中放、音频部分共用

(C)中频部分分开,音频部分共用

(D)调频第一中放级(管)兼作调幅变频级(管),调频第二和第三中放级(管)兼作调幅中放,音频部分仍然共用

解答　C

解析　调频/调幅立体声接收机的三种基本电路形式主要为:

- 调频和调幅接收的高、中频部分分开,只是共用音频部分,如图 4-7 所示。

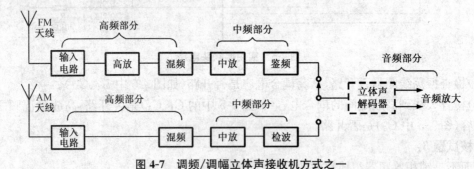

图 4-7　调频/调幅立体声接收机方式之一

- 高频部分分开,中放、音频部分共用,如图 4-8 所示。

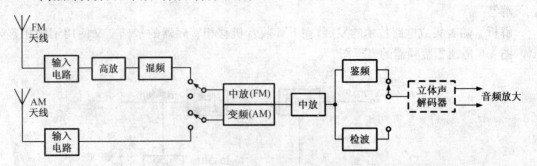

图 4-8　调频/调幅立体声接收机方式之二

- 调频第一中放级(管)兼作调幅变频级(管),调频第二和第三中放级(管)兼作调幅中放,音频部分仍然共用,如图 4-9 所示。

这三种调频/调幅立体声接收机的电路形式既适用于分立电路调频/调幅立体声接收机,同样也适用于集成电路高、中频部分,单片调谐器等集成电路的设计方式。在包含立体声接收

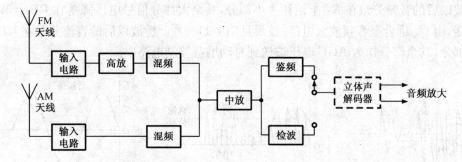

图 4-9 调频/调幅立体声接收机方式之三

的电路中,调频、调幅解调后的信号均经过立体声解码器加至音频放大电路。如果不含立体声
接收,则无需解码器,音频放大电路也只需一路即可。

二、填空题

考核试题1:

图 4-10 所示为收音机的_____电路、中频放大电路输出的 465kHz 信号经 T_3 次级线圈
L_{10} 耦合到_____上,把中频信号的负半周截去,变成正半周的中频脉动信号。C_{21}、R_{12} 和 C_{22}
组成_____型滤波器。中频分量经该滤波器后被滤除。_____以后的音频分量在 R_{12} 上消耗
一小部分,其余大部分信号电压降落在 RP 上形成音频信号电压,由 C_{23} 耦合到音频放大电路。
检波以后的直流分量作为 AGC 电压经 R_1 被送到自动增益控制电路中。

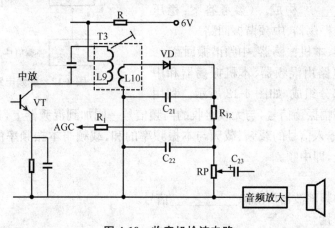

图 4-10 收音机检波电路

解答 检波、二极管 VD、$RC\pi$、检波

解答 图 4-10 所示是一个收音机检波电路。中频放大电路输出的 465kHz 信号[波形见
图 4-11(a)]经 T_3 次级线圈 L_{10} 耦合到二极管 VD 上,由于二极管的单向导电性,把中频信号的
负半周截去,变成正半周的中频脉动信号。在这个脉动信号[波形见图 4-11(b)]中包含有中频
及其音频包络信号,这正是我们所需要的音频信号。C_{21}、R_{12} 和 C_{22} 组成 $RC\pi$ 型滤波器。由于
C_{21}、C_{22} 对中频分量的容抗很小,对音频分量的容抗较大,因此,中频分量经 π 型滤波器后被滤

除。检波以后的音频分量在 R_{12} 上消耗一小部分,其余大部分信号电压降落在 RP 上形成音频信号电压,由 C_{23} 耦合至音频放大电路[波形见图 4-11(c)]。检波以后的直流分量在 R12 和 R1 消耗一部分,其余部分作为 AGC 电压被送到自动增益控制电路中。

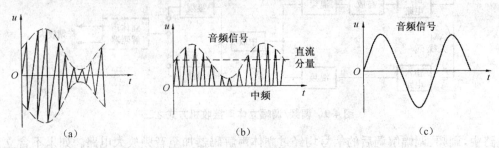

图 4-11　检波前后信号波形的变化

(a)检波前的波形　(b)检波后的波形　(c)滤波后的波形

考核试题 2:

收音机中的自动增益控制电路又称_____电路。

解答　AGC

解析　收音机中的自动增益控制电路又称 AGC 电路,根据信号强弱自动改变电路的增益其作用是当外来信号电压变化很大时,保持收音机输出功率几乎不变。

考核试题 3:

调幅收音机的变频电路主要由_____、_____、_____构成。(参考答案:稳压电路、混频器、本机振荡器、中频谐振回路)

解答　混频器、本机振荡器、中频谐振回路

解析　变频电路由混频器、本机振荡器和中频谐振回路三个部分组成,如图 4-12 所示。利用

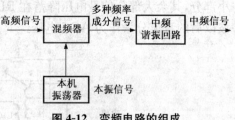

图 4-12　变频电路的组成

本机振荡器产生等幅振荡信号,与无线接收的高频信号一同加到混频器上,其输出端将出现许多频率分量,有原输入信号的载频、载频与本振频率的和、载频与本振频率的差……我们需要的是这个差频信号,即中频。

考核试题 4:

收音机中的中频陷波器可滤除_____信号。

解答　中频干扰

解析　中频干扰在收音机的中波波段低端最为严重,因为这时输入电路的谐振频率离中频最近。如调幅广播接收机中波波段为 526.5 ～ 1606.5kHz,而 526.5kHz 较接近中频 465kHz。

比较有效的抑制中频干扰的方法是提高无线输入电路中各谐振回路的选择性;此外,还可以在输入电路中用中频陷波器来滤除中频干扰信号。图 4-13 是中频陷波器电路,它由 LC 组成,谐振在中频频率上。图 4-13(a)为串联谐振式,LC 陷波电路将中频干扰信号短路掉;图 4-13(b)为并联谐振式,中频阻抗很大,对中频干扰信号的衰减很大。

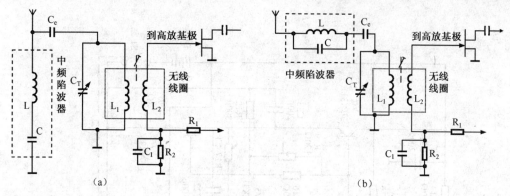

图4-13　中频陷波器电路

考核试题5：

收音机的中频放大电路是介于_____和_____之间的选频放大电路,也称中频放大器。

解答　混频器、解调器

解析　混频器和解调器之间的选频放大电路,也称中频放大器,可以由多级电路构成,是超外差接收机不可缺少的重要组成部分。它的作用是放大由混频器输出的中频信号,使之达到解调器正常工作所需的电平。它的性能优劣对接收机的灵敏度、选择性和整机频率特性等主要指标有决定性影响。

三、判断题

考核试题1：

接收机的输入电路一般可分为磁性天线输入电路和使用外接天线的输入电路两种。（　）

解答　正确

解析　接收机输入电路是指从天线到接收机第一级放大器输入端之间的电路。接收机的输入电路一般可分为磁性天线输入电路和使用外接天线的输入电路两种。

图4-14是接收机中典型的中波段磁性天线输入电路。它是由可变电容器 Ca1、微调补偿电容器 CT1 以及绕在磁棒上的调谐线圈 L_1 和耦合线圈 L_2 组成。磁棒具有很高的导磁率,起着汇集电磁波的作用,磁棒与套在上面的调谐线圈 L1 构成磁性天线。

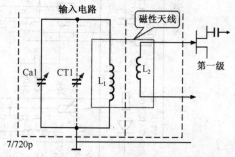

图4-14　接收机中典型的中波段磁性天线输入电路

在接收远地电台时,为了提高接收机的灵敏度,经常使用磁性天线输入电路加外接天线,尤其在短波波段,一般都设有拉杆天线或外接天线插孔。

考核试题2：

音频放大电路由电压放大、激励放大两部分组成。（　）

解答　错误

解析　音频放大电路由电压放大、激励放大和互补对称功率放大三部分组成。图4-15为七管超外差式收音机原理图。V4 是电压放大管,采用简单的偏置电路,调节 R12 使 V4 的工

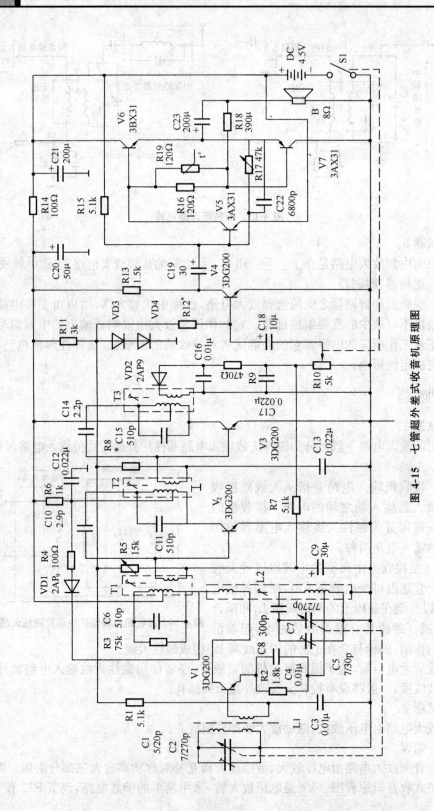

图 4-15　七管超外差式收音机原理图

I_{C4} 在 $0.7\sim0.9$mA。作电流由检波器输出的音频信号电压经 V4 放大后,通过阻容耦合,送到激励放大管 V5 的基极。V5、V6、V7 组成直接耦合 OTL 功放电路,是音频放大电路的主要部分。信号经 V5 放大,输出的信号加至 V6、V7 的基极,由两管交替导通放大后去推动扬声器发声。

R15、R17 为 V5 的偏置电阻,C22 为反馈电容,R16、R19 并联构成偏置,使互补推挽管处于甲乙类工作状态,功放级工作电流为 $4\sim7$mA。互补推挽电路中没有专门设置自举电阻和电容,而是将 V5 的负载 R18 接到放大电路的输出端,通过扬声器接电源,这样借用扬声器为自举电阻,借用输出电容 C23 为自举电容,来实现"自举"。C20、R14、C21 组成电源退耦电路。

考核试题3:

调频/调幅立体声接收机中的电源、音频放大及扬声器系统等是不可以共用的。(　)

解答 错误

解析 调频/调幅立体声接收机中的电源、音频放大及扬声器系统等完全可以共用;在普及型接收机中,往往还共用一级或几级中频放大器;此外,有的还将调频第一中放级兼作调幅收音的变频级,通过转换高频和中频部分来选择调幅或调频工作状态。

考核试题4:

超外差式收音机应先将载波信号变成中频信号然后再进行检波和放大。(　)

解答 正确

解析 为了保证接收机有足够的灵敏度和选择性,现代的广播接收机,不论是收音机还是收录机,不管是调幅接收还是调频接收,几乎都采用了超外差原理。所谓外差是指把高频载波信号变换成固定中频载波信号的过程,图 4-16 为超外差式调幅接收机的方框图。

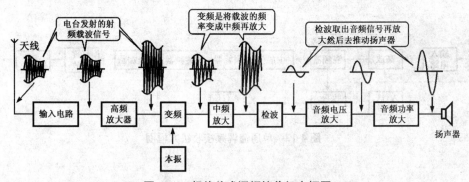

图 4-16 超外差式调幅接收机方框图

考核试题5:

调频收音机中必须设有立体声解码器才能接收 FM 立体声广播。(　)

解答 正确

解析 调频立体声广播接收机中,鉴频器后接有立体声解码电路,才能将复合信号分离成双声道立体声信号。它的作用是将鉴频器输出的立体声复合信号分离为左、右声道信号,以实现声像定位。因此,立体声解码器的性能对立体声效果有重要影响。

考核试题6:

收录机音频放大电路是指从放音前置放大以后的电路。（　）

解答　错误

解析　在收音机中从解调输出得到的音频信号是很微弱的（一般为几十毫伏），不足以推动扬声器，因此要将音频信号加以放大。接收机音频放大电路（低频放大电路）是指从解调以后到扬声器这一部分电路；录音机音频放大电路是指从放音前置放大以后的电路；收录机通常是共用音频放大电路，它包括音频电压放大电路和功率放大电路，高级音响产品还包括音调控制电路；对收音机而言，音频放大电路的任务是把解调器输出的音频信号放大，输出足够的音频功率去推动扬声器。

四、问答题

考核试题 1：

简述单通道调频接收机与双通道调频立体声接收机的区别。

解答　从接收天线到鉴频器，两种接收机的电路接收程式是相同的，都由调频高频头、中放、限幅器、鉴频器及 AFC 电路组成，不同之处是，在鉴频器后面双通道调频立体声接收机多了一个立体声解码电路及其附属电路，低放电路由单通道改为双通道，并有两组扬声器。

解析　双通道调频立体声接收机是在调频单通道接收机的基础上发展起来的。图 4-17 为单通道调频接收机方框图，图 4-18 为双通道调频立体声接收机方框图。由图可知，从接收天线到鉴频器，两种接收机的电路接收程式是相同的，都由调频高频头、中放、限幅器、鉴频器及 AFC 电路组成，不同之处是，在鉴频器后面立体声接收机多了一个解码电路及其附属电路（立体声指示电路、自动切换电路等），低放电路由单通道改为双通道，并有两组扬声器。

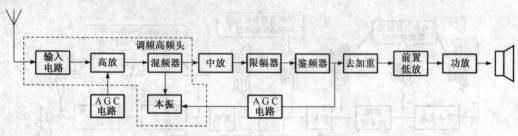

图 4-17　单通道调频接收机方框图

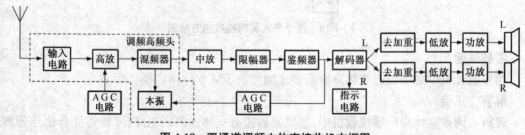

图 4-18　双通道调频立体声接收机方框图

单通道调频接收机接收到调频立体声电台信号时，鉴频器输出的复合立体声信号直接经去加重电路滤波，将音频范围之外的差信号和导频信号抑制掉，只输出和信号；和信号经音频电路放大后,输出单通道信号,实现了兼容。对于立体声接收机,鉴频器输出的复合立体声信号要先送入解码器,分离出左、右通道信号,然后经去加重电路去加重,再经双通道音频电路放大,推动左、右通道扬声器放音。在立体声接收机中,如果去加重电路放在鉴频器之后解码器之前,进入解码器的信号就剩和信号,将无法分离出左、右通道信号,因此,去加重电路必须放在解码器之后。

考核试题2:

如图 4-19 所示为调幅收音机的中频放大电路。

(1)请分别指出两种中频放大电路的类型。

(2)分析两种中频放大电路的工作过程。

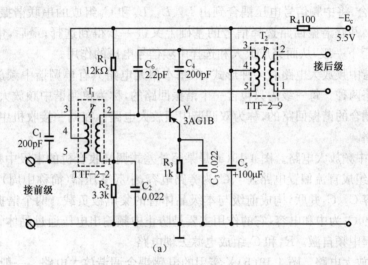

(a)

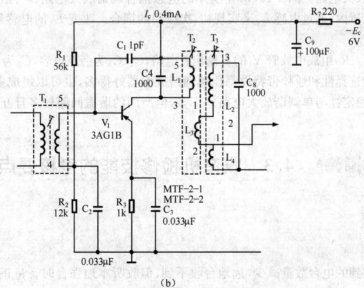

(b)

图 4-19 调幅收音机的中频放大电路

解答 （1）图 4-19（a）为单调谐中频放大电路、图 4-19（b）为双调谐中频放大电路。（2）图 4-19（a）单调谐中频放大电路分析：前级输出的中频信号经过 T_1 初级和 C_1 构成的谐振回路的选择后，耦合到中放管 V 的 b、e 极之间。由于 C_5 的旁路作用，使 T_2 的 4 脚交流接地。经 V 放大的中频信号电压在 c、e 极间输出（集电极到 5 脚，发射极经 C_3、C_5 到 4 脚），加到 T_2 初级的 5、4 脚，这样，在 T1 回路选择中频信号电压的基础上，又进一步选择中频信号。然后中频信号又耦合到后级，从而完成中频放大和选择信号的作用。

图 4-19（b）为双调谐中频放大电路分析：

由前级来的中频调幅信号电压经中频变压器 T_1 耦合到 V1 基极，经放大的中频信号电压在 c、e 间输出（集电极到 3 脚）加到 L_1、C_4 组成的并联谐振电路上（对中频谐振）；然后通过 L_1 与 L_3 的电感耦合，将中频信号电压耦合到由 L_2、L_3、L_4 和 C_8 组成的串联谐振电路上，中频信号电压在 L_1、C_4 并联谐振回路选择信号的基础上又进一步得到选择；最后，中频信号电压由 L_4 两端取出送至下一级，从而完成放大和选择中频信号电压的作用。

解析 调谐中频放大电路有多种形式，但基本单元电路只有单调谐中频放大电路和双调谐中频放大电路两种。每一级内只包含一个谐振回路的，称为单调谐中频放大电路；而每一级包含两个相互耦合的谐振回路的，称为双调谐中频放大电路。在同一接收机中，可以混合使用这两种调谐电路。

（1）单调谐中频放大电路。图 4-19（a）是某超外差式调幅收音机的末级中频放大电路。图中 R_1、R_2 和 R_3 组成直流偏置电路，C_2、C_3 为旁路电容，中频变压器（简称中周）T_1、T_2 分别与两个同容量的电容 C_1、C_4 并联，构成前级与本级晶体管的集电极负载。两个谐振回路都谐振在中频 465kHz 上，C_6 为中和电容，它的作用主要是防止中频输出电压通过晶体管集电结电容反馈到输入端引起中频自激。R_4 和 C_5 组成电源去耦电路。

（2）双调谐放大电路。图 4-19（b）是实用的电感耦合调谐放大电路。一般将初级、次级线圈各自装在屏蔽罩内，通过电感 L_3 来实现初、次级间的耦合。改变 L_3 的电感量就可以改变耦合程度。

图中，R_1、R_2、R_3 组成中放管 V_1 的直流偏置电路，C_2、C_3 为旁路电容，C_1 为 V_1 的中和电容。双调谐放大器的选择性和通频带特性都比单调谐放大器好得多，也可以组成多级双调谐放大电路，其增益和稳定性与单调谐放大电路差不多，但所用的谐振回路较多且互有影响，调试较麻烦。

▶ 4.3 收音机检修技能的考核要点

一、选择题

考核试题 1：

调幅收音收到的电台数量减少，远地台收不到，但收听本地强台时音量正常是由（   ）引起的。

（A）调幅收音无声   （B）调幅收音灵敏度低

(C)调幅收音啸叫　　　　　(D)调幅收音串台

解答　B

解析　收音灵敏度低的现象就是能收到的电台数量减少,远地台收不到,但收听本地强台时音量不减,出现这种现象时说明电源电路、音频放大电路都是正常的,收台减少的主要原因在中、高频部分,比如输入电路效率低、变频增益、中频增益下降,检波效率降低等。

考核试题2:

在调整收音机中频变压器铁芯时不应采用(　)制成的无感改锥进行调节。

(A)塑料　　(B)有机玻璃　　(C)有色金属　　(D)不锈钢

解答　C

解析　调整中频,对于采用LC谐振回路作为选频网络的收音机来说,主要是调整中频变压器(中周)的磁芯,应采用塑料、有机玻璃或不锈钢制成的无感改锥缓慢进行。

有色金属(合金)中多含有铁磁性材料,调整时会影响线圈的电感量,因而不宜采用。

考核试题3:

若调幅收音正常,仅收听调频台时失真,问题多出在(　)。

(A)中频陶瓷滤波器　　　(B)电源滤波器　　　(C)调频鉴频器　　　(D)压控振荡器

解答　A、C

解析　若调幅收音正常,仅收听调频台时失真,问题多出在调频鉴频器。

• 鉴频变压器失谐。采用比例鉴频器的电路,常见于鉴频变压器次级线圈失谐;可调整鉴频变压器磁芯,听听失真是否改善,如有明显改善,说明故障就在于此,应仔细调到最佳位置。

• 集成电路鉴频外部陶瓷滤波器出现故障,可用代换法判定。

• 比例鉴频器的两只鉴频二极管特性不对称,或其中一只开路,从而引起失真。可用万用表判断,也可用代换法判定。

二、判断题

考核试题1:

调频立体声收音机在调频立体声状态如无立体声效果,主要是由于立体声解码引起的。(　)

解答　正确

解析　当收音部分调到FM立体声状态,且功能开关也置于立体声位置时,完全没有立体声效果,从两路扬声器放出完全相同的声音,这多半是立体声解码器或外围电路出了故障。收音机大多采用锁相环集成电路解码器,常见的有以下故障:

• 锁相环集成电路(IC)损坏。

• IC外围电路元器件开路或损坏。

• 立体声分离度调节电位器失灵。

• 调频头接收灵敏度降低,因信号幅度不足而使立体声部分不工作。

考核试题2:

调试收音机的测试棒就是通常所说的铜铁棒。(　)

解答　正确

解析　测试棒是用来鉴别收音机统调是否正确的工具,测试棒就是通常所说的铜铁棒,它是在一根绝缘棒两端分别装上铜棒(闭合铜环、铜板等)和一小段磁棒,如图 4-20 所示。装铜棒的一端称为铜头,将磁棒的一端称为铁头。

测试棒的作用是检验输入电路是否正确谐振于接收频率,检验方法如图 4-21 所示。

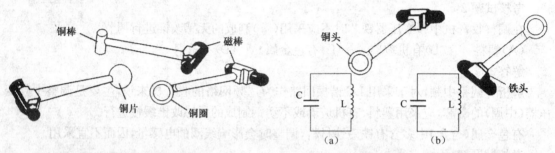

图 4-20　测试棒的外形　　　　　　图 4-21　用测试棒检验输入电路

图 4-21(a)说明当铜头靠近输入电路天线线圈时,使线圈 L 的电感量减小,这样由 LC 组成的输入电路的谐振频率就要升高;图 4-21(b)说明当铁头靠近输入电路的线圈时,线圈 L 的电感量就增加,输入电路的谐振频率就要降低。这表明,无论铜头还是铁头靠近天线线圈时都会造成输入电路失谐,导致收音机输出变小,如果反而增大,则说明输入电路的谐振频率不对。

三、问答题

考核试题 1:

简述利用扫频仪调整中频的方法。

解答　• 使用前将扫频仪开机预热几分钟,并调整亮度旋钮,使亮度适中。调整扫频仪 X 轴的位置和幅度,使扫描线位于水平方向的中间部分且长度适中。调整扫频仪 Y 轴位置,使扫描线略偏到屏幕的下方。可用一台已调好的成品收音机接入扫频仪,调整扫频仪的输出衰减和输出微调等控制旋钮,使扫描信号强度适中。

• 将扫频仪和待调收音机连接起来。扫频仪输出的扫频信号,通过探头接到收音机双联的引脚上,它的地线接到收音电路地线上。扫频仪 Y 轴输入线接到检波电路的输出端。

• 待调收音机通电后,将收音机调谐旋钮调至频率低端,本机振荡电路应停振(或调至无信号输入位置),调整中频变压器时,由最后一只中频变压器开始,按顺序向前逐级调整,使输出幅度最大。

解析　采用扫频仪调整中频非常方便,可以直接显示出特性曲线,这是目前生产厂家广泛采用的方法。图 4-22 所示为扫频仪和待调收音机的连接示意图。

在调整中频过程中,扫频仪的屏幕上会显示如图 4-23 所示的谐振特性曲线。图(a)所示为正常的中频谐振特性曲线,当被调收音机的中频没有调好时,扫频仪屏幕上会显示图(b)~(f)所示的曲线,对于出现图(d)、(e)、(f)所示曲线时,应采取相应的措施排除干扰、自激等情况,然后再继续调整。

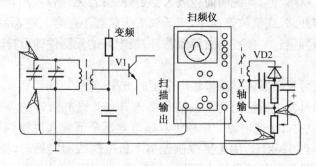

图 4-22 扫频仪(中频图示仪)与被调收音机的连接示意图

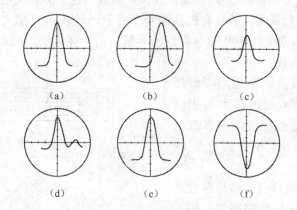

图 4-23 扫频仪(中频图示仪)显示的中频特性曲线

(a)正常 (b)中频偏高 (c)中频增益低 (d)有干扰信号 (e)中频出现自激 (f)检波管极性接反

考核试题 2:

请简述调幅收音机收音无声的故障原因。

解答 收音机电路中如下部位不良都会引起收音无声的故障:

- 电源出现故障。
- 扬声器引线断或外接扬声器、耳机插口接触不良。
- 输出变压器断线。
- 功放管损坏。
- 低放管损坏。
- 前置级到功放级之间的耦合电容开路。
- 前置放大器损坏。

解析 当一台收音机收音无声检查结果电源也正常时,就应重点怀疑功放和低放是否出故障。首先将音量电位器开足,仔细听一听扬声器中有无"沙沙"声,如连"沙沙"噪声都没有,一般可能是低放部分有问题;或者是输出变压器断线,功放管坏,扬声器引线断或外接扬声器、耳机插口接触不良。对于这些部分,可用信号注入法或信号寻迹法逐段检查,最后找到故障源即可排除。如果开大音量后有噪声,只是听不到信号,这时可用万用表表笔碰音量电位器两端,若扬声器中发出"喀喀"声,则说明前置放大器是好的;若无"喀喀"声,则可能是前置级到功放级之间的耦合电容开路,或低放管损坏,或低放工作状态不正常。这都可以用对比代换法或万用表检查工作状态判定。一经查出故障元器件,换上好的元器件即可排除故障。

考核试题3:

简述使用高频信号发生器调整调幅频率范围的方法。

解答　把高频信号发生器输出的调幅信号接入具有开缝屏蔽管的环形天线,天线与待调收音机距离为0.6m左右,接通电源。然后将双联电容器全部旋入调整频率低端,将高频信号发生器的输出频率调到520kHz,用无感改锥调整本机振荡线圈的磁芯,使外接毫伏表的读数为最大。再将高频信号发生器输出频率调到1620kHz,把双联可变电容器全部旋出,用无感改锥调并联在双联振荡联上的补偿电容,使毫伏表读数最大。这里的补偿电容采用拉线电容器,需要用镊子缓慢拉线进行调整。若收音机高端频率高于1620kHz,可增大补偿电容的容量;若高端频率低于1620kHz,则应减小补偿电容器的容量。用上述方法由低端到高端反复调整几次,直到频率范围调准为止。

解析　收音机中波段频率范围一般规定在526.5～1606.5kHz,短波段也有相应范围。调整频率范围是指使接收频率范围能覆盖广播的频率范围,并保持一定的余量。

(1)按图4-24所示连接仪器和待调收音机,把高频信号发生器输出的调幅信号接入具有开缝屏蔽管的环形天线,天线与待调收音机距离为0.6m左右,接通电源。

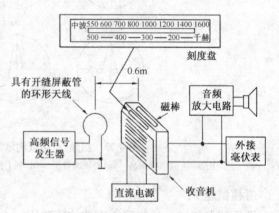

图4-24　高频信号发生器与收音机接线图

(2)把双联电容器全部旋入(此时应是刻度盘起始点)调整频率低端,将高频信号发生器的输出频率调到520kHz,用无感改锥调整本机振荡线圈(中振)的磁芯,如图4-25所示,使外接毫伏表的读数为最大。

(3)再将高频信号发生器输出频率调到1620kHz,把双联可变电容器全部旋出(此时应是刻度盘终止点),用无感改锥调并联在双联振荡联上的补偿电容,如图4-25所示,使毫伏表读数最大。这里的补偿电容 C5 采用拉线电容器,需要用镊子缓慢拉线进行调整。若收音机高端频率高于1620kHz,可增大补偿电容的容量;若高端频率低于1620kHz,则应减小补偿电容器的容量。

用上述方法由低端到高端反复调整几次,直到频率范围调准为止。

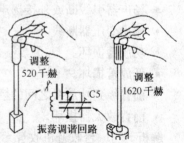

图4-25　调整频率范围示意图

考核试题4:

请画出收音机整机调试的流程图。

解答　收音机整机调试的流程如图 4-26 所示。

图 4-26　整机调试流程图

解析　收音机的质量如何,除了电路设计、元器件质量、整机装配工艺等因素外,调整和测试是相当关键的环节。装配完的收音机或检修完部分电路后,为了使其达到最佳工作状态,都需要进行调试。

(1)调整前的准备工作。调整前的准备工作主要包括使用器械的准备、印刷电路板的检查和通电检查。

(2)调整静态工作点。各级电路的晶体三极管的静态工作点的调整是否合适,直接影响到整机的性能。调整晶体管的工作点就是调整它的偏置电阻(通常是上偏置电阻),使它的集电极电流处于电路设计所要求的数值。调整一般从最后一级开始,逐级往前进行。

(3)调整中频。调整中频,对于采用 LC 谐振回路作为选频网络的收音机来说,主要内容是调整中频变压器(中周)的磁芯,应采用塑料、有机玻璃或不锈钢制成的无感改锥缓慢进行。

当整机静态工作点调整完毕,并基本能正常收到信号后,便可调整中频变压器,使中频放大电路处于最佳工作状态。

(4)调整频率范围。调整频率范围是指使接收频率范围能覆盖广播的频率范围,并保持一定的余量。如调整中波频率范围在 520～1620kHz。

(5)统调。超外差式收音机在使用时,只要调节双联可变电容器,就可以使输入电路和本机振荡电路的频率同时发生连续的变化,从而使这两个电路的频率差值保持在 465kHz 上,这就是所谓的同步或跟踪(只有如此才有最佳的灵敏度)。实际上,要使整个波段内每一点都达到同步是不易的。为了使整个波段内能取得基本同步,在设计上输入电路和振荡电路时,要求收音机在中间频率(中波 1000kHz)处达到同步,并且在低端(中波 600kHz)通过调整天线线圈在磁棒上的位置(改变电感量),在高端(中波 1500kHz)通过调整输入电路的微调补偿电容的容量,使低端和高端也达到同步。这样一来,其他各点的频率跟踪也就差不多了,所以在超外差式收音机整个波段范围内有三点是跟踪的。以调整频率补偿的方法实现三点跟踪,也称为三点同步或三点统调。

(6)检验跟踪点。对刚进行完统调的收音机,有时采用更为简单的检验方法,即只要在1000kHz 左右能找出跟踪点,就认为达到了三点跟踪。

检验三点跟踪后,调整收音机的工作就算完成了。

第 5 部分
录音机的结构、原理与维修技能考核鉴定内容 ≫≫≫

■■■➡ 5.1 录音机理论知识的考核要点

一、选择题

考核试题 1:

ALC 是( )的简称。

(A)录音放大电路　　　　　　(B)录音偏磁电路

(C)自动录音电平控制电路　　　(D)录音频率均衡电路

解答　C

解析　自动录音电平控制电路通常称 ALC 电路,是录音机录音状态时采用的一种电路。其目的是使过大的被录信号的动态范围压缩到较小动态范围内,当强信号输入时,自动地降低录音放大电路的增益,使通过录音头录音电流不至过大造成磁带和磁头的饱和失真;而在弱信号输入时,录音放大电路要有足够的增益,将弱信号放大到足够的电平。

考核试题 2:

单声道与立体声盒式录音机的区别在于＿＿＿＿和＿＿＿＿。

解答　磁头、录放电路

解析　盒式录音机的录放音磁头又可分为单声道磁头和立体声磁头。

单声道磁头用于双磁迹、单声道录放音。这种磁头一般只有两根引出线。

立体声录音机中的录放头,其左、右声道各具有独立的线圈、铁芯和工作缝隙。其基本结构和原理均与单声道磁头相似。立体声磁头一般有四根引出线。

抹音头则不分单声道还是立体声,都是一样的。对于立体声,抹音时左右声道的磁迹同时抹去。

立体声录音机的录放电路是双声道电路。

二、填空题

考核试题 1:

磁带主要由＿＿＿＿、＿＿＿＿、＿＿＿＿三种材料组成。

解答　带基、磁性体、粘接剂

解析　磁带主要由带基、磁性体(磁粉)、粘接剂三种材料组成。

盒式磁带的带基一般都用聚酯薄膜,因为聚酯薄膜有机械强度高、受温度和湿度的影响小、不易燃烧和比较柔软等特点。

磁层由磁性体(磁粉)与粘接剂均匀混合后涂覆在带基上,再经过磁粉粒子定位、烘干、压光、切割等工艺制成磁带。

考核试题2：

磁带后面两侧有两片防误抹片,如果要长时间保留某一面的录音节目,可以将与该面相对应的防误抹片_____,如果以后需要录音,可以重新在原来防误抹片的地方贴上_____,如图 5-1 所示。

解答　抠掉、纸胶带

解析　磁带后面两侧有两片防误抹片,如果要长时间保留某一面的录音节目,可以将与该面相对应的防误抹片抠掉,在磁带装入录音机后防误抹机构就起作用,电路不会进入录音状态,这样就保护了已录节目的内容;如果以后需要录音,可以重新在原来防误抹片的地方贴上胶带,如图 5-1 所示。

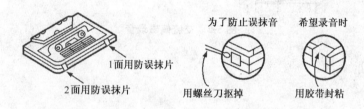

图 5-1　防误抹片的使用方法

考核试题3：

磁头表面与磁带接触之间存在的间隙越大,损耗____;频率越高,损耗____。

解答　越大、越大

解析　磁头表面与磁带接触之间存在间隙时,使录音磁场衰减而引起损耗,称为间隙损耗。间隙愈大,损耗愈大;频率越高,损耗越大。因此磁头表面应精加工,使磁头和磁带接触良好,在使用时应经常保持磁头和磁带的清洁,在清洗磁头时,用棉花球蘸无水酒精或四氯化碳等清洗剂擦拭。

考核试题4：

交流偏磁录音时偏磁电流的频率通常选取录音信号最高频率的____倍,在普及型录音机中交流偏磁电流的频率一般取_____ kHz,在高档录音机中一般取_____ kHz。

解答　$5\sim10$、$40\sim80$、$90\sim200$

解析　交流偏磁录音时,在音频信号电流上叠加一个超音频交流偏磁电流,共同加到录音磁头线圈上。偏磁磁场大约相当于磁带矫顽力 Hc 值,使录音时的电磁转换工作在磁滞回线左右两侧线性区域内磁带剩磁波形是图 5-2 中 A 或 A' 的两倍。

交流偏磁电流的频率要选得足够高,通常选取录音信号最高频率的 $5\sim10$ 倍,以防止录音信号非线性失真产生的高次谐波与偏磁信号造成差拍干扰。在普及型录音机中交流偏磁电流的频率一般取 $40\sim80$kHz,在高档录音机中一般取 $90\sim200$kHz,它通常由偏磁振荡电路供给,且往往是偏磁与抹音共用一个振荡电路。

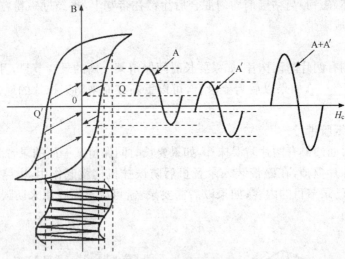

图 5-2　交流偏磁录音

三、判断题

考核试题1：

立体声录音要使用的盒式磁带的尺寸比单声道录音使用的大。（　）

解答　错误

解析　立体声和单声道录音使用同样外形尺寸盒式磁带，磁带标称宽度为 3.81mm。由于正反两次录音，单声道时有两条磁迹，立体声时则为四条磁迹。盒式磁带单声道和立体声可以兼容。

考核试题2：

录音头线圈圈数应越多越好，这样可以提高录音灵敏度。（　）

解答　错误

解析　从录音灵敏度方面来考虑，希望录音头线圈圈数越多越好，但线圈圈数增加时，电感和分布电容相应增大，交流阻抗增加，偏磁电流损耗过大，效率降低。因此，录音头线圈圈数不宜太多，一般录音头线圈的直流电阻约几百欧左右。

考核试题3：

录音减磁损耗除了与信号频率有关，与带速和磁头工作缝隙宽度无关。（　）

解答　错误

解析　磁带经过录音磁头工作缝隙时便产生剩磁，其大小与通过磁头线圈的音频电流成正比。当信号频率较低，即录音波长大于磁头工作缝隙宽度时，缝隙磁场变化不大；而高频时，录音波长小于磁头工作缝隙宽度，磁带上某一点从缝隙一边移到另一边时，可能先受到正向电流磁化，后受到反向电流磁化，使刚留下的剩磁减小；频率愈高，剩磁减小愈严重。这种随录音信号频率升高而剩磁减小的现象，称为录音减磁损耗。显然，录音减磁损耗除了与信号频率有关外，还与带速和磁头工作缝隙宽度有关。

考核试题 4：

涡流损耗与频率的平方成正比,频率越高损耗越大。( )

解答 正确

解析 录音电流和偏磁电流的交变磁通在磁头铁芯中要产生涡流并以热能的形式损耗。

$$涡流损耗 \propto \frac{1}{\rho} B^2 f^2 b^2$$

式中 ρ—铁芯材料电阻率；B—磁感应强度；f—信号频率；b—铁芯的厚度

从式中可以看出,涡流损耗与频率的平方成正比,频率越高损耗越大。为了减小涡流损耗,应切断涡流通路,通常铁芯做成叠片式结构,铁芯片要薄,片间要绝缘,或者采用电阻率较大的铁氧体磁芯。

考核试题 5：

录音磁头线圈中音频信号电流变化一个周期,录音磁头工作缝隙间的磁场和磁带上留下的剩磁也按同样规律变化一个周期。( )

解答 正确

解析 假如要录的音频信号频率为 f,磁带移动速度为 v,那么,磁带记录波长 λ(即录音信号电流变化一个周期时磁带走过的长度)为

$$\lambda = \frac{v}{f}$$

显然,当录音磁头线圈中音频信号电流变化一个周期,录音磁头工作缝隙间的磁场和磁带上留下的剩磁也按同样规律变化一个周期。

考核试题 6：

放音头的缝隙宽度小,加工精度高,如磨损后缝隙变宽,会造成放音频率特性恶化。( )

解答 正确

解析 在放音高损耗中,磁头缝隙损耗是最主要的,因此,对放音磁头的工作缝隙是有严格要求的,一般要求放音磁头的工作缝隙宽度在 $0.8 \sim 1.5 \mu m$ 范围之内,高档盒式录音机的放音头缝隙宽度为 $0.8 \sim 1 \mu m$ 左右。放音头磨损后缝隙变宽,会造成放音频率特性恶化,应更换新磁头。

考核试题 7：

录音信号频率越高,记录波长越长。( )

解答 错误

解析 在带速恒定的条件下,录音信号频率越高,记录波长越短。

四、问答题

考核试题 1：

录音机对偏磁振荡电路的基本要求有哪些?

解答 • 输出波形失真小

• 振荡频率高低适当

- 频率稳定度要好
- 输出功率足够大(电压幅度高)

解析 (1)输出波形失真小。偏磁振荡信号的高次谐波会对收音部分产生干扰,所以要求它的输出波形尽量接近正弦波,其谐波失真一般在1%左右。如果波形出现了上下不对称,也会出现直流成分,并因此引起录音磁带的直流磁化。严重时,还可能给录音头带来剩磁,导致信噪比变差。

(2)振荡频率高低适当。首先应考虑使偏磁振荡频率远高于记录信号频率。若偏磁频率较低,可能和最高录音频率的高次谐波产生差拍,这种差拍信号成分也可能成为噪声的一部分被记录在磁带上;但过高的偏磁频率会使磁头损耗增加而发热,偏磁电路本身的电容引起的损耗也变大,过高的偏磁频率若有波形畸变,会产生高次谐波向外发射,与收音信号产生差拍,造成差拍干扰,引起啸叫声。所以通常使用的偏磁振荡频率为50~200kHz,高档的录音机要偏高一些。

(3)频率稳定度要好。对超音频振荡频率的准确性要求不高,但要求频率的变化尽量小。否则,录音放大电路中原已对偏磁频率调谐好的LC谐振陷波器将失谐,陷波作用被破坏,使放大电路受偏磁电流或抹音电流的干扰,从而影响录音的保真度、频率特性等指标。

(4)输出功率足够大。我们知道,录音时,磁带通过录音头之前,要求经过抹音。抹音方式也有两种:直流抹音和交流抹音。录音方式一般使用下列组合:

- 直流抹音,直流偏磁;其录音性能(主要是信噪比失真度)较差,信噪比约30~40dB。
- 直流抹音,交流偏磁;其录音方式较好,信噪比为35~45dB。
- 交流抹音,交流偏磁。其录音性能最好,信噪比可达50dB以上,失真也最小。

采用直流抹音时,超音频振荡电路仅提供偏磁电流,所需偏磁功率不大,用单管振荡电路就可满足要求。采用交流抹音方式时,抹音头需要足够大的超音频抹音电流,而此抹音电流来自偏磁电路,因此要求偏磁电路有足够大的功率输出,所以往往采用双管推挽振荡电路。

5.2 录音机实用知识的考核要点

一、选择题

考核试题1:

影响放音效果的电路是( )。

(A)录音前置放大电路   (B)录音频率均衡电路
(C)放音均衡电路   (D)录音输出电路

解答 C

解析 录音前置放大电路、录音频率均衡电路和录音输出电路等只影响录音效果,而放音均衡电路会影响放音效果。

考核试题2:

普通盒式录音机只能使用( )磁带。

(A)氧化铁　　　(B)铬带、铁铬带　　　(C)铁铬带　　　(D)金属带

解答　A

解析　现在的中、高档盒式录音机一般都设有磁带选择开关,当磁带选择开关分别置于 Normal、CrO_2、FeCr、Metal 四个位置时,分别使录音机针对所用磁带切换到相应的偏磁电流和频率均衡网络,分别适用于一、二、三、四类磁带。表 5-1 所列为盒式磁带的选择使用分类。

表 5-1　盒式磁带的选择使用分类

分　类	磁带选择开关位置	名　称	磁粉材料	偏磁电流	均　衡
第一类	Normal	铁带	$\gamma\text{-}Fe_2O_3$	100%	120μs
第二类	CrO_2	铬带	CrO_2	150%～180%	70μs
		铁铬带	$Co\text{-}\gamma\text{-}Fe_2O_3$		
第三类	FeCr	铁铬带	$\gamma\text{-}Fe_2O_3$ 及 CrO_2 双涂层	120%～130%	70 或 120μs
第四类	Metal	金属带	Fe、Co	190%～200%	70μs

表中第一类磁带是使用得最广泛的普通氧化铁磁带,它包括已改进的高性能氧化铁磁带,像低噪声(LN)磁带,低噪声、高输出(LH)磁带,高保真度(HF)磁带,超动态(SD)磁带和特大动态(UD)磁带等。第一类磁带适用于各种盒式录音机。普通的盒式录音机(未设磁带选择开关)只需使用低噪声(LN)磁带或一般的低噪声高输出(LH)磁带即可,它们的性能可满足一般要求。普通录音机使用第二、三类和第四类磁带,不但得不到良好的效果,反而容易磨损磁头(特别是铬带)和产生抹音不清等弊病。

第二类磁带是铬带、铁铬带等,它们要求高偏磁和 70μs 的均衡网络。

第三类磁带是铁铬带,即双涂层磁带,它具备了二氧化铬磁带的优点,同时对磁头的磨损比铬带要小得多。但它要求中等强度的偏磁,因此单独列为一类。对于均衡的选择有 120μs 和 70μs 两种,现在是 70μs 的居多。

第四类是金属带,它是目前性能最好的磁带,所需偏磁电流大,均衡取 70μs,需要单设磁带选择开关。

考核试题 3：

录音机盘带离合器打滑装置在快速绕带过载的情况下起(　　)作用。

(A)正常走带　　　(B)快速绕带　　　(C)快速倒带　　　(D)打滑

解答　D

解析　为了防止快速走带状态下磁带突然受阻或出现意外故障而损伤磁带,在快卷轮增加了离合器打滑装置,该装置仅在快速绕带过载的情况下起打滑作用,对于正常走带和快速绕带不起作用,故称为安全超载离合器(超越离合器)。

二、填空题

考核试题 1：

磁头一般是由带缝的_____、绕在磁芯上的_____以及防止电场和磁场干扰用的

_____组成。

解答　磁芯、线圈、屏蔽罩

解析　磁头是磁带录音机的关键部件之一，它的好坏将直接影响录音和放音的质量。磁头一般是由带缝的磁芯、绕在磁芯上的线圈以及防止电场和磁场干扰用的屏蔽罩组成。磁头正面经过研磨抛光，磁芯材料采用导磁率高的软磁性材料（缺氧体、坡膜合金）。

考核试题2：

普及型盒式录音机都采用两只磁头，其中一只是_____、另一只是_____。

解答　录音和放音兼用的录放头、消去录音磁迹用的抹音头

解析　普及型盒式录音机都采用两只磁头，其中一只是录音和放音兼用的录放头，另一只是消去录音磁迹用的抹音头。在高档录音机里，有用三个独立的磁头分别作录音、放音和抹音。也有用录音头、放音头组合在一起的录放组合头实质上也是三磁头方式。

考核试题3：

磁头的作用是提供一个随录音信号变化的磁场加到从它前面通过的磁带上，从而使涂敷在磁带表面的磁性体磁化。

解答　录音

解析　录音磁头的作用是提供一个随录音信号变化的磁场加到从它前面通过的磁带上，从而使涂敷在磁带表面的磁性体磁化。磁化强度与流过录音头的录音信号电流强弱成比例。

录音头由磁头铁芯构成磁路，铁芯上面绕有线圈，线圈中通有信号电流以产生磁场。铁芯上设有缝隙，缝隙附近产生漏磁通，利用这种漏磁通使磁带的磁性体磁化。这就是录音头的简单工作原理。

考核试题4：

_____磁头的作用是把记录在磁带上的剩磁信号恢复为原来的电信号。

解答　放音

解析　放音磁头的作用是把记录在磁带上的剩磁信号恢复为原来的电信号。从电磁感应的原理可知，若在线圈周围有变化的磁通，则在线圈中产生感应电势。放音时，已记录的磁带上的磁性体的磁力线通过放音头线圈，就会在线圈中产生感应电势，这样即把磁通的变化量转换成电压。

从结构上来说，放音头与录音头几乎相同，在录音和放音过程中，磁头所起的作用是电能和磁能的可逆转换，因此，在普及型录音机中往往合用一个录放头。但是，放音头真正的最佳尺寸与录音头还是有些不同，为了取得最好的录音和放音性能，还是应该采用分开的录音头和放音头，像在高档录音机中采用的三磁头方式或组合磁头方式。

考核试题5：

在录放兼用磁头上，再加上抹音头，共用中央磁性体，做成的磁头称为_____磁头。

解答　三合一

解析　三合一磁头是指在录放兼用磁头上，再加上抹音头，共用中央磁性体，做成如图5-3所示的结构。

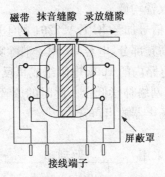

磁带　抹音缝隙　录放缝隙

屏蔽罩

接线端子

图 5-3　三合一磁头的基本结构

考核试题 6：

中高档收录机的 APSS、APLD、APPS 都是_____的系统。

解答　自动选曲

解析　目前中高档收录机均具有 APSS、APLD、APPS 等选曲功能,这种功能的实现,必须采用具有自动选曲机构的机芯。电路与机芯相结合进行曲目的识别与控制。

考核试题 7：

双通道立体声收录机的 ALC 电路是_____电路,功能是_____。

解答　自动录音电平控制、使强信号不会失真

解析　双通道立体声收录机的 ALC 电路原理和单通道的基本相同。要求两通道的 ALC 电路的起控时间和恢复时间尽量一致,来自两个通道的录音输出信号电压,经分别整流后形成自动控制电压反馈至录音前置放大器,信号越强负反馈越强,从而自动控制录音电路的增益,使强信号得到足够的放大,强信号不致于失真。

考核试题 8：

图 5-4 所示为录音机的集成放音放大电路,电容 C3 用于补偿放音头的_____,电容 C7 用于_____,C9、R6、C8、R3 与集成电路内的 100k 电阻组成_____电路,R7、C5 组成_____网络。

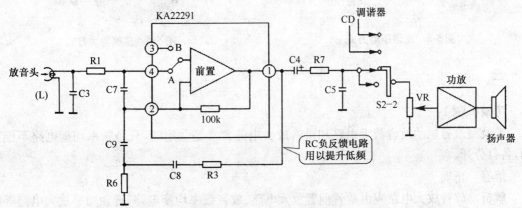

图 5-4　集成放音放大电路图

解答　高频、消噪、负反馈、放音均衡

解析　放音头输出的左声道信号加至 IC KA22291 的④脚,电容 C3 与磁头线圈谐振用于补偿放音头的高频损耗,即提升高频部分,电容 C7 用于消除噪声。经过放大后,放音信号由①脚输出。C9、R6、C8、R3 与集成电路内的 100k 电阻组成负反馈电路,可改善频率特性,提高工作稳定性。R7、C5 组成放音均衡网络补偿低音。此时的放音信号经功能选择开关 S2-2,再经音量控制加至功率放大电路,由扬声器放出声音。

考核试题 9:

录音机的磁带驱动机构大多采用_____驱动和_____驱动方式。

解答　皮带、直接

解析　磁带驱动机构是把电机的旋转力矩通过某种方式传递给从动旋转体(主轴飞轮),驱使磁带作相对于磁头的匀速运动。目前的录音机大多采用皮带驱动和直接驱动方式。

图 5-5 是皮带驱动方式,这种方式在盒式录音机机芯中使用十分广泛。它是用一条环形橡胶传送皮带套在电机传动轮和飞轮的外缘上,利用橡胶皮带的弹性和摩擦力传递转矩。这种驱动方式的最大特点是:利用皮带的弹性可以及时吸收由电机产生的振动和转速不稳;另外,它可以比较灵活地选择电机的安装位置,给结构设计带来了很大的方便。

图 5-6 是直接驱动方式,这种方式采用转速非常稳定,振动很小的直流伺服电机,不用任何中间传动部件,而直接由电机轴作主导轴驱动磁带的所谓直接驱动方式,电机轴就是主导轴,电机的转速就是主导轴的转速,因而消除了传动误差,提高了磁带运行的稳定性。但这种结构对电机的要求较高,它的走带性能取决于电机的特性,因此要求电机振动小,速度均匀、稳定、随温度变化小。

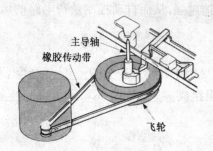

图 5-5　皮带驱动方式

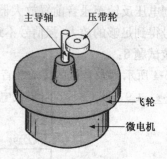

图 5-6　直接驱动方式

三、判断题

考核试题 1:

普及型录音机的放音放大电路和录音放大电路常常是共用的,只是频率均衡电路不能共用,各自分开。（　）

解答　正确

解析　放音放大电路应由放音前置放大电路、放音频率均衡电路、音频功率放大电路等组成。它的主要作用是将放音头输出的微弱音频信号放大,进行频率补偿后,由功率放大电路输

出足够的音频功率去推动扬声器。而一般普及型录音机的放音放大电路和录音放大电路常常是共用的,只是频率均衡电路不能共用,各自分开。录音时,由录放转换开关将放大器与录音均衡电路相连,组成录音放大电路;放音时,将放大器与放音均衡电路相连,组成放音放大电路。

考核试题 2:

磁带盒质量的好坏不会影响录音机的性能。( )

解答 错误

解析 为了使盒式磁带在各种型号的盒式磁带录音机上通用,世界各国磁带生产厂家均按统一的尺寸生产盒式磁带。这种盒式磁带带盒的外形和尺寸如图 5-7 所示。

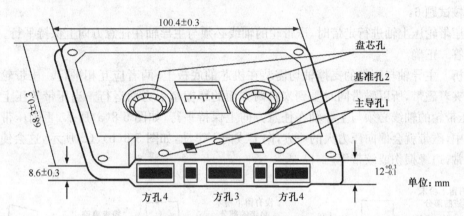

图 5-7 盒式磁带带盒的外形

磁带盒质量的好坏同磁带一样会直接影响录音机的性能。主要是走带的稳定性所以这种带盒只有机械精度高,内部的盘芯、导向滑轮等构件与上下两边塑料壳之间的间隙配合适当,才能使走带灵活;还要求磁带盒外形平整,不变形,与盒式录音机配合良好。

考核试题 3:

直流偏磁失真大,噪声也大,因此采用交流偏磁录音方式录音质量好。( )

解答 正确

解析 直流偏磁方式的电路简单,但失真大,噪声大,而交流偏磁录音具有录音灵敏度高;交流偏磁方式的录音输出信号为直流偏磁时的两倍,失真小,磁滞回线左右两侧引起的非线性失真在叠加时互相抵消,噪声低,磁带在无录音信号时剩磁为零。交流偏磁方式虽然电路复杂,成本较高,但因优点突出,被广泛应用于中、高档收录机中。

考核试题 4:

在录音过程中会有损耗,而放音没有。( )

解答 错误

解析 录音时是将信号电流转变为信号磁场并记录到磁带上。在录音过程中会出现录音磁头的磁滞损耗和涡流损耗、录音自去磁损耗、间隙损耗、磁带厚度损耗、录音减磁损耗。

放音时是将磁带上所录的剩磁通转变为电信号来驱动扬声器,磁带上已录的音频磁信号便还原成原来的声音信号,在放音过程中会出现高频损耗(放音磁头缝隙损耗、方位角损耗)、低频损耗("微分效应"损耗、轮廓效应)。

考核试题 5:

目前常用的驱动磁带恒速运动的方式是主导轴压带轮驱动方式。(　)

解答　正确

解析　目前常用的驱动磁带恒速运动的方式,还是主导轴压带轮驱动方式。在盒式录音机中,从最廉价的放音机到高级的录音座,都无例外地采用这种方式。在这种磁带驱动方式中,除了动力源的电机之外,主导轴、飞轮和压带轮可以说是磁带驱动系统中最重要的三大关键部件。

考核试题 6:

当压带轮压上轴进行走带时,压带轮的轴线必须与主导轴在任意方向上保持平行。(　)

解答　正确

解析　主导轴与压带的支撑轴均需装在机芯的底板上,两者应互相平行。压带轮和主导轴之间夹着磁带,所以磁带同时受到来自两方面的摩擦牵引力而运行。当压带轮压上轴进行走带,压带轮的轴线必须与主导轴在任意方向上保持平行,如图 5-8(a)所示,否则压带轮在运转过程中,磁带就会偏向压力大的一方,向上或向下窜动,如图 5-8(b)、(c)所示,这会使磁带行走不正常,边缘损伤或绞带等。

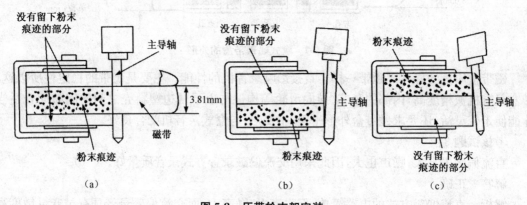

图 5-8　压带轮支架安装

(a)运行正常　(b)磁带下移　(c)磁带上移

四、问答题

考核试题 1:

简述磁带录音原理。

解答　声音信号经传声器转换成随声音变化的音频电流,经录音放大器放大后,再送至录音磁头线圈,使录音磁头铁芯及工作缝隙中产生一个随音频信号变化的磁场;当录音磁带匀速经过录音磁头工作缝隙时,磁带带基上涂有的硬磁材料的磁性层与磁头接触瞬间而被磁化,磁带在离开磁头后便留下了随音频信号而变化的剩磁,这样,磁带就把要录的声音信号以剩磁的方式记录了下来。

解析　图 5-9 为磁带录音原理图,图中示出了录音信号的记录过程和原理。

考核试题 2:

图 5-10 为一种录音机全自停控制电路,请简述其工作过程。

解答　在磁带运行中,计数器驱动轴带动光电盘旋转,感光元件(CDS)会将光的变化转成电信号,经晶体管 VT_1 放大后,由二极管 VD1、VD2 进行倍压整流,使 VT_2 得到正向偏压而饱和导通,VT_3 截止,电磁铁线圈中没有电流流过。当光电盘停止时,感光元件没有脉冲输出,VT_1 无输出信号,VT_2 因没有正向偏置而截止,故使 VT_3 导通,有电流流过电磁线圈。电磁铁通过连杆释放锁键板,按键复位,实现了自停。

解析　该电路的基本原理是只要供电盘不旋转,则光电盘停转,VT_1 基极无信号,则电磁铁动作进行自动停机。

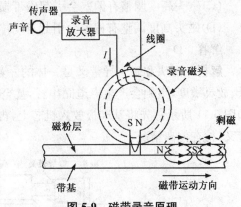

图 5-9　磁带录音原理

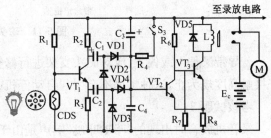

图 5-10　全自停机构控制电路原理图

▶ 5.3　录音机检修技能的考核要点

一、选择题

考核试题 1:

磁头磨损后不会造成( )。

(A)信号失真增加　　(B)录放高频损耗增加　　(C)频率特性变差　　(D)噪声增高

解答　D

解析　录音机磁头在录放音时都需接触磁带,由于经常摩擦会使磁头磨损,即使是耐磨磁头也不可能完全无磨损;另外,在有灰尘的地方使用时也会造成磨损。

磁头磨损后会使信号失真增加,录放高频损耗增加,频率特性变差,对低音信号无影响,高频噪声也会减小。为了减少磁头的磨损,应尽量避免在灰尘过多的环境中使用录音机,同时应经常清洗磁头。另外,还应注意避免高温和潮湿的环境。

考核试题 2:

如下关于磁头高度调整的解说,哪一项是错误的( )。

(A)磁头高度调整不正确会引起录、放音信号强度减弱

(B)磁头高度调整不良会引起声道间串音

(C)磁头高度调整有偏差会引起磁带损伤

(D)磁头高度调整有偏差会引起自动停机

解答 D

解析 磁头和磁头导带叉是一体的。若磁头高度不对,导带叉的高度也失常,轻则会降低录、放灵敏度,重则会产生声道间串音,甚至会损伤磁带。通常采用磁头高度检测规进行检测,如图 5-11 所示。先将基准板放入机芯上,再把高度检测规放到基准板上,移动高度检测规至磁带叉,检查偏离情况。

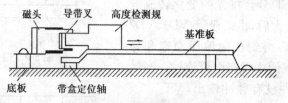

图 5-11 磁头高度检测

若导带叉偏上或偏下,应对磁头支架进行修整或加垫圈重新装配调整,直至磁头导带叉刚好接触高度规为止,这种情况不会引起自动停机的情况。

考核试题 3:

录音机放音时出现的"咔哒咔哒"响声是由于( )引起的。

(A)飞轮轴端碰飞轮支架 (B)供带盘轴套内的压簧变形

(C)惰轮安装倾斜 (D)压带轮轴缺油

解答 C

解析 录音机放音时即把音量关到最小,有时还能听到摩擦声、震动声等,这就是机械噪声。机械噪声在使用机内传声器录音时,很可能会被机内传声器拾取,造成录音有"吱吱""嗞嗞"等噪声。常见的机械噪声有以下几种:

• 摩擦声。当关小音量电位器或放无声带时,听到"嚓嚓"的摩擦声,常常是飞轮轴端碰飞轮支架。正常时二者之间应有 0.5mm 左右的间隙。当距离太小或飞轮轴有窜动时,就会摩擦发声。这时可适当调大间隙消除故障。

• 慢周期性"嚓嚓"声。供带轴套内的压簧变形,转动时碰轴套,摩擦发生。查清后只要拆出压簧进行修整就可以排除故障。

• 录放时有"咔哒咔哒"响声。惰轮安装倾斜,转动时与收带盘压力不均匀,发生周期性响声。可拆下机芯,用钳子矫正机芯即可。

• 走带时有"吱吱"声。张紧轮轴与轴承配合不好,活动量太大;压带轮轴缺油或收带轮外缘橡胶磨损,都会发生响声。看情况,可通过更换张紧轮、适量注油或更换收带轮(或将橡胶圈翻面)来解决。

• 有震动噪声。电机安装螺钉松动或电机本身平衡不好,造成震动噪声。可紧固松动的螺钉或调换不良的电机。

二、问答题

考核试题 1：

简述录放磁头方位角的调整方法。

解答　(1)清洗磁头工作面、做消磁处理。

(2)将测试磁带装入待调机中，并置于"放音"状态。

(3)用螺丝刀调整方位角校正螺钉，使毫伏表的读数最大为止。

(4)调整立体声磁头时，则应调整到左、右两声道的相位差与输出幅度之差为最小程度为止。

(5)调整完毕，用油漆加以固封。

解析　(1)调整前将磁头方位角调整仪器按图 5-12 所示进行连接。

(2)调整方法：

• 将日本产 JEAC 型或国产同类型测试磁带（如表 5-2 所示）装入待调机中，并置于"放音"状态。

• 用螺丝刀调整方位角校正螺钉，使毫伏表的读数最大为止，如图 5-13 所示。

• 调整立体声磁头时，则应调整到左、右两声道的相位差与输出幅度之差为最小程度为止，如图 5-14 所示。

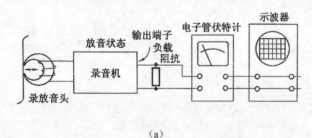

（a）

（b）

图 5-12　磁头方位角调整仪器连接图

（a）单声道型　（b）立体声型

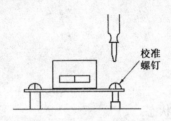

图 5-13　方位角调整示意图

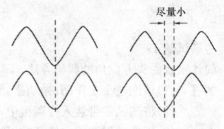

图 5-14　立体声磁头方位角调整波形图

表 5-2　方位角校正用磁带一览表

型　号	频　率	磁　平	用　途
MTT-113	6.3kHz	—10dB	方位角调整
MTT-113C	8kHz	—10dB	方位角调整
MTT-114	10kHz	—10dB	方位角调整

第6部分
组合音响的结构、原理与维修技能考核鉴定内容 »»»»

6.1 组合音响理论知识的考核要点

一、选择题

考核试题1：

功率放大器的效率是指(　　)。

(A)输出功率与输入功率之比

(B)输出功率与电源功率之比

(C)最大不失真功率与电源供给功率之比

(D)功率晶体管消耗功率与电源消耗功率之比

解答　C

解析　功率放大器的效率是指最大不失真功率与电源供给功率之比。

考核试题2：

在一个音箱中将一只阻抗为8Ω的扬声器与4Ω的扬声器并联其音箱的阻抗为(　　)。

(A)3Ω　　　　(B)2.67Ω

(C)12Ω　　　　(D)3.2Ω

解答　B

解析　两只扬声器的阻抗分别为R_1、R_2，并联后的阻抗为R，则：

$\dfrac{1}{R}=\dfrac{1}{R_1}+\dfrac{1}{R_2}$，经计算可得，扬声器并联后的阻抗为$2.67\Omega$。

考核试题3：

一音箱中有两只16Ω扬声器并联，功放的最大输出电压为48V，音箱的功率为(　　)。

(A)48W　　　　(B)3W

(C)288W　　　　(D)248W

解答　C

解析　两只16Ω扬声器并联后的阻抗为8Ω，根据音箱的功率$P=IU=U^2/R$，可知，音响的功率为288W。

二、填空题

考核试题 1：

声音的三要素包括_____、_____、_____。（参考答案：声调、响度、音色、频率、相位）

解答 声调、响度、音色

解析

(1)声调(pitch 音调)。声调的高低主要是由频率的高低决定,频率高的声音被称为高音,频率低的声音被称为低音。人的耳朵所能感知的范围一般为 20Hz～20kHz。

(2)响度(Loudness)。响度就是声音的大小,人耳对声波的感觉决定于声波对人耳鼓膜的刺激强弱,刺激强的声音就是大的声音(强音),刺激弱的声音就是小的声音(弱音)。

(3)音色(Timbre)。所谓音色,是指两个声音的大小和音调相等的情况下,其声音有不同感觉的时候,这种声音上的不同被称为音色。

考核试题 2：

音响设备的三项技术指标是指_____、_____、_____。（答案选择：频率特性、失真度、动态范围、效率）

解答 频率特性、失真度、动态范围

解析 音响设备的频率特性、失真度、动态范围是三项重要的技术指标,是决定音响设备性能的关键。

考核试题 3：

数字信号处理集成电路通常简称为_____。（答案选项：DSP、CPU）

解答 DSP

解析 数字信号处理集成电路通常称为 DSP 电路,该类集成电路通常为贴片式的大规模集成电路。

例如,图 6-1 所示为组合音响中 CD 数字信号处理集成电路 MN66271RA 的实物外形及引脚功能。

(a)

图 6-1　数字信号处理集成电路 MN66271RA 的实物外形及引脚功能

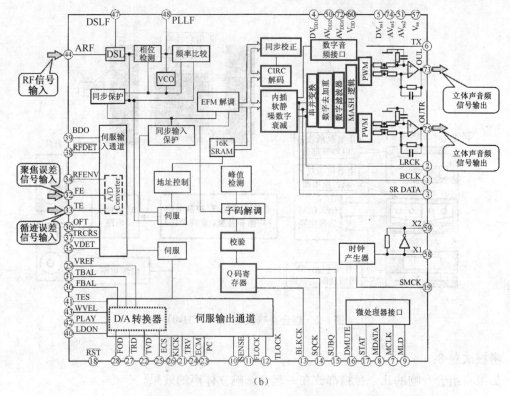

(b)

图 6-1 数字信号处理集成电路 MN66271RA 的实物外形及引脚功能(续)

(a)CD 数字信号处理集成电路 MN66271RA 的实物外形

(b)CD 数字信号处理集成电路 MN66271RA 的引脚功能

三、判断题

考核试题 1：

组合音响设备是一种将多种音响的功能单元组合成一个整体,实现对各单元统一控制、动作协调一致的音响设备。（ ）

解答 正确

解析 组合音响设备是将多种音响产品组合成一套统一控制,动作协调一致的音响设备。例如,将收音、录放音、CD 机、功放等组合为一体的音频设备被称为组合音响设备。图 6-2 所示为典型组合型音响设备,与单一的音响产品不同,最主要的特点是统一由控制电路进行控制,共用电源电路、共用音量、音调调整电路、音频功率放大器和音箱等。

考核试题 2：

AV 功放与组合音响的主要区别之一是它具有视频信号处理电路。（ ）

解答 正确

解析 AV 功放是音频和视频信号处理电路,音频信号处理电路是它的主要组成部分,组合音响只是多种音响设备的组合。

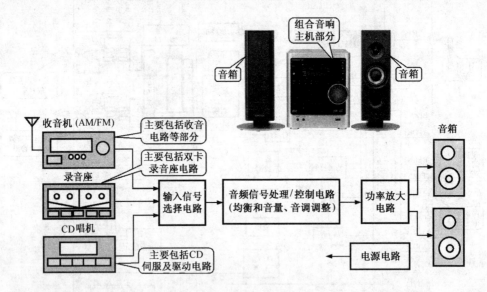

图 6-2　组合音响设备(松下 CH40)

考核试题 3：

如果将组合音响的几个音箱都放在一起会影响立体声的效果。（　）

解答　正确

解析　音箱的摆放要求有一定的空间距离,使播放的音场具有空间感,才能体现出立体声的效果。

考核试题 4：

DTS 系统是一种双声道音响系统。（　）

解答　错误

解析　DTS 是指数码影院音响系统。

考核试题 5：

虚拟环绕声（VDS）和（SRS）都是四声道环绕声。（　）

解答　错误

解析　虚拟环绕声（VDS）和（SRS）系统均是用双声道音箱实现多声道环绕声的效果。杜比环绕声系统通常是四声道环绕声。

考核试题 6：

扬声器和耳机的作用都是将声能转换成电能,其基本工作原理大致相同。（　）

解答　错误

解析　扬声器和耳机的作用均是将电能转换成声能。

6.2 组合音响实用知识的考核要点(结构和原理)

一、选择题

考核试题1：

组合音响一般由( )组成。

(A)机顶盒、录音座、音箱

(B)MP4、CD 唱机、音箱

(C)监视器、录音座、CD 唱机、音箱

(D)节目源设备、信号处理和放大设备、音箱

解答 D

解析 组合音响设备中不带有机顶盒、MP4、监视器，通常由 FM/AM 收音机、CD 机、录放音机等节目源设备组合而成，共用音频信号处理和功放部分，均由音箱输出声音。

考核试题2：

下列不属于组合音响中的公共电路部分的是( )。

(A)电源电路 (B)系统控制电路

(C)功放电路 (D)收音电路

解答 D

解析 电源电路、功放电路和系统控制电路是组合音响的公共电路部分。

(1)在组合音响中电源电路多采用线性稳压电源电路，是该类电子产品中不可缺少的公共电路之一。电源电路主要是为整个组合音响提供直流电压，具有输出功率大，可靠性高的特点。图 6-3 所示为电源电路在组合音响中的功能示意图。

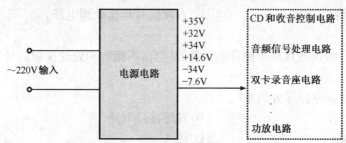

图 6-3 电源电路在组合音响中的功能示意图

(2)系统控制和操作显示电路是组合音响产品中的整机控制电路，主要用于控制各部分电路的启动、切换、显示等工作状态，图 6-4 所示为其结构及功能框图。

(3)组合音响的功放电路是 CD、收音外部输入、录放音部分的共用音频功率放大器，其功能示意图如 6-5 所示。

(4)在组合音响中的收音电路部分专用于接收广播电台节目的电路，与 CD 电路、录音座电路等属于不同的信号通道。

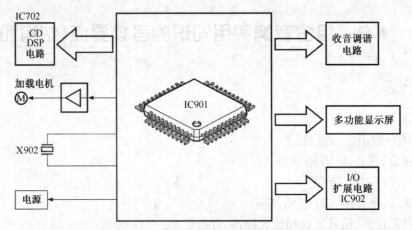

图 6-4　系统控制和操作显示电路方框图

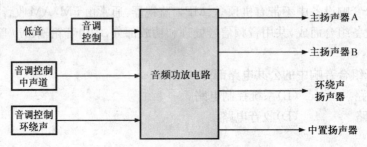

图 6-5　功放电路功能示意图

考核试题 3：

组合音响设备主要是由如下的电路构成,其中哪一项电路是不必要的(　　)。

（A）调频/调幅收音机电路　　　　（B）视频信号处理电路

（C）CD 机电路　　　　　　　　　（D）音频信号均衡处理电路

解答　B

解析　组合音响设备只是多种音响设备的组合,不接收和处理视频信号。

考核试题 4：

如下不属于音频电路部分的是(　　)。

（A）话筒放大器　　　　　　　　（B）音频接口电路

（C）功放电路　　　　　　　　　（D）磁头

解答　D

解析　音频电路一般包括话筒放大器、音频接口电路、音频信号处理电路、音频功率放大器等。

考核试题 5：

如下对组合音响中音频信号处理电路主要功能的解说中哪一项是错误的(　　)。

（A）调整音频电路的频率特性　　（B）控制音量大小

（C）进行数字处理　　　　　　　（D）产生调谐信号

解答　D

解析　在组合音响中,音频信号处理电路是对音频信号进行数字处理以达到满意的音响效果,其中收音信号、CD信号、录放音信号、话筒信号以及由外部输入的音频信号都送至这个电路中进行数字处理,主要进行环绕声处理、调整频率特性、图示均衡处理、音调调整、低音增强等,以提高组合音响的音质效果,不产生调谐信号。图6-6所示为音频信号处理电路的功能示意图。

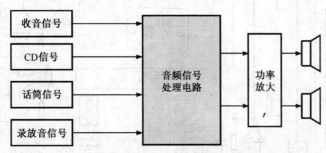

图6-6　音频信号处理电路的功能示意图

考核试题6:

图6-7所示为典型组合音响的CD伺服预放电路,如下哪些不属于IC701的功能(　　)。

(A)RF放大和检测　　　　　　　(B)立体声解码

(C)伺服误差检测　　　　　　　(D)数据限幅(DSL)

解答　B、D

解析　CD伺服预放电路IC701是读取光盘信息的电路。图中,IC701是CD机中处理CD光盘信号的电路,激光头的输出送入IC701中进行RF放大和检测伺服误差检测。IC701⑨脚输出RF信号,㉓脚输出聚焦误差信号,㉔脚输出循迹误差信号。此外激光头中的激光二极管的供电也是由IC701控制的,IC701④脚通过控制Q701为激光二极管供电。IC701中无立体声解码和数据限幅的功能。

考核试题7:

组合音响均衡键的功能是(　　)。

(A)是改变功率放大器输出信号的频率特性

(B)是改变功率放大器的信噪比

(C)是改变功率放大的失真特性

(D)是改变功率放大的动态范围

解答　A

解析　均衡键的功能是改变功率放大器输出信号的频率特性。图6-8所示为典型组合音响中的均衡调整电路部分。图中音频输入信号在IC302中进行切换合成及频率特性的控制,图示均衡放大器中设有6个频段的均衡调整电路。然后进行音量控制(主电位器和副电位器)经过处理后输出。输出的信号经滤波放大器放大后去驱动音频功放。

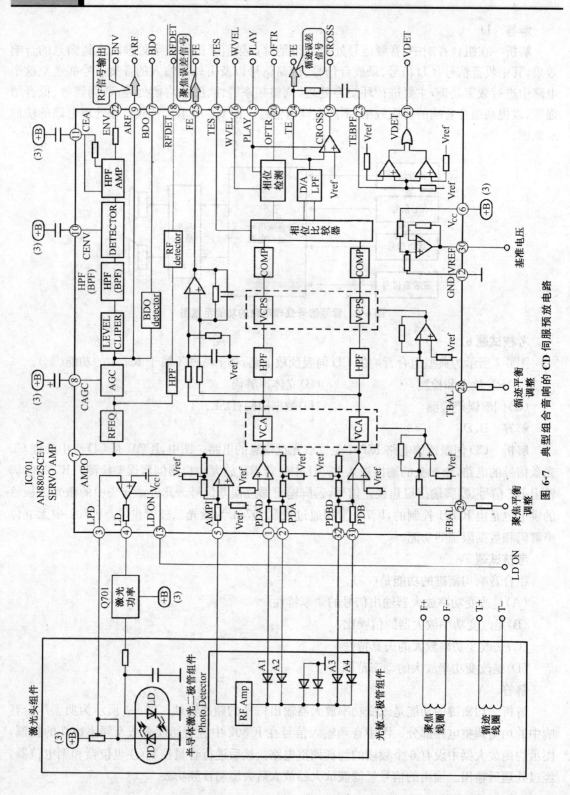

图 6-7　典型组合音响的 CD 伺服预放电路

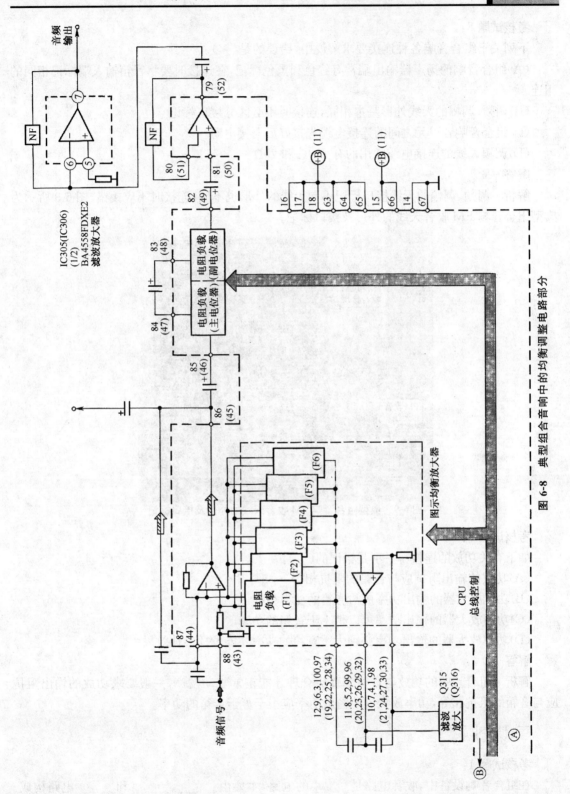

图 6-8 典型组合音响中的均衡调整电路部分

考核试题 8：

下列关于组合音响各种连接要求解说中,错误的是( )。

(A)组合音响的扬声器输出端常有红色和黑色标记,在连接时要将音箱输入端标记相同的相连

(B)调频、调幅的天线外形基本相同,连接时不必区分接口标记

(C)组合音响各单元之间的连接电缆先接好后再接电源

(D)调频天线的连接电缆常用的有 300Ω 和 75Ω

解答 B

解析 调频、调幅的天线接口标记不同天线的外形也不同,连接时不应接错,图 6-9 所示为典型组合音响 FM 收音天线的外形及接口标记。

图 6-9 典型组合音响 FM 收音天线的外形及接口标记

考核试题 9：

如下有关功放的连接哪一项是错误的( )。

(A)功放的输出阻抗应与音箱的阻抗相等

(B)功率放大器的输出功率应与音箱的功率相等

(C)功率放大器的输出功率可以稍小于音箱的功率

(D)功率放大器的输出功率必须大于音箱的功率才能发挥最佳效果

解答 D

解析 组合音响的功放与音箱配置应合理才能正常驱动发声,一般要求功放的输出阻抗应与音箱的阻抗相等,功率放大器的输出功率应小于等于音箱的功率。

二、填空题

考核试题 1：

在组合音响设备中,收音电路是_____的电路,主要由_____、_____和_____电路构成。

（答案选项：接收无线电广播节目、FM 收音电路、FM 调频电路、AM 长波收音电路、AM 中波收音电路、AM 短波收音电路）

解答　接收无线电广播节目、FM 收音电路、AM 中波收音电路、AM 短波收音电路

解析　收音电路是接收无线电广播节目的电路。它主要由 FM 收音电路、AM 中波收音电路、AM 短波收音电路等电路构成。

考核试题 2：

组合型音响设备与单一的音响产品不同，最主要的特点是具有多个音频信号源并由控制电路进行控制，共用＿＿＿＿＿＿、＿＿＿＿＿＿、＿＿＿＿＿＿和＿＿＿＿＿＿等。（答案选项：电源电路、音量/音调调整电路、立体声电路、重低音电路、音频功率放大器、音箱）

解答　电源电路、音量/音调调整电路、音频功率放大器、音箱

解析　组合型音响设备与单一的音响产品不同最主要的特点是各种音源（收音录放音、CD 等）统一由控制电路进行控制，共用电源电路、共用音量、音调调整电路、音频功率放大器和音箱等。

考核试题 3：

组合音响电源电路中的电源变压器主要起＿＿＿＿＿＿作用。

解答　降压

解析　组合音响电源电路中的电源变压器是电源电路中具有明显特征的器件，主要功能是将交流 220V 电压变成多组交流低压，典型组合音响中的电源变压器实物外形如图 6-10 所示。

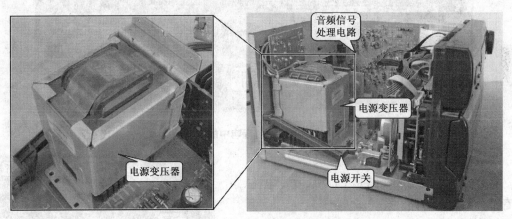

图 6-10　典型组合音响中的电源变压器实物外形

考核试题 4：

组合音响的操作显示屏主要有＿＿＿＿＿＿、＿＿＿＿＿＿和＿＿＿＿＿＿三种方式。（答案选项：LED、LCD、荧光显示器、触摸屏、等离子屏）

解答　LED、LCD 和荧光显示器

解析　操作显示屏主要是用来显示当前用户操作按键的工作状态，当操作按键时，人工指令通过连接插件送入控制电路中进行处理，然后做出相应的动作，同时显示屏的字符也会根据

不同的人工指令显示不同的字符。

常见的组合音响的操作显示屏主要有 LED、LCD 和荧光显示器三种方式。图 6-11 所示为 LED 操作显示屏的实物外形。

图 6-11　操作显示屏的实物外形

三、判断题

考核试题 1：

在组合音响设备的单元电路中,收音电路中调谐和记忆电路仍采用模拟电路。(　　)

解答　错误

解析　组合音响中的收音机电路主要是接收无线电广播节目的电路,有 FM 收音电路、AM 中波收音电路、AM 短波收音电路等,在收音机电路中调谐和记忆电路采用了数字技术。

如果广播节目的播出系统采用数字技术,收音电路的主体电路也可以数字化。图 6-12 所示为典型组合音响中的收音电路部分。

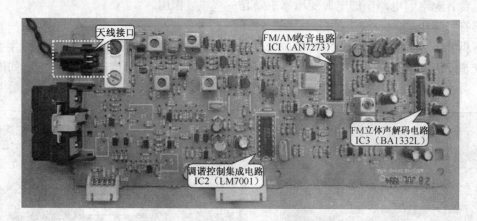

图 6-12　典型组合音响中的收音电路

考核试题 2：

组合音响中的功放电路是 CD 机、收音电路、录放音部分共用的电路。(　　)

解答　正确

解析　组合音响的功放电路是 CD 机、收音电路、录放音部分共用的电路。在组合音响产品中,功放是其中的一个电路单元,主要用于将各音频信号源输出的音频信号进行功率放大。图 6-13 所示为典型组合音响中的功率放大器 SV13101D 实物外形。

图 6-13　典型组合音响中的功率放大器 SV13101D 实物外形

考核试题 3：

组合音响产品的输出接到扬声器(音箱)的信号是模拟信号而不是数字信号。(　)

解答　正确

解析　各种电子产品中的扬声器都是由模拟信号驱动,因此组合音响产品中不论在音频信号处理环节是否进行数字化转换或处理,其输出到扬声器的信号均为模拟信号。

考核试题 4：

组合音响的天线输入端有两个,一个接调幅(AM)收音天线,一个接调频(FM)收音天线,如缺少 FM 天线将收不到调频立体声节目。(　)

解答　正确

解析　FM 天线用于接收调频立体声节目,若缺少 FM 天线则收不到调频立体声节目。

考核试题 5：

组合音响中的功率放大器一般都是定电流输出方式。(　)

解答　错误

解析　组合音响中的功率放大器一般均是定电压输出方式。图 6-14 所示为典型组合音响中的功率放大器电路,由图可知,它是 CD、收音外部输入、录放音部分的共用音频功率放大器。图中 IC501(SV13101D)是音频功放的主要电路,它将两个通道的功率放大电路集成于一体。

来自前级的 RCH、LCH 音频信号送入该功放的⑬、⑪脚,经内部放大后由其①脚和④脚输出。IC501(SV13101D)的②脚、③脚分别为 33.9V 和 −34.4V 供电端,该供电电压正常是功放正常工作的基本条件。

考核试题 6：

组合音响设备处于待机状态时,微处理器和显示器仍处理待机工作状态,仍有微小的功率消耗。(　)

解答　正确

解析　组合音响处于待机状态时,电源电路中的待机电源仍处于工作状态,为微处理器及时钟电路供电、显示时间,并可随时接收遥控信号进行遥控开机,因而会有微小的功率消耗。

考核试题 7：

组合音响设备中收音部分、录放音部分、CD 机部分均制成能独立工作的部件,电源、功率放大器和音箱是它们共用的部分。(　)

解答　正确

解析　组合音响设备由各种音箱设备的组合,其中的收音部分、录放音部分、CD 机部分都是独立工作的部件,它们统一由微处理器控制、由电源供电、由功率放大器放大音频信号,由音箱输出音频信号。

考核试题 8：

组合音响中的录音座由机芯和录放电路构成。(　)

解答　正确

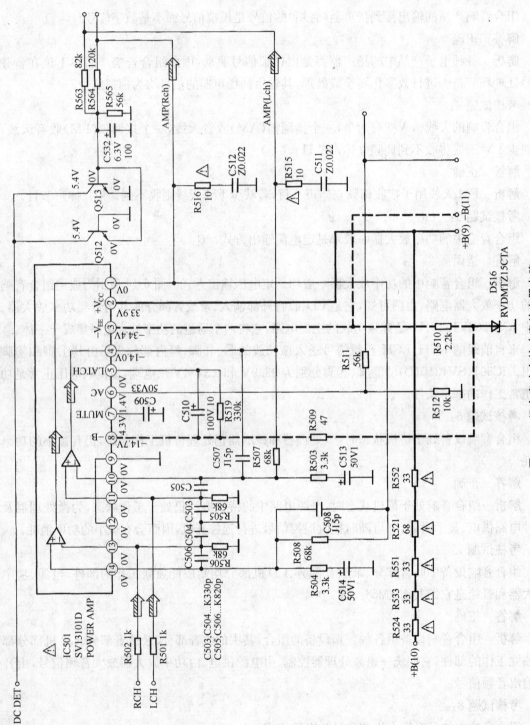

图 6-14　组合音响中的功率放大器电路

解析 录音座由录放音的机芯和录放电路构成,可以进行录音和放音工作,在组合音响中有双卡录音座和单卡录音座两种方式。

四、简答题

考核试题1:

在组合音响设备中,主要有哪些功能和类型的电路?

解答 在组合音响设备中,主要电路可以分为三类:一是作为信号源的电路,它们主要是收音电路、CD播放系统、磁带录放系统、MD录放系统。二是音频信号的切换电路、音频处理电路和系统控制电路,又是各种信号源的衔接电路。三是音频功放、电源供电,是组合音响中的公共电路。

解析 组合音响的整机电路结构方框图参见图6-2。

考核试题2:

在组合音响的CD信号处理电路中,主要由伺服预放集成电路、数字信号处理电路和伺服驱动集成电路构成,简单说明这三个电路的功能。

解答 伺服预放集成电路主要用于接收由激光头读取的光盘信号(RF),主要完成RF信号的放大、聚焦误差的提取、循迹误差的提取以及激光二极管的供电控制等功能。

数字信号处理电路(DSP)将伺服预放集成电路输出的RF信号和聚焦、循迹误差信号进行处理、D/A变换后输出立体声音频信号,同时对主轴伺服和进给伺服信号进行处理,经处理后形成的控制信号分别送至伺服驱动集成电路。

伺服驱动集成电路主要用于放大控制聚焦线圈、循迹线圈、主轴电机、进给电机的信号。

解析 CD信号处理电路主要是用于处理CD机部分的核心电路,通常包括伺服预放集成电路、数字信号处理电路(DSP)和伺服驱动电路等部分。图6-15是典型组合音响中CD机芯信号处理电路板的实物外形,激光头将读取的光盘信息送到该电路板,分别进行数据信息和伺服误差信息的处理。

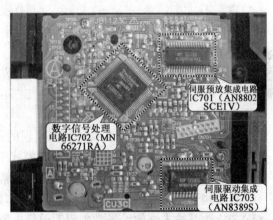

图6-15 典型CD伺服和数字信号处理电路的实物外形

▶ 6.3 组合音响检修技能的考核要点

一、选择题

考核试题1:

组合音响设备FM收音无声,录放音和CD播放均正常,主要应查哪一部分( )。

(A)查电源供电　　　　　　　　(B)查音量和均衡调整

(C)查 FM 收音电路　　　　　　　(D)音箱的连接

解答　C

解析　应查 FM 收音电路。在很多组合音响中的收音电路采用数字调谐方式,采用该方法可以实现自动调谐,准确度高。当该电路出现故障时,将直接导致用户在使用收音机时无声音输出,FM/AM 收音状态下无声音或存在噪音等现象。

由于 FM 收音、录放音、CD 机等属于组合音响不同的信号源,它们可以构成独立的设备,共用控制、功放、电源和音箱等电路,若上述所有的音源播放均不正常,则应检查公共电路部分,若只有一个音源不正常,其他均正常,则说明公共电路部分正常,应对不正常的通道单独进行检测。

考核试题 2:

组合音响收音、录放音均正常,只是有些光盘不能读应查(　　)。

(A)功能开关　　　　　　　　　(B)功率放大器

(C)电源电路　　　　　　　　　(D)光盘是否不良,激光头是否有污物

解答　D

解析　组合音响收音、录放音均正常则说明其公共电路部分正常,有些光盘不能读取,则应重点监测 CD 机部分,重点对激光头和光盘本身进行检测。

考核试题 3:

组合音响播放录音带时声音发生颤抖,原因大多是(　　)。

(A)磁头不洁　　　　　　　　　(B)放音放大器增益降低

(C)音量音调控制电路失常　　　　(D)主导轴电机或机芯不良

解答　D

解析　组合音响播放录音带时能够发声,则说明其基本的信号处理和输出电路正常,声音出现颤抖故障,多为主导轴电机转速不稳或机芯不良引起。

考核试题 4:

下列关于音频功率放大器的检修解说错误的是(　　)。

(A)音频功率放大器损坏后组合音响各模式下均无声

(B)音频功放无输出应先查电源供电是否正常

(C)若检测音频功率放大器的输入端无信号,则说明音频功率放大器本身损坏

(D)若检测其输入端信号异常则说明前级电路异常

解答　C

解析　音频功率放大器是组合音响中将音频信号进行功率放大的公共处理电路部分,若发生故障时,则会造成组合音响各种模式下均无声的故障。

通常,判断功率放大器是否正常需首先检测其工作条件,即供电电压,若输入信号正常,无供电条件,音频功率放大器也不工作。

若供电条件正常,输入信号正常,而仍无输出则多为音频功率放大器损坏。

若输入信号异常,则表明音频功率放大器的前级电路异常,应先排查前级电路故障。

例如,一只型号为 SV13101D(IC501)的功放器件,该芯片的②、③脚为电压供电端,分别输入 33.9V 和-34.4V 的供电电压;⑪、⑬脚为音频信号输入端;①、④脚为音频信号输出端。检测时,若供电及输入信号正常,而无输出信号时,则说明该电路已损坏,需更换,其检测方法如图 6-16 所示。

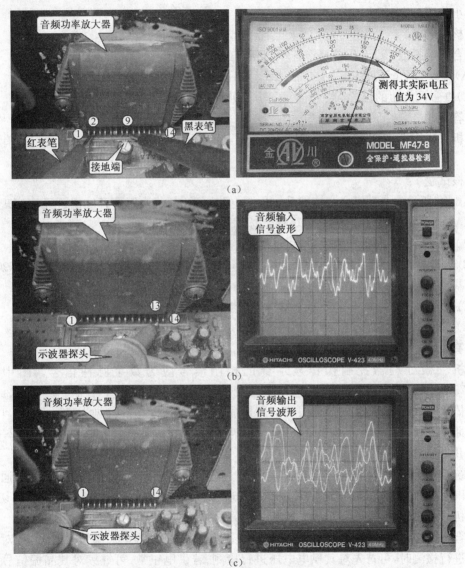

图 6-16 型号为 SV13101D(IC501)的功放器件的检测方法
(a)音频功率放大器供电电压的检测 (b)音频功率放大器输出端信号的检测
(c)音频功率放大器输出端信号的检测

考核试题 5:

组合音响设备收音、录放音和CD播放无声,但显示和操作都正常主要应查哪一部分( )。

(A)查功能切换开关　　　　　　(B)查音量调整旋钮是否旋到最小

(C)查 FM 接收天线是否连接正确　　(D)查调谐键是否正常

解答　B

解析　组合音响设备显示和操作都正常说明其进行控制及处理的相关公共电路均正常，由于该故障表现为所有节目源播放均无声，则应检查组合音响是否处于静音或音量调整旋钮旋到最小位置。

考核试题6：

组合音响播放 CD 音乐节目声音不明亮，有沉闷感应查（　　）。

(A)查左右平衡调整钮　　　　　　　(B)查输入信号选择键

(C)查音调旋钮的位置　　　　　　　(D)查音量旋钮的位置

解答　C

解析　决定声音明亮的主要因素为音调，若音调偏低则会出现声音不明亮，有沉闷的现象。

考核试题7：

图 6-17 所示为典型组合音响的系统控制电路原理图，若该组合音响出现无法实现收音调台、FM/AM 的切换、显示屏无显示等故障时，下列解说错误的是（　　）。

(A)芯片 IC901 的⑦③脚为 4.9V 供电端，只有该电压正常，芯片才有可能正常工作

(B)两只晶体 X901、X902 与其 IC901 内部的振荡电路构成晶体振荡器，也是 IC901 正常工作的基本条件之一

(C)微处理器控制操作显示屏的控制信号为模拟信号

(D)IC901 为微处理器芯片

解答　C

解析　微处理器控制操作显示屏的控制信号应为数字脉冲信号。图中，IC901（M38173M6262）是控制微处理器，它分别对收音电路和 CD 部分进行控制。其㉘～㉛脚外接两只晶体 X901、X902 与其内部的振荡电路构成晶体振荡器；㊼～㉒脚为显示驱动接口部分，输出脉冲控制信号控制显示屏显示信息；⑦③脚为 4.9V 供电端；⑦⑧～⑧⓪脚为键控信号输入端；㉗脚为其复位端。

系统控制电路是对组合音响中的各种电路进行控制的电路，该电路出现故障时，通常会导致 CD 和收音机等部分出现故障。其主要表现通常为无法实现收音调台、FM/AM 的切换、CD 与收音机显示内容的切换、显示屏无显示等相关故障。

组合音响中的主要控制信号都是由系统控制电路中的微处理器芯片输出的。在对微处理器芯片进行检测时，可首先对其供电电压进行检测，若供电正常，可继续对其晶振信号和复位信号进行检测，以上三个检测点是微处理器芯片处于工作状态的基本条件。当以上工作条件均正常时，可由示波器对该芯片其他引脚输出的控制信号进行检测，若无信号输出则表明该电路已损坏，需更换。

考核试题8：

关于组合音响中电源电路的检测，下列解说错误的是（　　）。

(A)用万用表电阻挡检测熔断器时，正常其阻值接近零欧姆

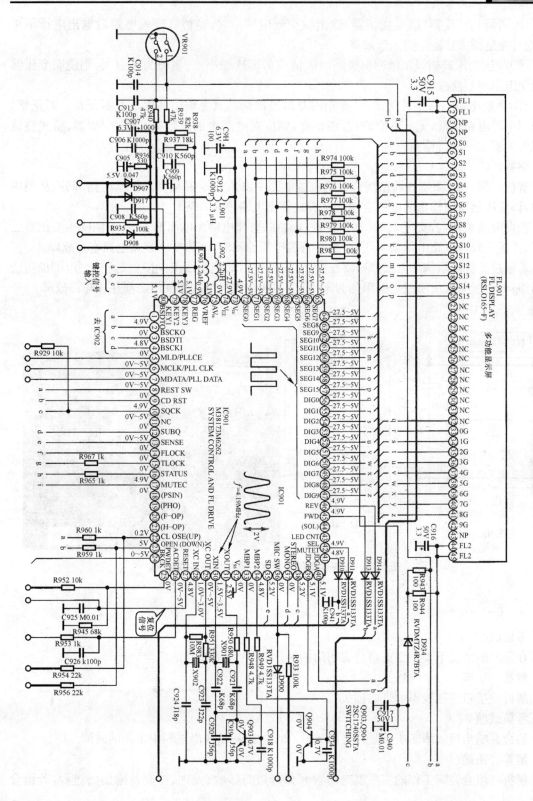

图6-17 典型组合音响的系统控制电路图

(B)若降压变压器(电源变压器)输出端交流电压正常,经桥式整流电路后输出电压不正常,则可能是桥式整流电路出现故障

(C)降压变压器初级绕组两引脚间的阻值应为零或很小,若阻值为无穷大,则说明变压器初级绕组出现短路故障

(D)判断电源电路是否正常,可首先用万用表检测其直流输出的电压是否正常。若正常,则表明电源电路正常,无需再检测;若不正常,则应对电路中的熔断器、降压变压器、桥式整流电路等主要元件进行检测

解答　C

解析　图 6-18 所示为典型组合音响电源电路中降压变压器及桥式整流电路部分,从图中可知,该变压器次级输出的电压直接送至桥式整流电路中。

根据电路关系,若交流 220V 输入正常,而桥式整流电路无电压输入时,表明降压变压器已损坏;若桥式整流电路电压输入正常,而无直流电压输出时,多为桥式整流电路本身故障。

若通过检测电阻值的方法判断降压变压器的好坏,如绕组线圈间阻值趋于无穷,则说明绕组断路;若初级与次级绕组之间阻值为零,则说明初级绕组与次级绕组之间存在短路故障。

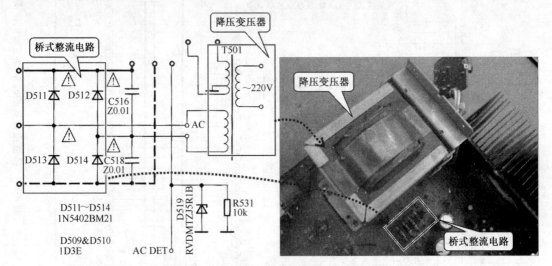

图 6-18　电路板上的降压变压器与电路对照图

二、判断题

考核试题 1:

在带电的情况下不要变更组合音响后面的连线,否则有短路的危险。(　)

解答　正确

解析　接口连接线不可带电插拔

考核试题 2:

组合音响出现故障实质就是声音的接收、处理、控制及输出过程中出现的故障。(　)

解答　正确

解析　组合音响工作的实质就是对音频信号进行接收、处理、控制及输出的过程,若组合

音响工作异常,最直观的现象就是无声、声音异常等。

考核试题3:

若CD机无法读取光盘时一定是CD伺服电路损坏。(　)

解答　错误

解析　组合音响中的伺服预放电路是读取光盘信息的电路。伺服预放集成电路主要用于接收由激光头送来的光盘信号,主要完成RF信号的放大、聚焦误差的提取、循迹误差的提取以及激光二极管的供电控制等功能。

若CD伺服电路发生故障会使主轴电机转动失步。聚焦、循迹提取失常主要表现是不读盘,整个机器不能进入工作状态。

但值得注意的是,若所有光盘均无法读取时,可能是CD伺服电路损坏,若只偶尔一张光盘不能读取,多为光盘本身质量问题。

图6-19所示为典型组合音响中的CD伺服电路,正常情况下,该电路⑨脚输出 RF 信号,

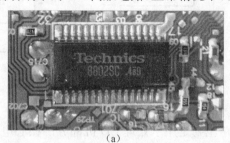

(a)

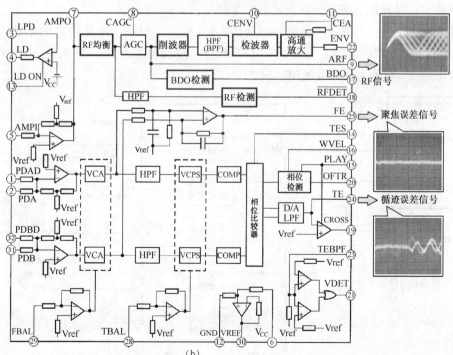

(b)

图6-19　典型组合音响中的CD伺服电路

(a)伺服预放电路IC701(AN8802SC)的实物外形　(b)伺服预放电路IC701(AN8802SC)的引脚功能

㉕脚输出聚焦误差信号,㉔脚输出循迹误差信号。在对该电路进行检测时,可首先对其⑥脚＋5V供电电压进行检测,当供电正常时,可检测其上述输出的三个关键信号波形,若无信号输出则表明该电路已损坏,需更换。

考核试题4:

图6-20所示为组合音响中CD机信号处理电路的工作流程框图,其中任何一个部分不良都可能引起CD不能正常播放。( )

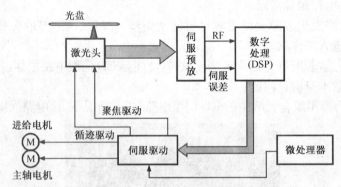

图6-20　CD信号处理电路各部分关系图

解答　正确

解析　CD信号处理电路主要是用于处理CD机部分的核心电路,通常包括伺服预放集成电路、CD数字信号处理电路和伺服预放电路等部分。

若该电路中的进给电机或主轴电机不动作,首先检查伺服驱动电路输出的驱动信号是否正常。CD伺服驱动集成电路主要用于输出控制聚焦线圈、循迹线圈、主轴电机、进给电机等的驱动信号,图6-21所示为该部分的功能示意图。

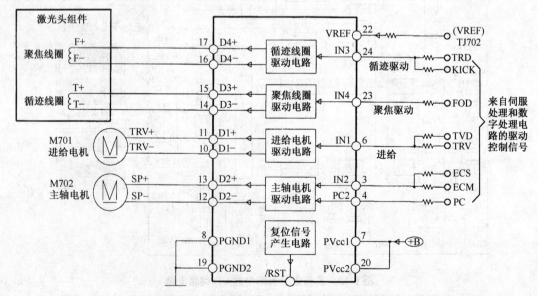

图6-21　CD机伺服及驱动电路的功能示意图

对于伺服驱动电路输出的四组驱动信号进行检测并判断是否正常。即检测、进给电机驱动信号、主轴电机驱动信号、循迹线圈驱动信号和聚焦线圈驱动信号,如图 6-22 所示。

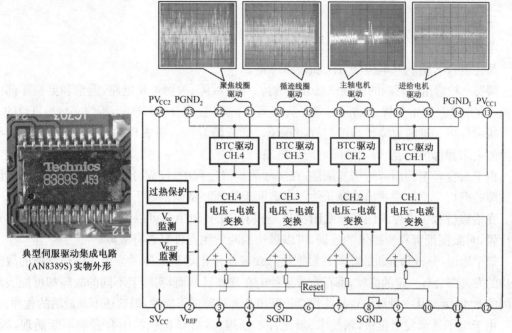

典型伺服驱动集成电路
(AN8389S)实物外形

伺服驱动集成电路AN8389S的引脚功能及输出的信号波形

图 6-22 CD 机伺服驱动电路输出驱动信号的检测

考核试题 5:

使用示波器检测组合音响中的音频信号,可有效快速地查找到故障点。( )

解答 正确

解析 组合音响各个电路主要完成对音频信号的处理,使用万用表检测电压的方法很难判别实测电压值是否正常,而使用示波器检测信号波形,能够从示波器的显示屏上直观地看到波形是否正常,例如图 6-23 所示为使用示波器检测组合音响立体声解码器输出引脚的信号,从该信号波形不难看出,该立体声解码器芯片输出正常,则该芯片本身及其前级电路工作均正常。

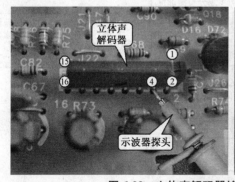
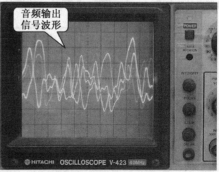

图 6-23 立体声解码器输出引脚信号波形的检测

若顺信号流程对电路中元件进行逐一排查时,信号消失的地方即为主要的故障线索,然后在此基础上进一步检修和判断,很容易锁定故障点排除故障。

三、简答题

考核试题1:

简述组合音响的基本检修方法和检修思路。

解答　检修组合音响的过程就是分析故障、推断故障、检测可疑电路、调整和更换零部件的过程。在整个过程中分析、推断和检测故障是重要一环,没有分析和推断,检修必然是盲目的。

所谓分析和推断故障就是根据故障现象。即故障发生后所表现的症状,推断出可能导致故障的电路和部件,初步确定故障的产生电路。

由于组合音响的内部结构复杂性,在实际的检修过程中,仅靠分析和推断还不能完全诊断出故障的确切位置。要找出故障元件还要借助于检测和试调整等手段。

在检修过程中电原理图和布线图往往是很有用的,利用它可以迅速找到需要检测的元器件位置,对照图纸资料所提供的数据,可以很快判断所测元件是否有故障。

简单地说,分析和推断故障就是根据故障现象揭示出导致故障的原因。每种电路的故障或机构的失灵都会有一定的症状,都存在着某种内在规律。然而,实际上不同的故障却可能表现出相同的形式,因此从一种故障现象往往会推断出几种故障的可能性,但这还不是最后的程序。

由于电子技术发展很快,新技术、新元件不断推出,各具特色的组合音响不断涌现,因此,要求维修者不但要熟悉和掌握组合音响的基本原理和基本电路结构,而且要不断地学习新技术,了解新电路的结构特点,摸索其故障规律。

解析　组合音响的基本检修程序如图6-24所示。

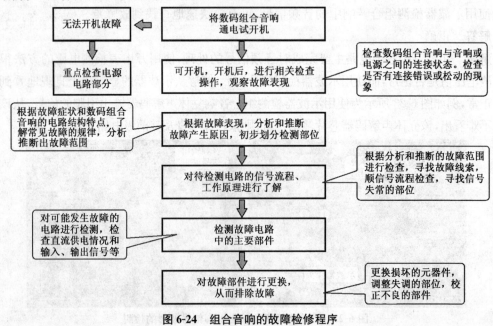

图6-24　组合音响的故障检修程序

考核试题2：

试写出数码组合音响出现收音无声音，CD、录放音均正常故障的故障分析过程和检修部位。

解答 当收听广播时，组合音响的收音机无声音输出，而在播放CD或磁带时，组合音响有声音输出。通过上述故障现象，可判断该组合音响中处理音频信号的公共通道部分正常，应针对收音电路部分进行检测。

在组合音响中，电路包括收音电路和音频信号处理电路。维修时，应着重从以上两个电路入手。一般检修前需要首先确认收音天线连接是否正常、组合音响是否正确切换到收音状态，接着可顺信号流程，从输出端向前级电路逐步检测。

实际检测时，重点对集成电路的工作条件，输入和输出信号进行检测。

若实测输出正常则表明该集成电路及前级电路均正常；

若实测输出不正常，则检测该集成电路输入及工作条件；

若集成电路输入及工作条件均正常，而无输出，则表明该集成电路损坏；

若输入不正常，顺信号流程检测前级电路；

若供电不正常，检测供电引脚外围电路及电源电路。

解析 对上述故障的具体检修方法如图6-25所示。

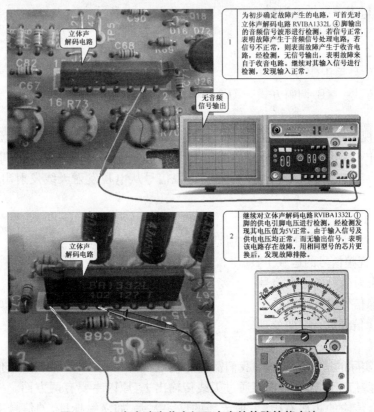

1 为初步确定故障产生的电路，可首先对立体声解码电路RVIBA1332L ④脚输出的音频信号波形进行检测，若信号正常，表明故障产生于音频信号处理电路，若信号不正常，则表面故障产生于收音电路，经检测，无信号输出，表明故障来自于收音电路。继续对其输入信号进行检测，发现输入正常。

2 继续对立体声解码电路RVIBA1332L ①脚的供电引脚电压进行检测，经检测发现其电压值为5V正常。由于输入信号与供电电压均正常，而无输出信号，表明该电路存在故障，用相同型号的芯片更换后，发现故障排除。

图6-25 组合音响中收音机无声音的故障检修方法

 **7.1 普通彩色电视机理论知识的考核要点**

一、选择题

考核试题 1：
一般以显像管作为显像器件的彩色电视机称为显像管电视机，通常简称为（　）。
(A)LCD　(B)CRT　(C)PDP　(D)LED
解答　B
解析　显像管式彩色电视机称为 CRT（Cathode Ray Tube）彩色电视机。
LCD 电视机为液晶电视机；
PDP 电视机为等离子电视机；
LED 电视机为数码管电视机。

考核试题 2：
电视图像信号采用（　）。
(A)调频方式　(B)调幅方式　(C)调相方式　(D)编码方式
解答　B
解析　电视信号主要由图像信号（视频信号）和伴音信号（音频信号）两大部分组成。为了能进行远距离传送，并避免两种信号的互相干扰，在发射台将图像信号采用调幅的方式，伴音采用调频方式调制在射频载波上，形成射频电视信号从电视发射天线发射出去，供各电视机接收。

考核试题 3：
电视信号的发射过程中载波的作用是（　）。
(A)音频、视频信号的运载工具
(B)放大发射信号的导引信号
(C)对音像信号进行编码处理
(D)对音像信号进行解调处理
解答　A
解析　在实际的通信和广播中我们需要传输电视节目、音乐节目和数据信息等等。我们需要传输的这些信息内容不能直接通过天线传输出去，原因主要有两方面。一是语言和图像信号的频率低，传输的距离有限，发射天线的尺寸太大，如 $f=1\text{kHz}$ 的信号用 $\lambda/4$ 的天线发射，λ（波长）＝光速/f＝30 公里，$\lambda/4$＝7.5 公里，显然天线尺寸庞大了；二是大家都把自己需要的声音和图像信号发射到天空中会形成严重的互相干扰而无法正常地传输,因此要采用调制的方式。例如中央电视台有 12 套节目,北京电视台有 8 套节目,每一套节目选择一个载波频率进行调制,也就是选择每个节目信号的运载工具。信号的运载工具被称为载波,载波也是一种无线电信号,具有传输距离远的特性。不同的节目选择不同频率的载波,这样在接收端,希望接收哪套节目,就调谐相应的载波频率即可。收到载波后,再从载波上将运载的节目解调出来就可以收听或收看了。

电视节目的接收过程如图 7-1 所示,天线接收的高频信号经调谐器放大和混频后变成中频信号。中频载波经放大和同步检波,将调制在载波上的视频图像信号提取出来。图像信号经检波和处理,在同步偏转的作用下由显像管将图像恢复出来。音频信号经 FM 解调、低频放大后由扬声器恢复出来。

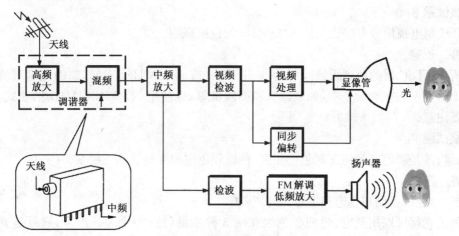

图 7-1 电视节目的接收过程

考核试题 4:
CRT 电视机彩色图像的合成是在( )。
(A)解码电路完成彩色图像的合成
(B)在末级视放完成彩色图像的合成
(C)在电子枪完成彩色图像的合成
(D)在显像管屏幕完成彩色图像的合成

解答 D
解析 彩色图像的合成在显像管屏幕上完成。

考核试题 5:
我国电视技术标准中规定图像中频为 38MHz,伴音中频为 31.5MHz。( )

解答 正确
解析 我国规定中频信号是图像中频为 38MHz,伴音中频为 31.5MHz。

考核试题 6:
PAL 制彩色解码电路的功能是从 PAL 制彩色编码信号中解调出 R−Y、G−Y 和 B−Y

三个色差信号来。（　　）

解答　正确

解析　PAL制彩色解码电路的功能是从PAL制彩色编码信号中解调出R-Y、G-Y和B-Y三个色差信号来。它由色度信号解调（色解码）电路和彩色副载波恢复电路两大部分组成。在现代集成化的PAL制彩电接收机中，都被做在一块芯片上。

考核试题7：

数字电视机接收的广播电视信号的频率范围是48MHz～1GHz。（　　）

解答　正确

解析　数字电视机可以接收地面广播和卫星广播的传输信号，其可接收信号的频率范围是48MHz～1GHz。

考核试题8：

NTSC制电视信号有些也采用4.43MHz的色副载频。（　　）

解答　正确

解析　NTSC制的色副载波频率为3.58MHz（或4.43MHz），PAL制的色副载波频率为4.43MHz，在一些视频设备中，如录像机和影碟机等，也使用NTSC4.43MHz的制式，这在使用时需要注意。

考核试题9：

红、绿、蓝是彩色图像的三基色。亮度、色调和色饱和度是光的三要素。（　　）

解答　正确

解析　亮度、色调和色饱和度是光的三要素。

各种色光都可以用亮度、色调和色饱和度3种参量（特征）来表征出来，这就是光的三要素。色调由光的波长来决定，不同波长的光代表不同的色调。例如，红、橙、黄、绿、青、蓝、紫，分别代表红色调、橙色调、紫色调……不同波长的光有不同的色调，但它们之间也可能互相配合而产生新的色调。例如在红色光中配入少量的绿光，红色调就会起变化。当绿光逐渐加强时，红光就渐渐变成橙色光。当绿光和红光相等时，成为黄色光。亮度是指色光对人们眼睛作用后，人眼所能感到的明暗程度。当色调和色饱和度固定时，把彩色光的能量增强，亮度会增大；把彩色光的能量减小、亮度会降低；色光的能量为零时，则亮度为零。物体的亮度由被反射光的强度决定，反射光的强度大，物体的亮度则大；反射光的强度小，物体的亮度则低。

光的颜色主要由色调和色饱和度决定。在色度信号处理电路中，色调是色度信号相位的反映，而色饱和度是色度信号幅度的反映。

考核试题10：

R、G、B三基色光不能再进行分解。（　　）

解答　正确

解析　自然界中任何一种颜色都可以分解为3种基色光，即红、绿、蓝3色，只不过是三基色的混合比例不同而已。但是，这3种光的其中任何一种颜色都不能由任何其他颜色混合而得到。

二、填空题

考核试题1：

电视信号主要由_____和_____两大部分组成。

解答 图像信号（视频信号）、伴音信号（音频信号）

解析 电视信号主要由图像信号（视频信号）和伴音信号（音频信号）两大部分组成。图像信号的频带为 0～6MHz，伴音信号的频带一般为 20Hz～20kHz。

考核试题2：

我国的射频电视信号分_____和_____两波段。

解答 甚高频（VHF）、超高频（UHF）

解析 我国的射频电视信号分甚高频（VHF）和超高频（UHF）两波段。甚高频段包括 1～12 频道，其中 1～5 频道又称为低频段（即 V_I 或 V_L），频率范围在 50～92MHz；6～12 频道，又称为高频段（即 V_{III} 或 V_H），频率范围在 168～220MHz。超高频段包括 13～68 频道，频率范围在 470～960MHz。

考核试题3：

彩色电视信号的三大制式为_____、_____和_____。我国采用_____制式。

解答 NTSC 制、SECAM 制、PAL 制、PAL 制

解析 电视信号的结构有一个统一的标准，不同的国家和地区有不同的标准，目前世界流行的电视信号标准大体可以分为三种。

NTSC 制，又叫"正交平衡调幅制"，它把三基色信号编码成一个亮度信号和由两个色差信号（R—Y 及 B—Y）组成的色度信号。为了使两者不互相干扰，又把两个色差信号调制在同一色副载波上。为了克服两个色差信号间的干扰，又使它们在调制时使副载波相位相差 90°，这就是"正交平衡调幅制"的命名来由。日美等国采用这种制式。

SECAM 制，又叫"行轮换调幅制"。法国、俄罗斯及其他东欧诸国采用这种制式。

PAL 制，又叫"逐行倒相正交平衡调幅制"。它是在 NTSC 制基础上，又对一个色差信号（R—Y）进行逐行倒相的处理，以克服 NTSC 制的相位敏感性。西欧、英国和我国等采用此种制式。

▶ 7.2 普通彩色电视机实用知识的考核要点（结构与原理）

一、选择题

考核试题1：

关于普通彩色电视机电路结构和功能的解说，下列说法错误的是（ ）。

(A)电源电路一般采用开关稳压电源电路的形式

(B)显像管电路主要是由末极视放电路和显像管供电电路组成

(C)利用行扫描的逆程脉冲通过行回扫变压器进行升压可得到显像管所需的阳极高压

(D)显像管的灯丝电压由场扫描电路提供

解答　D

解析　显像管中的灯丝电压由行电路提供,属于交流电压。

考核试题2:

如下不属于图像中放电路的控制信号的是(　　)。

(A)行回扫变压器输出电压　　　　(B)中放 AGC 电压

(C)高放 AGC 电压　　　　　　　　(D)AFT 控制电压

解答　A

解析　图像中放电路是对中频信号进行放大并完成视频检波和伴音解调任务的电路。它有三种控制信号:(1)中放 AGC 电压。视频检波器输出的视频全电视信号,进入 AGC 检波电路,输出反映中频信号大小的中放 AGC 电压。这个电压控制图像中放电路的增益。使中放增益随着电视信号的强弱自动改变,使输入到视频检波器的信号大小保持在一定范围之内。(2)高放 AGC 电压。图像中放电路的输入信号来自调谐器,中放电路要求这一信号具有合适的电平,不可过高和过低。如实现这一信号的稳定,需提供给调谐器一个电压,以控制高放电路的增益。这个电压即是高放 AGC 电压。它是由中放 AGC 电压与人工调定的高放延迟参考点电压比较产生的控制电压,从中放电路输出到调谐器 RF AGC 端子。(3)AFT 控制电压,即自动频率微调电压。图像中放电路不但要求调谐器送来的图像中频信号幅度适当,而且要求其频率稳定,以保证中频特性曲线稳定,从而保证中放后的电路正常工作。如使中频信号频率稳定,可以用一个反映实际中频与规定中频(38MHz)频率偏差大小的电压(误差电压)来控制调谐器本机振荡电路的变容二极管,自动调整本振频率,以稳定输出的中频。这个电压便是 AFT 控制电压。它由中频载波放大器后的 AFT 移相鉴频电路产生,放大后供给调谐器 AFT 端子或叠加在 VT 端子调谐电压上。在设有微电脑控制器的电视机中,AFT 电压还送至微处理器电路作为电台识别信号,控制其搜索电台的速度或停止搜索。

考核试题3:

如下不属于中频通道的电路部分是(　　)。

(A)视频检波　　　(B)FM 解调电路　　　(C)预中放　　　(D)高频头

解答　D

解析　彩色电视机的中频通道主要用于将调谐器输出的中频信号进行放大后,进行视频检波和伴音解调,输出视频信号和第二伴音中频信号至后级电路中。

考核试题4:

下列关于视频解码电路的解说不正确的是(　　)。

(A)视频解码电路主要完成视频全电视信号的解调,该电路将视频信号解成红、绿、蓝(R、G、B)三基色信号,或是三个色差信号和一个亮度信号

(B)视频解码电路即为亮度、色度处理电路

(C)视频解码电路是分解遥控信号的电路

(D)视频解码电路是处理视频信号的主要电路,也是电视机中的主要信号处理电路

解答　C

解析 彩色电视机的亮度、色度处理电路也叫视频解码电路(亮度信号和色度信号合起来称为视频信号)。其功能是把由视频检波器输出的视频全电视信号解调成红、绿、蓝(R、G、B)三基色信号,或是把三个色差信号和一个亮度提供给显像管。图7-2 所示为亮度、色度信号处理电路的功能方框图。

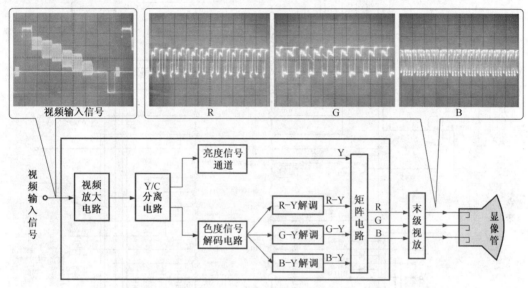

图 7-2 亮度、色度信号处理电路的功能方框图

由图可知,亮度、色度信号处理的总体方案是:把视频图像信号分离成亮度信号和色度信号,然后由两路分别解调。亮度信号形成经放大钳位、延时、对比度等处理后送至矩阵电路;色度信号经解码处理后形成三个色差信号,最后在矩阵电路形成三基色信号,由彩色显像管还原为彩色图像。

考核试题5:

图 7-3 是采用 TDA8843 芯片的视频信号处理电路,下列对该电路功能的解说错误的是( )。

(A)集成电路 TDA8843 的㊳脚输出视频信号,送至显像管电路

(B)集成电路 TDA8843 的⑱、⑳、㉑脚输出 B、G、R 信号,送至显像管电路

(C)集成电路 TDA8843 的㊽、㊾脚为中频信号输入端

(D)电路中 Z333、Z334 为第二伴音吸收电路

解答 A

解析 图中采用集成电路 TDA8843 作为视频信号处理电路芯片,该芯片属单片集成电路,该电路的信号流程如图 7-4 所示。

由调谐器输出的中频信号经 TDA8843 的㊽、㊾脚送到集成电路,在集成电路中进行中放、同步检波,由⑥脚输出检波后的视频图像信号,其中还包括第二伴音信号。⑥脚的输出经 V302 缓冲放大后分成两路,一路经第二伴音吸收电路 Z333、Z334 后,消除第二伴音中频的干扰,再经 V304 放大后,再由⑬脚送回集成电路。

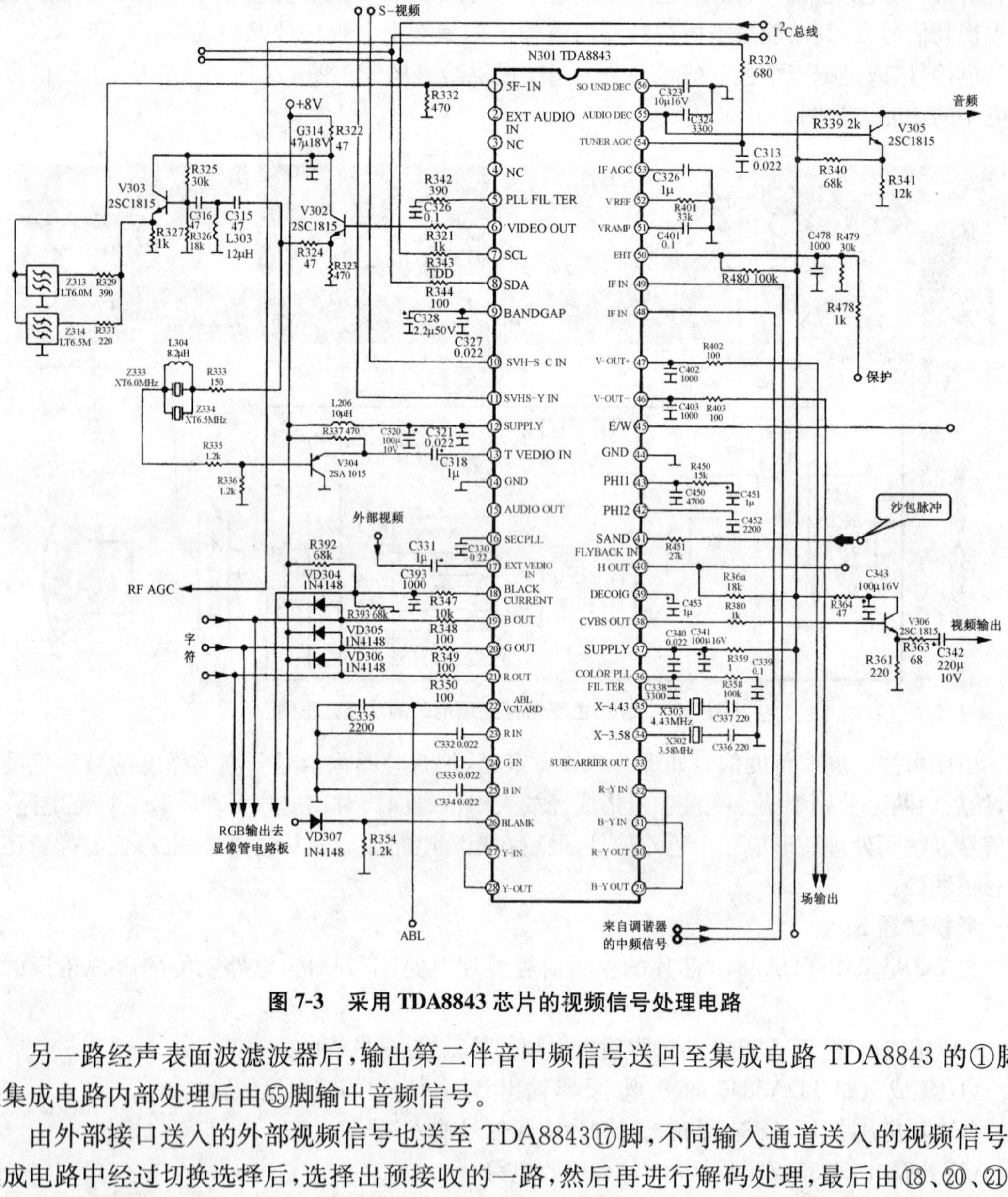

图 7-3 采用 TDA8843 芯片的视频信号处理电路

另一路经声表面波滤波器后，输出第二伴音中频信号送回至集成电路 TDA8843 的①脚，经集成电路内部处理后由(55)脚输出音频信号。

由外部接口送入的外部视频信号也送至 TDA8843⑰脚，不同输入通道送入的视频信号在集成电路中经过切换选择后，选择出预接收的一路，然后再进行解码处理，最后由⑱、⑳、㉑脚输出 B、G、R 信号。

考核试题 6：

彩色电视机的解码是指(　)。

(A)对色度信号进行解码的电路　(B)对亮度信号进行延迟的电路

(C)对音频信号进行解调的电路　(D)对同步信号进行变频的电路

解答　A

解析　彩色电视机的解码电路主要是指对色度信号进行解码，解调出 R－Y、G－Y 和 B－

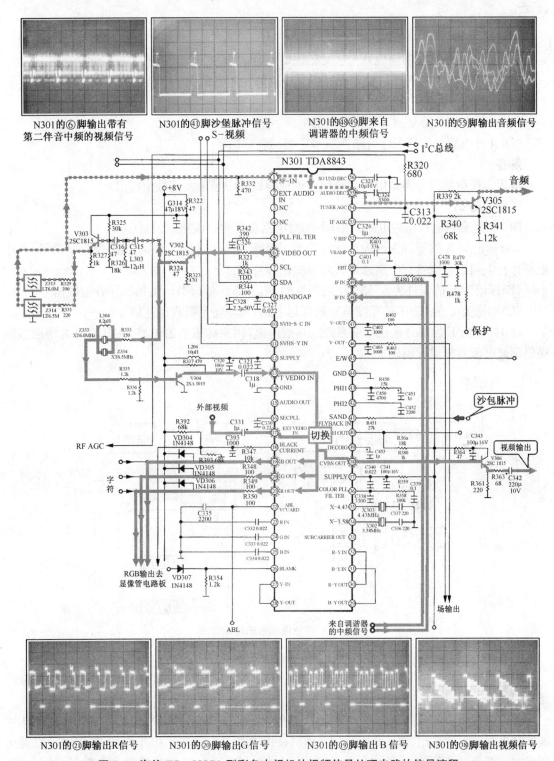

N301的⑥脚输出带有
第二伴音中频的视频信号

N301的㊶脚沙堡脉冲信号

N301的㊽㊾脚来自
调谐器的中频信号

N301的㊺脚输出音频信号

N301的㉑脚输出R信号

N301的⑳脚输出G信号

N301的⑲脚输出B 信号

N301的㊳脚输出视频信号

图 7-4 海信 TC—2985A 型彩色电视机的视频信号处理电路的信号流程

Y 三个色差信号。

考核试题 7：

如下对彩电各部分的解说哪一项是错误的（　　）。

(A)调谐器是放大射频信号并把它变成中频信号的电路

(B)中频放大器的功能是放大中频信号

(C)视频检波电路是搜索电视节目的电路

(D)伴音电路是从第二伴音中频信号中解出音频信号

解答　C

解析　视频检波电路是用于将视频全电视信号从中频载波信号中检出。

考核试题 8：

图 7-5 是彩色电视机的电路框图,下列对电路功能的解说错误的是（　　）。

(A)标记为 A 的器件为声表面波滤波器,其功能是从高频头中提取出图像中频信号(其中包括伴音中频),它应具有中频通道所需要的幅频特性

(B)标记为 B 的器件为 6.5MHz 的陷波器,用于滤除 6.5MHz 的第二伴音中频信号

(C)标记为 C 的 L301 是亮度信号的延迟电路,其功能是吸收亮度信号

(D)标记为 E 的部分是正温度系数的热敏电阻,用来构成消磁电路,在开机时为消磁线圈提供消磁电流对显像管消磁

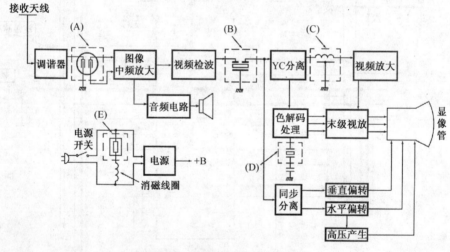

图 7-5　彩色电视机的电路框图

解答　C

解析　选项 C 中,标记为 C 的部分是延迟电路,功能是延迟亮度信号,以便与色度信号的延迟时间相一致。

不论电视机中的电路结构如何变化,电路单元如何集成,各单元电路之间必须协同工作才能实现电视节目的输出,图 7-6 所示为普通电视机中各单元电路的相互关系,从图中可以看出正常时各部分电路的输入、输出信号波形,这些波形可作为检修时的重要参考数据,只有这些

信号均正常,电视机才可正常工作。

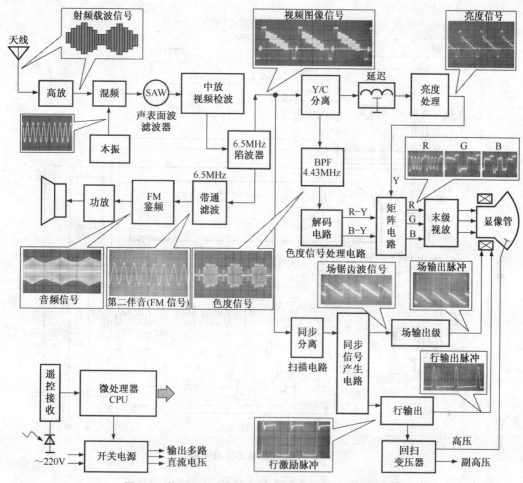

图 7-6 普通彩色电视机中各单元电路之间的相互关系

调谐器输出的中频信号,经过滤波(绝大部分用声表面波滤波器 SAW,它主要提供通道的幅频特性)后输入到图像中频处理单元电路。首先把中频信号放大,然后对其进行视频检波得到视频全电视信号。这一信号中除含有图像信号外,还包括有第二伴音中频信号,该信号是由 38MHz 图像载频与 31.5MHz 伴音中频差频后形成的 6.5MHz 的新伴音中频信号,即第二伴音中频信号。

视频信号将分成为两路被处理。

一路经过 6.5MHz 带通滤波器,提取出 6.5MHz 的第二伴音中频信号(调频的),经过伴音中放,限幅电路和鉴频器后得到伴音音频信号。

另一路,经过 6.5MHz 的陷波器,吸收掉 6.5MHz 伴音信号,取出 0~6MHz 的视频全电视信号。

考核试题 9:

图 7-7 所示为典型彩色电视机的伴音电路音频信号处理电路部分,下列关于电路功能的解

说中错误的是(　　)。

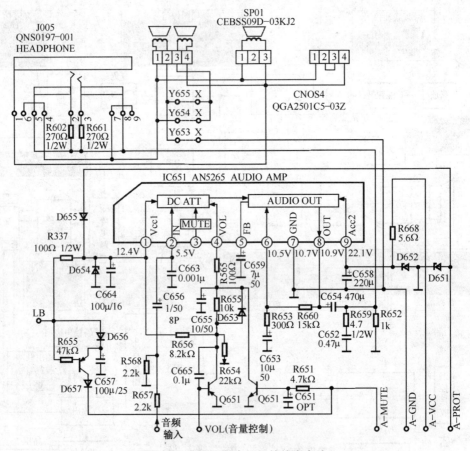

图7-7　典型彩色电视机的伴音电路

(A)AN5265为音频功率放大器,用于放大音频信号的功率

(B)AN5265的②脚为音频信号输入端

(C)AN5265的④脚为音量控制端

(D)AN5265的⑥脚为音频信号输出端

解答　D

解析　选项D错误,AN5265的⑧脚为音频信号输出端。⑥脚为负反馈信号的输入端。

　　彩色电视机的伴音电路相对比较简单,通常是由音频信号处理集成电路、音频功率放大器、扬声器等元件构成,如图7-8所示,其整个处理过程为,由电视信号处理电路输入的音频信号送往AV/TV切换开关、由外部AV接口输入的音频信号也送到AV/TV切换开关,两路信号经切换开关进行选择后,选择其中一路输出送到音频信号处理集成电路,经音频信号处理集成电路处理后,再经音频功率放大器放大后去驱动扬声器。

考核试题10:

具有遥控功能的彩色电视机实现遥控功能的核心电路是(　　)。

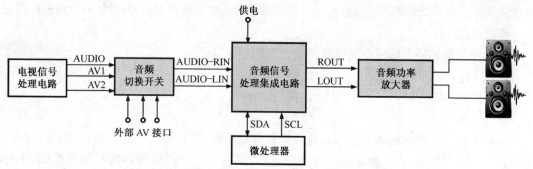

图 7-8 新型彩色电视机音频信号处理电路的原理简图

(A)以微处理器为中心的控制电路

(B)开关电源电路

(C)调谐接收电路

(D)扫描电路

解答 A

解析 微处理器又称CPU,是系统控制电路的核心,如图7-9所示。它可接收人工指令,也

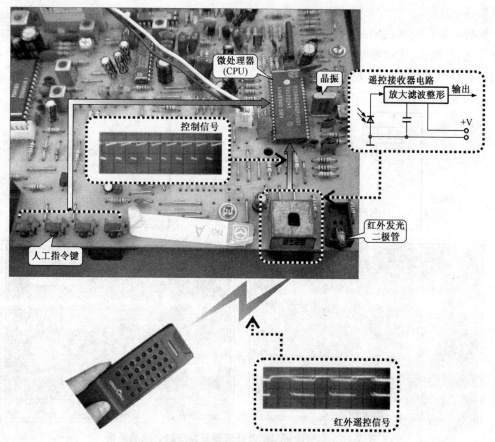

图 7-9 普通彩色电视机中微处理器的功能特点

可接收遥控指令。微处理器通过对指令的识别将其转换成各种控制信号,对各种电路进行控制。

考核试题 11:

微处理器与其他大规模集成电路的重要区别是( )。

(A)具有分析和判断功能　　　(B)处理数字信号

(C)集成度高　　　　　　　　(D)消耗功率小

解答　A

解析　微处理器对输入的信号具有分析和判断功能,可对输入的传感信号(温度、过压、过流等信号)、数据信号、人工指令信号等,并具有对这些信号进行分析和判断的功能,属于智能化大规模集成电路。

考核试题 12:

下列关于彩色电视机中存储器的功能解说错误的一项是( )。

(A)彩色电视机中的存储器是用来记忆所调谐的频段、频道和亮度、色度、对比度等状态数据的

(B)彩色电视机的存储器也可以存储射频信号

(C)彩色电视机的存储器是一种非挥发型可改存储器

(D)彩色电视机记忆的数据内容关断电源后也不会消失

解答　B

解析　彩色电视机中的存储器是一种不挥发型的可读写存储器,彩色电视机进行频段、频道和亮度、色度、对比度等状态数据调整后,由微处理器自动将这些数据存储到存储器中,以便关机后再开机不必重新调整。

微处理器与存储器之间的关系如图 7-10 所示。

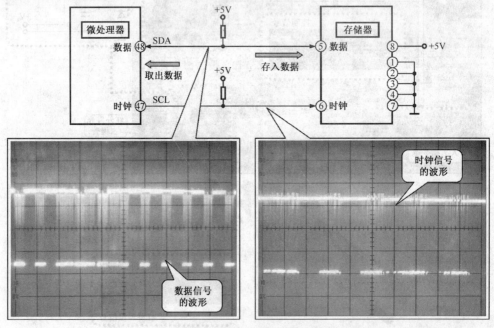

图 7-10　彩色电视机中微处理器与存储器之间的关系

存储器主要记忆的数据如下：

几十种节目的位置（BT、频段）、AFC 通/断、伴音中频、SKIP（跳选）、彩色制式、字符位置、音量、RECALL（重显）、电源、色饱和度、色调、亮度、对比度、清晰度、音质、功能、方式等。

考核试题 13：

行激励电路的功能是（ ）。

（A）为行振荡器提供电压 （B）为高压电路提供电源

（C）为行输出晶体管提供行激励信号 （D）为视频电路提供选通信号

解答 C

解析 行扫描电路主要是产生行扫描锯齿波电流的电路，该电路主要包括行激励晶体管、行激励变压器、行输出晶体管、行输出（回扫）变压器和行偏转线圈等部分构成。如图 7-11 所示。

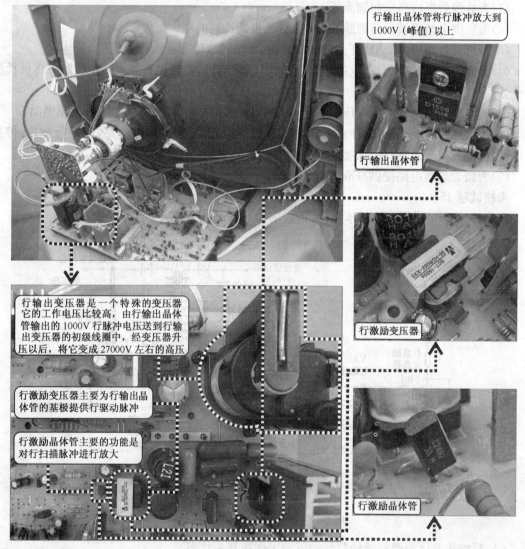

图 7-11 行扫描电路的结构和特点

其中,行激励晶体管和行激励变压器称为行扫描电路的行激励电路部分,主要用于放大和输出行激励信号,并将其送至后级行输出晶体管上。

考核试题 14:

下列关于行扫描电路的解说不正确的是( )。

(A)为显像管提供高压和副高压

(B)为微处理器电路提供基准的行脉冲

(C)为亮度电路提供行消隐脉冲、ABL 自动束流控制电压

(D)行扫描电路是处理亮度信号的电路

解答　D

解析　行扫描电路与相关电路的联系:

(1)为显像管提供高压和副高压。

(2)为亮度电路提供行消隐脉冲、ABL 自动束流控制电压。

(3)为色度电路提供 PAL 开关行触发脉冲(失落时故障现象为无彩色)。

(4)显像管束流过载(会产生过量 X 射线)、行输出管过流等在有关电阻中的压降将被检测出作为控制电压输往保护电路。

(5)接收保护电路输出的电压,迫使行振荡停振或截止推动输出,而中断行输出电路。

(6)接收遥控"待机"操作,使微处理器输出控制电压,关闭行推动电路,中断行输出,停掉行电源,使电视机进入"待机"状态。

(7)为微处理器电路提供基准的行脉冲。

考核试题 15:

图 7-12 是行输出电路的基本结构,请指出如下解说中哪一项是错误的( )。

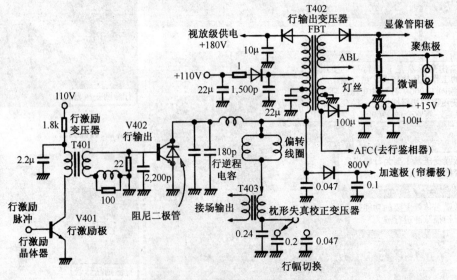

图 7-12　行输出电路的基本结构

(A)行输出晶体管受行激励信号的驱动工作在开关状态

(B)行回扫变压器在行脉冲的作用下产生显像管所需要的阳极高压和副高压(聚焦极电压、加速极电压)、灯丝电压,此外还有末级视放电压

(C)偏转线圈安装在显像管管径上,行输出晶体管的输出脉冲加到该线圈上,用以产生锯齿波电流

(D)阻尼二极管对行输出变压器的输出信号进行整流

解答　D

解析　在扫描系统中,由集成电路产生的行扫描脉冲幅度较小,不足以推动行输出晶体管。因此先由行激励放大器将行信号放大到一定的幅度再去驱动行输出级。行脉冲信号由集成电路输出后,先加到行激励晶体管 V401 的基极,经放大后信号经行激励变压器 T401 将放大后的信号加到行输出晶体管 V402 的基极激励变压器,通过变压器增强驱动 V402 的基极电流。行输出晶体管放大后,集电极输出的行扫描脉冲。分别驱动偏转线圈和回扫变压器,同时 110V 直流电压经回扫变压器初级为 V402 集电极提供直流偏压。在偏转线圈下面接有枕形失真校正变压器。行输出变压器的次级输出许多电压到彩电的各个部分。

选项 D 中,并联在行输出晶体管上的阻尼二极管用于吸收反向电流,防止寄生振荡。

考核试题 16:

场输出集成电路的主要功能是(　　)。

(A)为场偏转线圈提供锯齿波扫描电流　　(B)放大同步分离的脉冲信号

(C)检测场扫描信号的误差　　(D)产生驱动回扫变压器的功率脉冲

解答　A

解析　场输出集成电路是将场激励信号放大并形成锯齿波电流的电路,一般安装在散热片上,如图 7-13 所示。场输出集成电路是将场扫描脉冲放大到足够幅度后,去驱动偏转线圈。

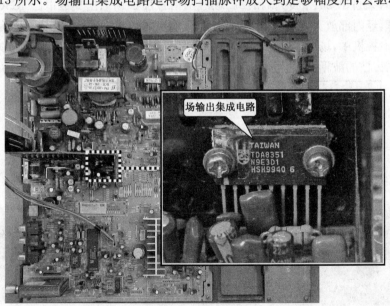

图 7-13　彩色电视机中的场输出集成电路

考核试题 17：

图 7-14 所示为采用 TDA8359 芯片的场扫描电路。下列关于该电路功能的解说错误的是(   )。

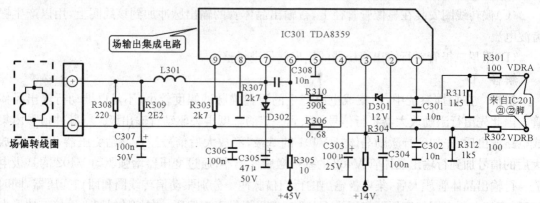

图 7-14   TCL—AT2565 型彩色电视机的场扫描电路

(A)该电路的核心器件为场输出集成电路 IC301(TDA8359)

(B)来自扫描信号产生电路(IC201 的㉑脚和㉒脚)场激励信号加到场输出集成电路 IC301 的①脚和②脚

(C)场输出集成电路 IC301 的⑦脚和④脚输出场锯齿波信号

(D)场输出集成电路 IC301③脚、⑥脚为供电端,一般来自电源电路

解答   D

解析   图中所示电路主要是由场输出集成电路 IC301(TDA8359)、场偏转线圈以及外围元器件等构成。场电路中的电源一般由行电路提供而不是电源电路。

由图可知,来自 IC201 的㉑脚和㉒脚场激励信号加到场输出集成电路 IC301(TDA8359)的①脚和②脚,经内部放大后,分别由⑦脚和④脚输出场锯齿波,为场偏转线圈提供偏转电流。另外,在彩色电视机中,场激励信号有两种:一种是双路对称的激励脉冲,一种是单路场激励脉冲。场输出锯齿波的波形基本相同,波形如图 7-15 所示。

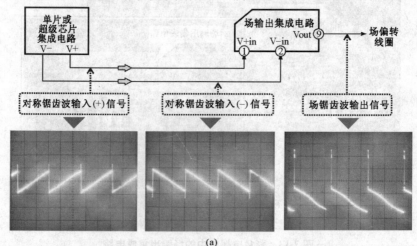

(a)

图 7-15   场扫描电路中的信号波形

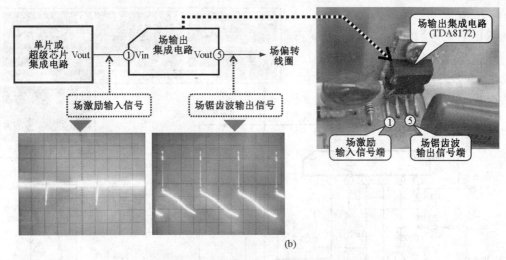

(b)

图 7-15 场扫描电路中的信号波形(续)

(a)对称锯齿波场激励脉冲输入 (b)单路场激励脉冲输入

考核试题 18:

图 7-16 是典型 CRT 显像管电视机的扫描电路,请指出如下的解说中哪一项是错误的( )。

(A)来自扫描信号产生电路的锯齿波场扫描脉冲,经微分电路 R303、C306 变成尖脉冲加到场输出级放大器 IC301 的⑤脚,经 I301 放大后由②脚输出

(B)IC301②脚输出幅度为 48V 的锯齿波信号加到场偏转线圈

(C)场输出集成电路 IC301 损坏会引起无光栅无图像的故障

(D)行输出晶体管集电极输出的扫描脉冲幅度约 1000V,该信号直接加到行偏转线圈上,由于电压幅度很高不能直接用示波器测量

解答 C

解析 场输出集成电路损坏只会引起垂直扫描方面的故障,在显像管屏幕上表现为一条水平亮线,不会引起无光栅的故障。

在很多彩电中行扫描和场扫描信号都是由视频解码集成电路产生的。

(1)行扫描电路。由 IC201(LA76810)㉗脚产生的行扫描脉冲送到行激励晶体管 Q401 的基极,Q401 放大的行激励信号经行激励变压器 T401 加到行输出晶体管 Q402 的基极。行输出晶体管将行扫描脉冲放大到足够功率和幅度,然后分别送给行偏转线圈和行输出变压器的②脚。为行偏转线圈提供脉冲电流。

行输出变压器 T402 为显像管提供阳极高压和聚焦极、加速极等副高压。同时还为显像管提供灯丝电压,为末级视放提供+180V 电源电压,为彩电其他电路提供+12V、+9V、+5V、+24V、+33V 直流电压。

(2)场输出电路。由 IC201(LA76810)㉓脚输出的场扫描脉冲(场激励信号)送到场输出级集成电路 IC301 LA7540 的⑤脚。在 IC301 中进行功率放大,由②脚输出场锯齿波信号加到场

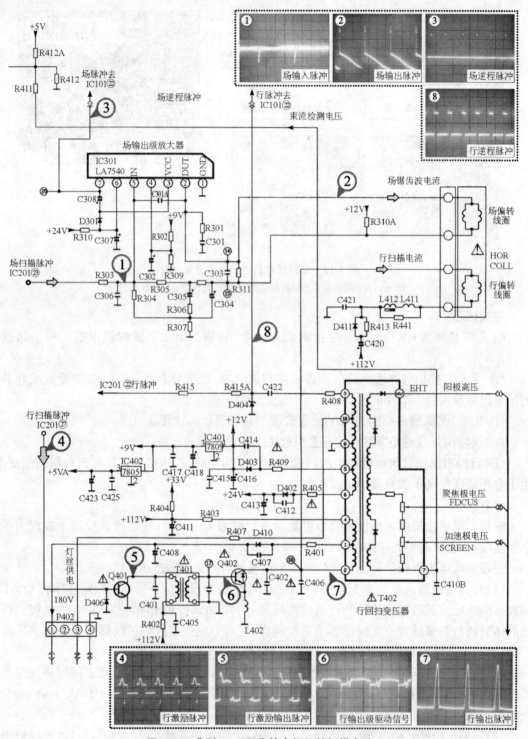

图 7-16　典型 CRT 显像管电视机的扫描电路

偏转线圈上。

LA7840 是一个专用场输出集成电路,电源+24V 经 R310 加到⑥脚为场输出级集成电路内泵电源电路供电,+24V 电源经 D301 为场集成电路中的输出级③脚供电,同时泵电源经自举电容 C308 在场扫描逆程期间为③脚提供自举电压。

考核试题 19:

关于图 7-17 所示带问号部分元器件的名称,下列说法错误的是( )。

(A)a 为开关变压器　　　(B)b 为 300 V 大滤波电容

(C)c 为开关晶体管　　　(D)d 为开关变压器

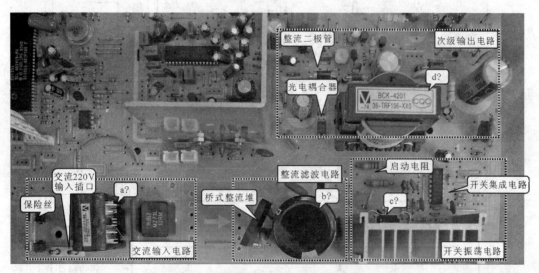

图 7-17　典型彩色电视机电源电路结构

解答　A

解析　图中 a 为互感滤波器,位于开关电源交流输入电路部分,它的作用是滤除外电路的干扰脉冲进入彩色电视机,同时使彩色电视机内的脉冲信号不会对其外部电子设备造成干扰。

考核试题 20:

图 7-18 中,对图中阴影部分的解说错误的是( )。

(A)图中阴影部分为开关振荡电路部分

(B)IC801 为开关振荡集成电路

(C)VQ801 为开关晶体管

(D)整流滤波电路(B 部分)为开关晶体管提供振荡信号

解答　D

解析　该图中,A、B、C、D 四个部分分别为彩色电视机开关电源电路中的交流输入电路、整流滤波电路、开关振荡电路和次级输出电路部分。

其中阴影部分为开关振荡电路部分,主要是由开关振荡集成电路 IC801(TDA16846)、开关场效应晶体管 VQ801、启动电阻 R803 和 R804 等部分构成。

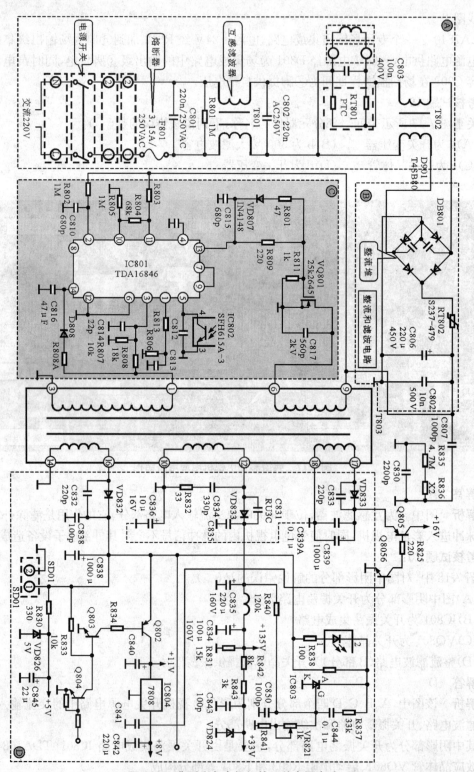

图 7-18　典型彩色电视机的开关电源电路

当电视机接通电源后,由 220 V 交流输入电压经整流滤波后输出 300 V 直流电压,经变压器初级绕组的⑨~⑥脚加到开关场效应晶体管 VQ801 的漏极(D)上,开关场效应晶体管的源极(S)接地,栅极(G)受开关振荡集成电路⑬脚的控制。

300V 直流电压经启动电阻 R803、R804 为 IC801 的⑪脚提供启动电压,使 IC801 中的振荡器起振,为开关场效应晶体管 VQ801 的栅极(G)提供振荡信号,使开关场效应晶体管 VQ801 处于开关工作状态,在开关变压器 T803 的初级绕组⑥~⑨脚上形成开关电流,通过变压器 T803 互感作用,在 T803 的①~③绕组上产生感应脉冲电压。开关变压器 T803①脚产生的感应脉冲电压经 D808 整流,C816 滤波,R808A 限流后加到 IC801 的⑭脚。同时经 R808 加到 IC801 的③脚,从而维持 IC801 正常振荡,以维持开关电源正常工作。

考核试题 21:
图 7-19 是彩色电视机的连接端子,如下解说中不正确的是(　　)。

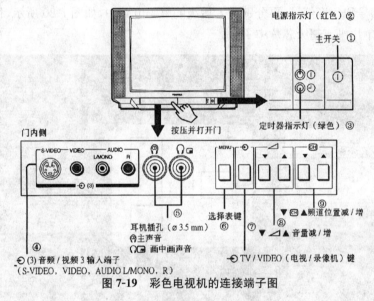

图 7-19　彩色电视机的连接端子图

(A)④是 AV 输入端子,用以连接外部音频、视频设备

(B)如连接 DVD、高保真录像机、摄录一体机等设备最好使用 S 视频端子。VIDEO 插口可不接

(C)如外部设备的音频输出为单声道,必须连接 L/MONO 输入端

(D)⑤是耳机连接插口,一般欣赏节目需用将耳机接入两只插口

解答　D

解析　⑤是耳机连接插口,一般欣赏节目只接收主声音时,只需用左侧插口。当想听画中画的伴音时,耳机插入右侧的插口。

二、填空题

考核试题 1:
彩色电视机的调谐电压是由　　　　　控制的,其电压范围一般为　　　　　,主要作用是_____。

解答　微处理器、0~30V、对调谐器进行调谐控制,选择出欲接收的频道

解析　在彩色电视机的自动调谐方式中,调谐电压 VT(或称 BT 电压)和频道选择电压(BU、BH、BL)都是由微处理器进行控制。由微处理器(CPU)根据人工指令或遥控指令,输出 PWM 调谐电压和二进制频段选择信号(一些新型彩色电视机由 I^2C 总线进行控制),分别经调谐接口电路输出 0~30V 调谐电压,经频段选择电路产生频段选择电压,加到调谐器中进行调谐控制。

考核试题 2:

色度信号解码电路中,梳状滤波器的功能是_____。

解答　分离 Y/C 信号

解析　梳状滤波器电路也称为亮色(Y/C)分离电路,其功能是将视频信号进行亮色分离后,输出亮度信号和色度信号,再分别送入后级的解码电路中,如图 7-20 所示,目前大多数梳状滤波器集成到单片机或超级芯片中了。

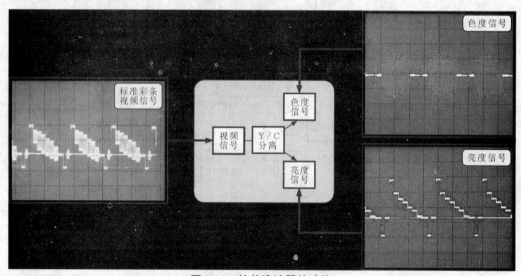

图 7-20　梳状滤波器的功能

考核试题 3:

彩色电视机中的控制电路的核心电路常称为_____,英文缩写为_____。

解答　微处理器、CPU

解析　彩色电视机系统控制电路的核心部分,通常称其为微处理器,英文缩写为 CPU。

考核试题 4:

微处理器芯片正常工作需要的基本条件主要包括_____、_____、_____等。(选择答案:供电电压、启动电压、启动信号、晶振信号、复位信号)

解答　供电电压、晶振信号、复位信号

解析　微处理器芯片正常工作需要至少满足三个基本条件,即供电电压、晶振信号、复位信号,这些信号任意一个信号不正常,微处理器均无法正常工作。

考核试题 5:

目前,市场上流行的彩色电视机多是通过_____方式进行控制的。

解答 I²C 总线

解析 目前市场上流行的彩色电视机基本上都采用了 I²C 总线控制方式,微处理器通过 I²C 总线对电视机中的调谐器、音频电路、视频信号处理电路、切换电路等进行控制。该控制方式使得电视机的电路结构更加简单,给安装、调试和维修带来很大方便。I²C 总线控制方式如图 7-21 所示。

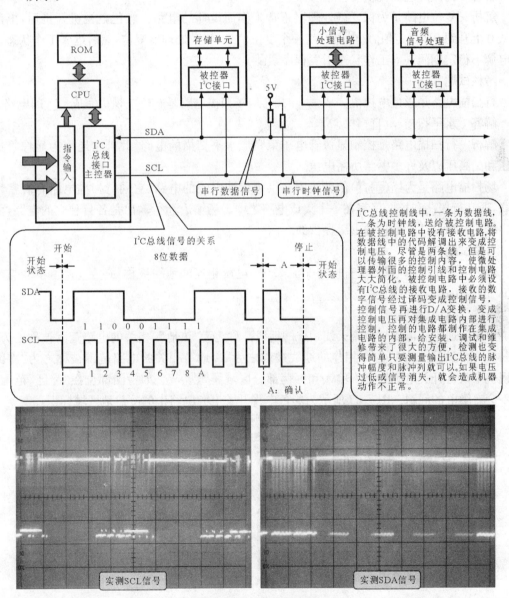

图 7-21 I²C 总线控制方式

考核试题 6：

I²C 总线由两条总线构成,其中一条为数据总线,另一条为_____。

解答 时钟总线

解析 I²C 总线由数据总线(SDA)和时钟总线(SCL)组成。

考核试题 7：

彩色电视机中复位电路的功能是_____。

解答 为微处理器提供复位信号

解析 复位电路是为保证微处理器正常工作而设计的电路。彩色电视机开机后,电源供电从 0 上升到 5V 稳定值,该电路产生一个复位信号,使微处理器复位,然后进入工作状态。防止电源不稳定期间进入工作状态引发程序紊乱。

考核试题 8：

行扫描电路是彩色电视机完成____的电路,场扫描电路是彩色电视机完成____的电路。

解答 水平扫描、垂直扫描

解析 行扫描电路是控制显像管电子束完成水平扫描的电路,此外它还有为显像管提供高压和副高压以及许多电路所需电压。

场扫描电路是为场(垂直)偏转线圈提供锯齿波电流的电路,它同行扫描电路有着密切的关联,通常行振荡和场振荡都在一个集成电路之中。场输出和行输出是各自独立的电路,而场输出级的电源又往往是行输出级提供的。

考核试题 9：

彩色电视机电源电路中,直接与交流 220V 电压相连的地线被称为_____,不会与交流 220V 电源相连的部分被称之为_____。

解答 热地、冷地

解析 通常有可能与交流火线相连的地线被称之为"热地",相关的电路范围被称之为"热区"。不会与交流 220V 电源相连的地线被称之为"冷地",相关的电路范围被称之为"冷区"。电视机中只有开关电源的交流输入和振荡部分区域属"热区"。如检测部位在"冷区"范围,一般不会有触电的问题。图 7-22 所示为彩色电视开关电源电路中的冷热地区域标识。

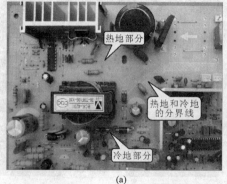
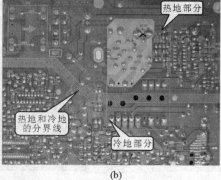

(a)   (b)

图 7-22　彩色电视开关电源电路中的冷热地区域标识

(a)电路板正面　(b)电路板反面

如果检测的部位是在"热区"范围,则要注意触电问题,为避免触电,常用的方法是使用隔离变压器,隔离变压器是1:1的变压器。初级与次级线圈、电路都不相连只通过交流磁场使次级输出220V电压,这样就可以使电视机电路与交流火线隔离开。

考核试题10:

开关电源电路中的桥式整流堆内部是由_____构成的。

解答 四只二极管

解析 桥式整流堆内部集成了四个二极管并构成桥型,主要作用是将220 V的交流电压进行整流,输出约300V直流电压。桥式整流堆一般有四个引脚,图7-23所示为桥式整流堆的实物外形及内部结构。

图7-23 桥式整流堆的实物外形及内部结构

三、判断题

考核试题1:

彩色电视机中各单元电路之间的关系主要是输入和输出信号的衔接、控制、同步、供电等。( )

解答 正确

解析 彩色电视机是由很多单元电路构成的,许多电路之间都有密切的关联,主要是输入和输出信号的衔接、控制、同步、供电等关系,如图7-24所示。

考核试题2:

行线性失真校正电路是CRT电视机中扫描电路不可缺少的一部分。( )

解答 正确

解析 行线性失真校正电路是扫描电路不可缺少的一部分,该电路一般位于行偏转线圈引线脚的一侧,主要是由失真校正电感和失真校正电容等器件组成。

考核试题3:

音频功放、行输出晶体管及场输出级集成电路一般被安装在散热片上。( )

解答 正确

解析 音频功放即音频功率放大器,由于该器件是一个功率放大器,它消耗的电流比较大,因此将其安装在散热片上。

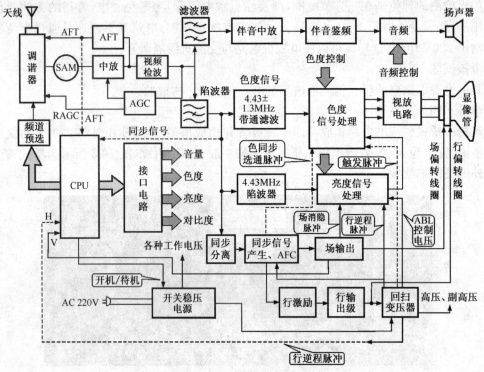

图 7-24　电视机各单元电路的控制关系

行输出晶体管工作在高反压、大电流的条件下,耗散功率比较大,因此通常也安装在散热片上。

场输出级电路也是一个功率器件,因此它也被安装在散热片上,以便进行散热。

考核试题 4:

扫描信号是控制电子束的偏转信号。(　)

解答　正确

解析　扫描信号是行、场扫描电路中的关键信号,行、场扫描电路在扫描信号的作用下向行、场偏转线圈提供线性良好,幅度足够的场频和行频锯齿波电流,使电子束发生有规律地偏转,以保证在彩色显像管屏幕上形成宽、高比正确,而且线性良好的光栅,这是显像管显示图像的基本条件。

考核试题 5:

场扫描电路的基本功能是产生显像管的阳极高压。(　)

解答　错误

解析　场扫描电路是为场垂直偏转线圈提供锯齿波电流的电路。行扫描电路可产生显像管的阳极高压。

考核试题 6:

场扫描电路的电源是由行回扫变压器提供的。(　)

解答　正确

解析　场输出和行输出是各自独立的电路,场输出级的电源又往往是行输出级行回扫变压器提供的。

考核试题7：

彩色电视机的电源电路多采用开关电源的形式,主要是由交流输入电路、整流滤波电路、开关振荡电路、次级输出电路和误差检测电路等构成。（　）

解答　正确

解析　图 7-25 所示为典型电源电路的工作原理图。彩色电视机接通电源后,交流 220V 电压经交流输入电路滤除干扰杂波后,由整流滤波电路输出约 300V 的直流电压。直流 300V 分别为开关变压器和开关振荡集成电路供电,开关振荡集成电路工作后将产生振荡信号,去驱动开关变压器工作,开关变压器次级输出开关脉冲电压,经次级整流二极管和滤波电容后变成直流电压,输出＋B、26V、12V、8V、5V 等电压为其他电路供电。

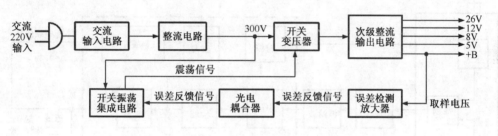

图 7-25　典型电源电路的工作原理图

四、简答题

考核试题1：

简述调谐器的作用功能。

解答　调谐器是接收电视信号的电路,它将天线接收的射频信号进行放大、变频,然后再进行伴音、图像和扫描等处理。它的主要功能是选择电视频道,并将所选定频道的高频电视信号进行放大,然后与本振信号进行混频,输出中频电视信号。

解析　图 7-26 所示为新型彩色电视机电视信号接收电路的功能示意图。

考核试题2：

简要叙述经中频电路输出的视频全电视信号进行亮色分离及矩阵电路合成后得到 RGB 三基色信号的过程。

解答　中频信号经检波,从图像中频信号中检出视频全电视信号,放大后送到亮度色度信号处理电路中。首先,进行亮度信号和色度信号的分离,其中,分离出的色度信号经色度信号解码电路解调出 R－Y,G－Y 和 B－Y 三个色差信号;亮度信号经亮度信号处理电路处理后输入到矩阵电路中与分离出的三个色差信号合成形成 R、G、B 三基色信号。

解析　由中频电路部分输出的视频全电视信号含有亮度信号、色度信号和行场同步信号以及色同步信号。这一组信号经各自的分离电路分离后,分别送往亮度信号处理电路、色度信号处理电路、扫描信号产生电路,如图 7-27 所示。

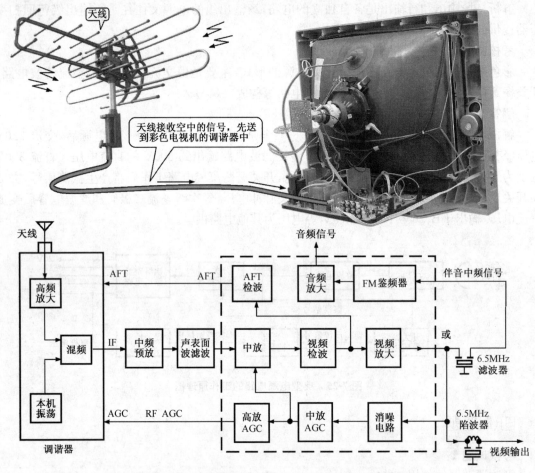

图 7-26 新型彩色电视机电视信号接收电路的功能示意图

具体处理过程是:其一,经过 4.43MHz 的陷波器,去掉视频信号中的 4.43MHz 的色度信号,输至亮度信号处理电路,得到可形成黑白图像的亮度信号;其二,经过 4.43MHz 带通滤波器,即从 0~6MHz 视频信号中只取出 4.43MHz±1.3MHz 的色度信号(包括色差和色同步信号),输至色度信号处理电路(色解码电路)。经解码处理得到红—亮(R—Y)、绿—亮(G—Y)、蓝—亮(B—Y)三个色差信号,再经矩阵电路得到红(R)、绿(G)、蓝(B)三基色信号,再送到显像管电路;其三,经同步分离后去行、场扫描信号产生电路,视频全电视信号在同步分离电路中通过幅度鉴别分离出行同步信号和场同步信号,分别送至行、场振荡电路。振荡电路的频率和相位将在同步信号的控制下,保持接收机行、场扫描的顺序与发射端相同即实现同步。行、场扫描电路输出行场偏转电流给偏转线圈使显像管上形成光栅。

目前,大多数彩色电视机将上述同步分离、亮色分离及矩阵合成都集成到了一只大规模集成芯片中,有效的简化电路结构。

考核试题 3:

如何区分彩色电视机属于多片机、单片机还是超级芯片机。

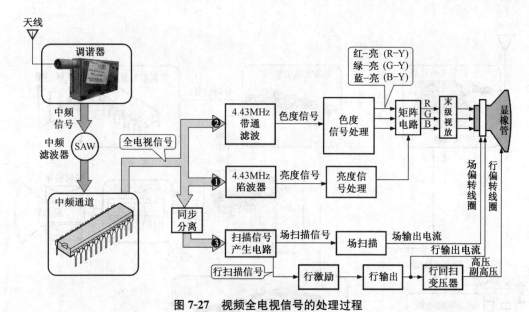

图 7-27　视频全电视信号的处理过程

解答　普通彩色电视机主要由多片机、单片机、超级芯片机等三种基本结构形式。

其中多片机是指电视机中的中频电路、视频信号处理电路、亮色分离电路、微处理器电路等全部由独立的集成电路构成。

单片机是指将中频电路、视频信号处理电路、亮色分离电路以及扫描信号产生电路集成到一起制作成一只较大规模的集成电路，提高了电路的集成度。

超级芯片机是指将微处理器与中频电路、视频信号处理电路、扫描信号产生电路等集成到一只超大规模集成电路中，使电视机电路更加简单，调整和维修也更加简化。

解析　彩色电视机按照内部电路结构的不同可以分为多片机、单片机以及超级芯片机。其中的主要电路是由中频集成电路、视频集成电路以及微处理器集成电路构成。

(1)多片机的特点。图 7-28 所示为多片机的结构特点，在多片机中的主要电路中有中频集成电路、视频信号处理电路以及微处理器控制电路等多个电路。这种彩色电视机电路板的集成度较低，占用的空间较大。

(2)单片机的特点。图 7-29 所示为单片机的结构特点，在单片机中，将电视机中处理小信号的图像和伴音电路集成在一起，即中频、视频和扫描信号产生电路集成于一体的芯片，而微处理器电路是以独立的芯片呈现。采用单片机的新型彩色电视机相对多片机的集成度已经大大提高，占用的空间已经相对较小。

(3)超级芯片机。图 7-30 所示为超级芯片机的电路框图，该芯片是将中频电路、视频检波、伴音解调、视频解码、视频输出、扫描信号的产生和微处理器等电路都集成于一个芯片之内。采用超级芯片的新型彩色电视机相对多片机或单片机的集成度已经达到最大，而且其占用的空间也相对较小。

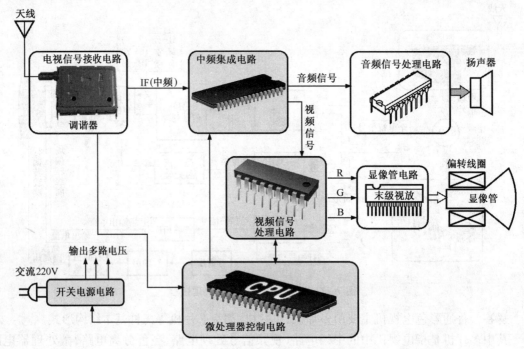

图 7-28　多片式新型彩色电视机的种类特点

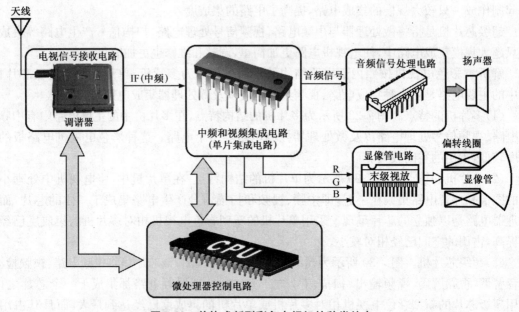

图 7-29　单片式新型彩色电视机的种类特点

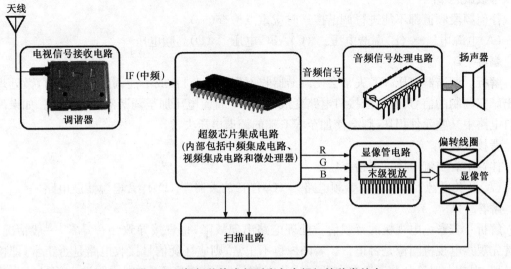

图 7-30 超级芯片式新型彩色电视机的种类特点

7.3 普通彩色电视检修技能的考核要点

一、选择题

考核试题 1：

进行调谐选台操作，频段不能转换，应重点检查（ ）。

（A）电源电压 （B）调谐电压 （C）频段选择电压 （D）视频信号电压

解答 C

解析 频段选择信号失常会使电视机的频段选择功能失常，或只能接收某一频段的节目。频段选择信号是由微处理器 IC101 输出的，经印制板送到调谐器的 BS0 和 BS1 端，如印制线有短路或断路故障，会使频段切换不正常。

另外，对于调谐器常见故障有：

• 调谐器本身不良表现会引起无中频信号输出，或是输出的信号比较弱，其症状表现为无伴音无图像，或伴音、图像质量均比较差。

• 调谐器的外围电路不良也会引起伴音和图像不正常，例如：天线插头或输入电缆有短路或断路现象会使输入的射频信号幅度弱或无信号输入，则接收的电视节目声像不良。

• 调谐器供电电压失落，会引起调谐器不工作。调谐器的 BM 端是 5V 电压输入端，它为调谐器内的电路提供电源，电源电路有故障，或是 BM 脚外的滤波电容 C102、C101 漏电都会引起调谐器不工作。

• AGC 电压（自动增益控制）失常会影响调谐器中高频放大器的增益使接收的信号质量变差，图像上雪花噪波增加，信噪比变差。

考核试题 2：

任何频段频道都不能进行调谐搜索时应重点检查（　）。

(A)电源电压　(B)调谐电压　(C)AFC 电压　(D)高频电压

解答　B

解析　调谐器电压 VT 失常会使调谐器收不到电视节目，或不能调谐。调谐时，微处理器输出脉宽调制的信号，经调谐接口电路变成 0～30V 直流电压加至调谐器的 VT 端。如果调谐接口电路中某些元件损坏，则会使加至 VT 端的调谐电压失常。

考核试题 3：

伴音中有交流声应重点检查（　）。

(A)开关电源　(B)伴音鉴频电路　(C)伴音放大器　(D)伴音电源滤波电路

解答　D

解析　若彩色电视机的音频信号处理电路出现故障，将直接导致伴音异常，一般情况下，应首先观察电视机图像是否正常。若图像也不正常，则应怀疑信号接收电路是否正常，即检查调谐器、中频电路等公共通道和电源部分是否有问题；若图像正常，则说明送入信号的公共通道，行、场扫描电路正常，故障应出在音频信号处理电路通道。

一般，彩色电视机声音故障主要有两大类，一是完全无声，二是声音失真和噪音干扰大。

完全无声的故障往往是音频信号处理电路中某一元件损坏或开路使音频信号无法通过，或者某一元件短路使音频信号无法输出。应重点对音频信号处理电路中的主要元件进行检测。

声音中有交流声故障，可能是伴音电路中的电源滤波电路故障。

声音沙哑故障，可能是扬声器破损或滤波元件损坏。

声音太小或失控，可能是音量调整电位器有故障。

因此，对音频信号处理电路进行检修时，需了解其信号传输的基本流程，来分析确定检修的基本流程。

考核试题 4：

彩色电视机经搜台后收看正常，关机后再开机仍需重新搜台，故障可能是（　）。

(A)遥控电路不良　　　(B)存储器损坏

(C)调谐器失常　　　(D)AGC 电压失常

解答　B

解析　正常情况下，电视机进行电台搜索调整，亮度、色度调整，音量调整等后，CPU 将调好的这些数据存入外部存储器中。正常情况下，断电后存储器中的数据不会消失，下次再开机不必重新调整。若出现调整信息无法保存故障时，多为存储器损坏。

考核试题 5：

彩色电视机出现无彩色故障，应检查（　）。

(A)色度信号　　　　　(B)亮度信号

(C)显像管电路中的 RGB 信号　(D)视频信号

解答　A

解析 色度信号是决定图像色彩的信号,对于该类故障主要检测电路中的色度信号以及基准色副振荡信号是否正常。

考核试题6:

行回扫变压器损坏会引起( )。

(A)图像行不同步　　　(B)图像亮度低

(C)无光栅、无图像　　　(D)图像中有噪波

解答 C

解析 行回扫变压器是产生高压、副高压及多种低压的器件。该器件损坏通常会引起彩色电视机无光栅、无图像的故障。

考核试题7:

彩色电视机出现如图7-31所示故障,关于该故障下列解说正确的是( )。

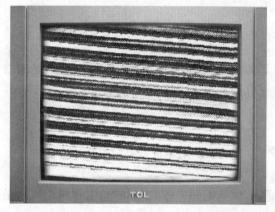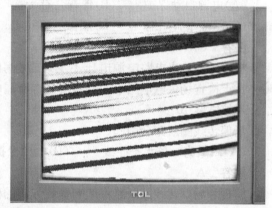

图7-31　彩色电视机故障

(A)属于彩色电视机场扫描电路故障

(B)属于彩色电视机行不同步故障

(C)属于彩色电视机视频信号处理电路故障

(D)属于彩色电视机电源电路故障

解答 B

解析 行扫描电路的故障表现主要有屏幕变黑(无光栅)、图像变窄、行拉伸或相位不对,不同步、行失真等,该图为典型的行频、行相位不对,不同步故障。

上图中,彩色电视机出现图像拉伸成一条条斜条状态时,说明行不同步。如果图像完全呈分裂的一条条斜花纹,表明彻底没有同步信号了。从倾斜的方向可以看出有关故障的信息,如果行向右下倾斜,表明振荡器的频率可能偏高或者正好相反。如果图像整个向左或向右偏移,则可能是行相位不正确,即行振荡器的振荡频率正确,只是行相位与同步信号的相位不同步。

有时因调整不当也会引起行拉伸或相位不对,不同步的故障,所以在进行检修时应该首先对所有与行同步有关的电路进行调整。如果这样做故障现象仍然存在,再对所有信号的波形、晶体管的电压以及与之相连的集成电路的引脚处的信号进行检测。特别注意送至AFC电路

的同步脉冲和比较脉冲是否正常,如果经检测发现这两个信号均无或信号不正常,则 AFC 电路不能正常工作(即使集成电路是良好的)。有些彩色电视机中设有行频调整电位器,调整行频可能使行同步,但很难稳定,而且还会发生相位漂移(图像中心左右漂移)。

考核试题 8:

行偏转线圈短路会引起彩色电视机(　　)。

(A)无光栅无图像　　　(B)图像为一条垂直亮线

(C)电源保护　　　　　(D)行管击穿

解答　C

解析　行偏转线圈短路会引起彩色电视机电源保护故障。

考核试题 9:

场输出电路电源电压下降会引起(　　)。

(A)电源自动保护　　　(B)伴音会有干扰噪声

(C)图像垂直压缩　　　(D)图像场不同步

解答　C

解析　场输出电路电源电压不足通常会引起彩色电视机在垂直方向图像高度不足的故障。重点检查场供电电路中的电容器是否有漏电、电位器有无损坏、晶体管有无击穿等故障。

考核试题 10:

场偏转线圈断路会引起(　　)。

(A)图像为一条水平亮线　　　(B)电源保护　　　(C)图像上下流动　　　(D)行幅收缩

解答　A

解析　场偏转线圈断路将影响垂直方向的磁场,使场电路失效,引起彩色电视机出现一条水平亮线的故障现象。

考核试题 11:

用彩色电视机看 VCD 节目图像伴音均失常,在应查的项目中哪一项是错误的(　　)。

(A)查彩色电视机是否工作在 AV 状态

(B)查彩色电视机的天线馈线是否正常

(C)查 VCD 机 AV 输出端是否送到彩电的 AV 输入端

(D)查 VCD 机是否在工作状态

解答　B

解析　用彩色电视机看 VCD 节目时,由 AV 接口为彩色电视机输入信号,若该状态下无图无声,首先应检查彩色电视机是否工作在 AV 状态(AV/TV 切换操作是否正确)、VCD 机是否在工作状态、VCD 机与彩色电视机连接端子之间连接是否正确。若上述均正常,再进一步对电路板上的 AV/TV 切换电路进行检测和排查。

选项 B 中,彩色电视机的天线馈线属于电视机在 TV 状态下的信号接收部分,与使用 VCD 机播放节目时没有关系。

考核试题 12:

彩色电视机在收看电视节目时无图像、无伴音应重点检查(　　)。

(A)调谐和中频电路

(B)解码电路

(C)伴音电路

(D)亮度电路

解答 A

解析 调谐器和中频电路是伴音和图像的公共通道,当出现无图像、无伴音时,应重点检查公共通道部分。若有图像、无伴音,则应重点检查伴音电路;若有伴音、无图像,则应重点检查视频信号处理电路(视频解码部分)。

二、填空题

考核试题1:

检修彩色电视机的安全操作主要包括_____、_____及_____。

解答 人身安全、仪表安全、被测电视机中的元件安全

解析 检修彩色电视机时的安全操作有三个方面,一是注意人身安全防止触电,二是检测仪表的安全,三是注意被维修的电视机元器件安全防止二次故障。

考核试题2:

检测声表面波中频滤波器的好坏,可采用万用表笔轻触法进行判断:若用表笔轻触其输入端及输出端引脚时,电视机有噪波干扰,表明_____正常;若用表笔轻触声表面波滤波器输入端时,无噪波干扰,表明_____。

解答 声表面波滤波器和中频电路、声表面波滤波器不良或损坏

解析 采用万用表笔轻触法判断声表面波滤波器及中频电路的好坏,是一种既简单又直观的判断方法。通常若用表笔轻触其输入端及输出端引脚时,电视机有噪波干扰,表明声表面波滤波器和中频电路正常;若用表笔轻触声表面波滤波器输入端时,无噪波干扰,表明声表面波滤波器不良或损坏。

考核试题3:

彩色电视机开关电源电路中熔断器出现断裂,通常是由_____引起的。

解答 桥式整流堆击穿短路或+300V滤波电容短路损坏

解析 引起电视机中熔断器损坏的原因很多,常见的主要有电路过载或元件短路,因此当检修过程中发现熔断器烧坏后,不仅应更换新的符合该电路型号的熔断器,还应进一步检查电路中其他部位故障,否则即使更换熔断器,开机后仍会烧断,而且可能进一步扩大故障范围。下面为几种熔断器不同损坏程度,可能引起故障原因的描述,在检修时作为参考。

(1)熔断器保险丝有一处熔断。观察熔断器保险丝有一处熔断,导致这种现象出现的原因主要是频繁的开机、关机和工作环境温度太低,这时可采用同型号的熔断器直接更换即可。

(2)熔断器表面有污垢,且熔丝熔断。通过观察熔断器,发现表面有黄黑色污垢,并且保险丝熔断,导致此现象的原因一般是开关场效应晶体管和开关集成振荡电路击穿。

(3)熔断器断裂。若熔断器有断裂,且内部模糊不清,出现此故障的原因一般是桥式整流堆击穿或+300V滤波电容短路损坏造成的。这时应先确认桥式整流堆确实损坏,再更换元

器件。

(4)熔断器严重炸裂。熔断器严重炸裂的故障现象一般不易发生,若出现此故障的现象经常是交流输入电路中元件短路,这时应先仔细检查整个电路。

考核试题 4:

彩色电视机的三无故障,是指无_____、无_____、无_____。

解答   无光栅、无图像、无伴音

解析   彩色电视机的三无故障是检修过程中较难处理的故障之一,开机三无通常是指无光栅、无图像、无伴音,该类故障通常是由彩色电视机的公共电路引起的,根据维修经验,开关电源部分故障通常会引起三无故障。

考核试题 5:

按下彩色电视机电源开关后,开关变压器有不正常声响,该故障通常是由_____损坏引起的。

解答   行输出晶体管

解析   开关变压器有不正常声响多为负载或电源输出电路发生短路故障,常见的故障原因主要为行输出晶体管击穿短路。

考核试题 6:

彩色电视机出现偏色故障时,重点应检查_____电路。

解答   显像管

解析   彩色电视机的显像管电路用于将视频解码电路送来的 R、G、B 信号进行放大,然后形成控制显像管三个阴极的信号。主要是由处理 R、G、B 信号的三个通道的末级视放电路和显像管电极供电电路构成。

如果红色视放输出晶体管出现击穿短路的故障,其集电极电压下降接近低电位,显像管红阴极也接近低电位,相应红电子枪发射的电子束流达最大值,于是屏幕表现为基本全红,即红色光栅。

反之,如果红输出晶体管烧断,完全无电流,则红阴极的电位上升到电源电压,红电子束流几乎为零,所以表现为缺红故障,图像出现偏蓝或青的故障。如解码电路送来的 R、G、B 信号失落,会出现同样的故障现象。检测视放晶体管的直流偏置电压或是检测色差信号即可断定故障出在哪儿。

同理,如果蓝输出或绿输出视放晶体管出现与上述类似的故障,则会出现全绿、全蓝,或是缺绿、缺蓝的故障。

考核试题 7:

彩色电视机屏幕上出现回扫线的故障,主要是由_____不正常引起的。

解答   加速极电压

解析   彩色电视机屏幕上出现回扫线主要是由于加速极电压不正常引起的,另外,加速极电压不正常还会引起彩色电视机图像暗而且不清晰的故障。

加速极电压(帘栅极供电)的正常电压约为 350V～400V,实测时应一边调整行输出变压器的加速极电压旋钮,一边利用万用表笔检测显像管电路上加速极电压引线端,直到达到正常电

压的数值。

三、判断题

考核试题1：

调谐器不良会使伴音和图像均不正常。（　）

解答 正确

解析 调谐器是彩色电视机的电视信号接收电路部分，属于接收伴音和图像信号的公共通道，若该器件不良，将会引起伴音和图像均不正常的故障。

考核试题2：

彩色电视机操作失常应查以微处理器为核心的控制系统。（　）

解答 正确

解析 彩色电视机前面板上的操作按键电路和遥控电路为微处理器输入人工指令的电路，若操作功能失常则应对于控制相关的电路部分进行检修，重点是与控制相关的电路，即以微处理器为核心的控制系统。

考核试题3：

音频功率放大器故障会引起扬声器无声。（　）

解答 正确

解析 音频功率放大器主要是对音频信号进行放大，将放大后的音频信号送至左右扬声器中，驱动扬声器发声。若音频功率放大器损坏，将导致无音频信号加至扬声器上，则出现扬声器无声的故障。

考核试题4：

图像正常伴音不良往往是伴音电路的故障。（　）

解答 正确

解析 图像正常则说明彩色电视机视频信号处理通道正常，与图像显示相关的行、场扫描电路，电源电路及控制电路也正常，即可知公共电路部分均正常，因此当图像正常，伴音不良时，多是专门处理音频信号的电路故障。

考核试题5：

图像只有一条水平亮线，原因是场扫描信号失落。（　）

解答 正确

解析 图像只有一条水平亮线属于典型的垂直扫描故障，在彩色电视机中，场扫描电路输出的场扫描信号为垂直偏转线圈提供锯齿波电流，若场扫描信号失落，则将引起图像为一条水平亮线的故障。

考核试题6：

开关电源电路中开关晶体管损坏会引起彩色电视机功能全部失灵。（　）

解答 正确

解析 开关电源中开关晶体管损坏后，开关电源便无直流输出，整机将无供电，从而引起彩色电视机功能全部失灵。

考核试题 7：

彩色电视机开关电源发生保护可能不是电源本身损坏。（　）

解答　正确

解析　彩色电视机开关电源保护是指彩色电视机电路中存在异常，由微处理器输出保护控制信号使电视机进入待机状态。一般出现待机保护故障时，多是由开关电源本身及行电路引起的。

考核试题 8：

彩色电视机显像管阳极电压过高会引起显像管及相关器件损坏。（　）

解答　正确

解析　来自行电路的阳极高压经阳极高压嘴后为显像管阳极提供高压，该电压过高将引起显像管及相关器件损坏。

四、简答题

考核试题 1：

如何判断遥控发射器是否有故障？

解答　遥控发射器用来发射控制信号，它是以红外光为载体，将控制信息传送到彩色电视机中的微处理器电路中。通常电池耗尽、集成电路损坏及晶体管或发光二极管损坏都会造成遥控失灵的故障，集成电路外围的某些元器件损坏，也会造成遥控器不工作。

判断遥控发射器是否正常一般可采用两种方法。一种是采用替换法，用已知与被控电视机匹配的性能良好的遥控器进行操作，若控制功能正常，而待测遥控器不起作用，则说明待测遥控器异常；另一种方法是将遥控器放在数码相机（或带有摄像功能的手机）的镜头下方，操作遥控器任意按键，若通过镜头能够看到红外发光二极管发射的光则说明遥控器发射信号正常。

解析　通过数码相机（或带有摄像功能的手机）的镜头判断遥控器好坏的方法如图 7-32 所示，用遥控器的红外发光二极管对准相机的镜头，操作遥控器上的按键，正常情况下可以看到红外发光二极管发射的光。

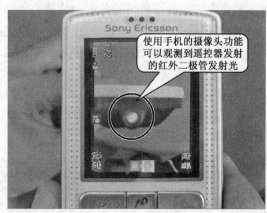

图 7-32　遥控器的检测

遥控发射器是以红外光为载体,将控制信息传送到彩色电视机中的微处理器电路中。图 7-33 所示为遥控信号的信号波形。

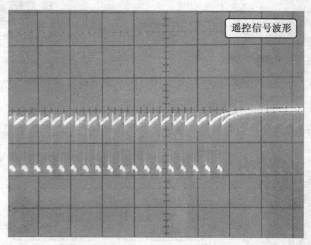

图 7-33 遥控信号的波形

考核试题 2:

检修彩色电视机的基本程序是什么?

解答 处理故障机的一般顺序是:根据故障特点寻找故障线索,判断故障的大体范围,搜索跟踪故障的入手点。例如,开机后发现既无光栅也无伴音,这种情况多为电源故障或行扫描电路故障;若有光栅,而无图像,无伴音,则表明电源和行扫描电路基本正常,原因可能在调谐器或中频通道;若有图像而无彩色,则可能是色解码电路的故障,但也不能完全排除公共通道的故障。例如,通道的幅频特性不好、增益不足也可能造成无彩色。

解析 维修人员遇到故障机时,首先询问用户彩色电视机是否维修过,然后再仔细观察电视机的故障表现,例如检查彩色电视机的操作和显示功能是否正常,查看显示屏有无光栅、有无图像、图像是否正常、色彩是否正常、声音是否正常等。然后再根据故障现象进行初步的分析和判断。

处理故障机的一般顺序是:根据故障特点寻找故障线索,判断故障的大体范围,搜索跟踪故障的入手点。彩色电视机故障的检修程序如图 7-34 所示。

通过故障现象,能判断出故障范围,对彩色电视机的结构和电路功能要有透彻地了解,熟悉各种电路的基本功能和在电视机中的位置及作用是很必要的。

推断出故障的大体范围之后,则要进一步缩小故障的范围,寻找故障点。在这个过程中需要借助于检测和试验等辅助手段。如怀疑某集成电路有问题,可对它进行静态测量和动态测量。静态测量是指工作时测量集成电路引脚的直流电压,因为集成电路内部电路的损坏往往会引起引脚电压值的变化。测量后根据测量结果对照图纸和资料上提供的正确参数即可判断集成电路是否有故障。这种方法比较简单,只使用万用表就可以做到。如果使用这种方法还不能判断故障点,可以进行动态信号跟踪测量,使彩色电视机处于接收信号时的工作状态(最好是用录像机或 VCD 机播放彩条信号),测量可疑部分的各点信号波形。将示波器观测到的

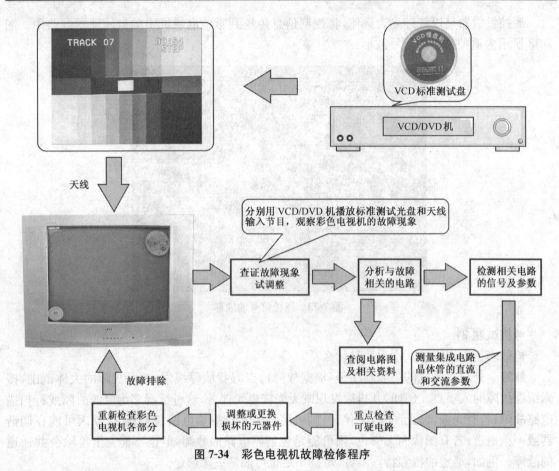

图 7-34　彩色电视机故障检修程序

波形与图纸和资料上提供的标准波形进行比较,即可找到故障点。对于调谐器和中频通道的故障,若经静态测量和动态测量找不出故障点,还可以进行单元测量。如利用扫频仪测量其频率特性,一级一级地检查即可发现故障,找到故障点后也就很易找到故障元件,即可进行更换。但有时一个故障与几个元器件有关,难确认是哪一个损坏。这种情况下可利用试探法、代替法分别试验某一元器件。在怀疑某个集成电路有故障时,应先注意检查集成电路的外围元器件及其供电电路,外围电路中的某个元器件不良或供电不正常也会使集成电路不能正常工作。证实外围元器件及供电无问题后才可拆卸集成电路。

考核试题 3:

彩色电视机中哪一部分会有 220V 高压? 怎样进行安全操作,有哪些措施?

解答　通常有可能与交流火线相连的电路中的地线被称为"热地",不会与 220V 交流电源相连的电路部分的地线被称为"冷地"。电视机中只有开关电源的开关振荡部分属"热地"区域。如果检测部位在"冷地"范围内,一般不会有触电的问题。如果检测的部位是在"热地"范围内,则要注意触电问题,常用的方法是使用隔离变压器。隔离变压器是 1:1 的交流变压器,初级与次级电路不相连,只通过交流磁场使次级输出 220V 电压,这样就可以与交流火线隔离开了。测量"热区"内电路的电压或信号波形时,仪表的接地端应选在"热区"内的地端;测量"冷区"部分的电压或信号波形时,仪表的接地端应选在"冷区"部分的地端,不能交错。

解析 图 7-35 所示为彩色电视机检修时与隔离变压器的连接。

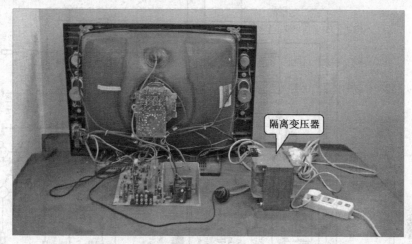

图 7-35 彩色电视机检修时与隔离变压器的连接

考核试题 4：

参照图 7-36 进行故障分析和判断。

(1)如果 R918 有断路故障彩电会有何种表现?

(2)如果 V901 短路击穿彩电会有何种故障表现?

(3)如果 VD909 断路,105V(+B)电压实际输出电压值为多少?

解答 三无故障、不能开机、零伏

解析 R918 为启动电阻器,若 R918 存在断路故障,则开关电源不起振,电视机整机将无供电电压,出现三无故障。

V901 为开关晶体管,该器件击穿断路将直接引起熔断器烧断,彩色电视机将无法开机。

VD909 为+B 供电电路的整流二极管,该器件断路,该路将无输出,因此+B 电压将降为 0V。

考核试题 5：

参照图 7-37 进行故障分析和检修。

(1)如果 IC301①脚的外接电阻 R201 断路,彩电会有何种症状表现?

(2)如果 IC301②脚外接电容器 C301 轻微漏电会有何种症状表现?

(3)如果 Q402 击穿损坏会有何种故障表现?

(4)如果行场偏转线圈插座 P411 的最下的一只引脚虚焊会有何种故障表现?

解答 (1)一条水平亮线

(2)图像垂直方向场幅不稳

(3)无光栅无图像的故障

(4)一条垂直亮线

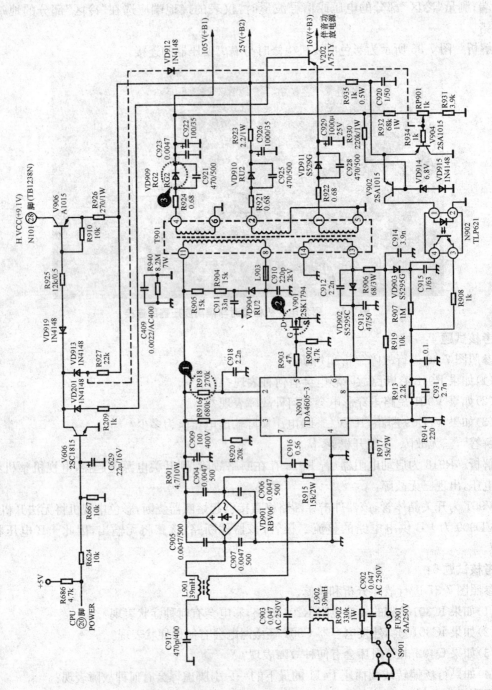

图7-36　典型彩色电视机开关电源的电路图

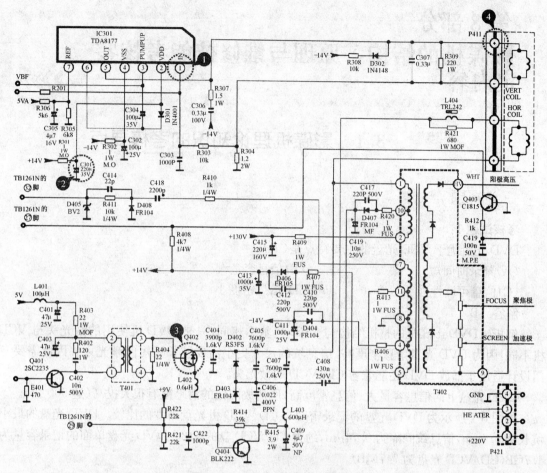

图 7-37　彩色电视机的扫描电路

解析　若电阻 R301 断路,则场激励信号无法送至场输出集成电路中,场电路无扫描信号输出,导致图像出现一条水平亮线的故障。

电容器 C301 轻微漏电将会导致场输出集成电路工作电压偏低,将出现图像场幅不够或不稳的故障。

Q402 为彩色电视机行管,该器件击穿损坏将导致彩色电视机行电路不工作,出现彩色电视机无光栅无图像的故障。

行场偏转线圈插座 P411 的最下的一只引脚虚焊则导致行电路输出的水平扫描信号无法加至行偏转线圈上,彩色电视机水平方向无法打开,出现一条垂直亮线的故障。

第8部分
影碟机的结构、原理与维修技能考核鉴定内容

▰▰▰▶ **8.1 影碟机理论知识的考核要点**

一、选择题

考核试题 1：
DVD 光盘优于 VCD 光盘的主要特点是（　）。

(A)刻录时间短　　　　　　　　(B)信息容量大

(C)信息可读性强　　　　　　　(D)信息密度小

解答　B

解析　DVD 影碟机的整机结构与 VCD 机基本相同，只是 DVD 机使用的激光头与 VCD 机不同，因为 DVD 光盘信息密度高，信息坑的尺寸更小需要波长更短的激光束。因此需要专门设计适用于播放 DVD 还能兼容 CD/VCD 的激光头。

DVD 光盘上的信息容量大、信息密度高，所播放图像的清晰度有很大提高（达 500 线）。

如图 8-1 所示为 DVD 光盘的记录密度与 CD/VCD 机光盘密度的比较。DVD 光盘的最小坑长为 0.4μm，信息纹间隔为 0.74μm，约为 CD/VCD 盘的 1/2。DVD 光盘单面的记录容量为 4.7GB（CD/VCD 光盘为 747MB）。

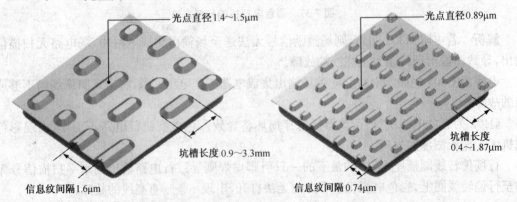

（a）　　　　　　　　　　　　　　　　　　　　　（b）

图 8-1　CD/VCD 光盘与 DVD 光盘的记录信息比较

（a）CD/VCD 记录信息数据　（b）DVD 记录信息数据

考核试题 2：
记录在 VCD 光盘上的信号是（　）。

(A)调频(FM)信号　　　　　　　(B)模拟分量信号

(C)数字编码信号　　　　　　　(D)R、G、B信号

解答 C

解析 盘上是用一圈圈螺旋形排列的小坑槽来表示信息的,即信息坑。这些小坑的长度和间隔是与信息内容相对应的,也就是说它与所记录数字信息"0"和"1"的不同组合相对应,如图8-2所示。

图中的数字信息是由"0"和"1"组成,它是模拟信号经A/D变换后再经编码而形成。这个信息要记录到光盘上,其信号波形为脉冲状,在光盘上刻制的坑槽与脉冲相对应。由图可见,为了提高信息密度,将波形中电平变化的部分表示为"1",电平不变化的部分表示为"0",即坑的边沿对应"1",坑内和坑外平坦的部分对应"0"。

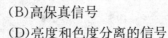

图 8-2　光盘上信息坑槽与数字信号的对应关系

考核试题3:

DVD 机的 S-视频端子(S-VIDEO)输出的是(　)。

(A)亮度和色差分量信号　　　　(B)高保真信号

(C)FM 调制信号　　　　　　　(D)亮度和色度分离的信号

解答 D

解析 图 8-3 所示为目前多数 DVD 机背部的接口部分。其中 S-视频端子(S-VIDEO)输出亮度和色度信号;AV 接口用于输出音视频信号;Pb、Pr、Y 接口用于输出分量视频信号(亮度和色差信号)。

图 8-3　音频/视频输出接口

考核试题4:

三光束激光头中辅助光束的功能是(　)。

(A)拾取伴音信息　　　　　　　(B)拾取循迹误差

(C)拾取聚焦误差　　　　　　　(D)拾取倾斜误差

解答 B

解析 激光头对信息的读取方式有三光束方式和单光束方式。所谓三光束方式,即在激光头的激光二极管光路中设有一个分裂光束的光栅,将激光头发出的激光分裂成3束光。其中一条主光束用于读取数据信息,其余两条辅助光束用于检测循迹误差。图 8-4 所示为三光束

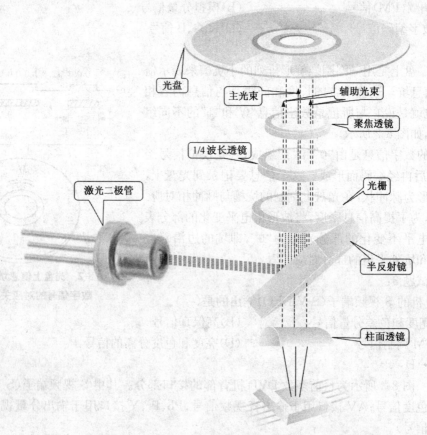

图 8-4　三光束方式

方式。

光束经半反射镜、光栅 1/4 波长(λ/4)透镜、聚焦透镜等照射到光盘盘面上,光盘反射的激光束再经过聚焦透镜、1/4 波长透镜、光束分离镜、检测透镜(柱面透镜),最后照射到光电检测器(光敏二极管组件)上。光敏二极管组件将光信号变成电信号输出,这就是激光头读取信息的全过程。

单光束系统的激光头结构比三光束系统简单,所谓单光束就是在激光头中激光二极管发射的激光束只有一束光射到光盘盘面上。这样,这个单一的光束既要检测数据信息,又要检测聚焦和循迹误差,它是利用反射回来的光通量的不均匀性进行检测的。

考核试题 5：

下列关于 DVD 的性能解说中,错误的是(　　)。

(A)DVD 机为与 VCD 机兼容均采用双激光头

(B)DVD 机的激光二极管所发射的激光波长比 VCD 机的激光二极管发射的激光波长短

(C)DVD 光盘可以两面记录信息,VCD 光盘为单面记录信息

(D)DVD 光盘上的信息与 VCD 光盘信息采用不同的压缩标准,DVD 为 MPEG2,VCD 为 MPEG1

解答 A

解析 DVD 机是采用双激光二极管以适应兼容 CD、VCD 光盘,DVD 光盘的信息坑槽尺寸较小,因而读取信息的激光束需要更短的波长。

二、判断题

考核试题 1:

DVD 机与 VCD 机相比主要是电源电路不相同。(   )

解答 错误

解析 DVD 机与 VCD 机相比主要是激光头与信号处理电路不同。

考核试题 2:

激光头读取信息时,将各种误差信号送至伺服电路进行自动跟踪控制。(   )

解答 正确

解析 激光头及信息读取电路的原理如图 8-5 所示。DVD 机开始工作时,微处理器将启动控制信号送至驱动激光二极管的自动功率控制电路中,于是有电流流过激光二极管,使之发射激光束,激光束经激光头中的光学系统后照射到光盘上。为了使激光头所发射的激光束强度稳定,在激光二极管组件中设有激光功率检测二极管。这个二极管是一只与激光二极管制作在一起的光敏二极管,它将检测到的激光功率强弱信号反馈到自动功率控制(APC)电路中,这个负反馈环路可以自动稳定激光二极管的发光功率。由光盘反射回来的激光束又进入激光头,经透镜、反射镜、柱面透镜等投射到光敏二极管组件上,它在检测声像信息的同时还可以检测出聚焦误差。由于光盘在旋转过程中有随机的偏摆现象,这样会使激光束的聚焦点偏离光盘上的信息面,造成信息不能正确地拾取。伺服电路可以利用聚焦误差去控制聚焦镜头,使之自动跟随盘面的变化。

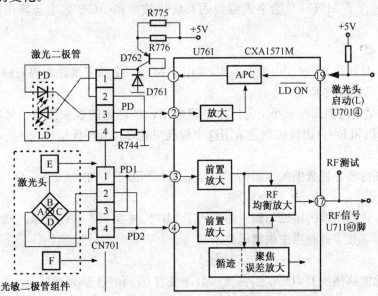

图 8-5 激光头及信息读取电路

由于光盘上的信息纹是由内圆向外圆呈螺旋形排列的,所以光盘旋转时激光头在进给电机的驱动下由内向外水平移动。为使激光束准确地跟踪信息纹,在光敏二极管组件中专门设有两个光敏二极管来检测循迹误差,循迹伺服电路利用这个误差信号去控制激光头的循迹线圈,从而达到激光束跟踪信息纹的要求。

DVD机装入光盘后,激光头在进给电机的驱动下先移动至光盘信息的起始位置,这个位置又称目录信号记录的位置,或称导引信号的位置。到达指定位置后有激光束从激光头的物镜中发射出来,即使不装光盘,激光头也有这个动作。

激光头读出目录信息之后便处于准备状态,一旦操作DVD机的曲目选择键,立即进入播放状态。

从图8-5中可见,激光头中光敏二极管A、C输出信号之和送至预放电路的③脚,B、D输出信号之和送至预放电路的④脚,分别经放大后送至加法器形成A+B+C+D的和信号,即RF信号,其中包含音频和视频的数据信号,此信号是从光盘上读取的主要信号,将它送至数字信号处理电路和解压缩处理电路中即可以将音频、视频及辅助信号提取出来。③脚和④脚的信号经放大后相减,即可以得到聚焦误差信号,此信号送至伺服电路中经处理后即可以形成驱动聚焦线圈的控制信号。

激光头中光敏二极管E、F的输出信号经放大后相减,可以得到循迹误差信号,此信号经伺服电路处理后可以形成循迹线圈和进给电机的控制信号。

考核试题3:
记录到光盘上的信息是由光盘上从外圆到内圆螺旋形排列的一系列坑槽表示的。(　)

解答　错误

解析　记录到光盘上的信息是由光盘上从内圆到外圆螺旋形排列的一系列坑槽表示的。

考核试题4:
DVD机包含了MPEG 2数字视频编码与解码技术和AC-3数字音频压缩编解码技术。
(　)

解答　正确

解析　DVD机集光、电、声、像于一体,采用了MPEG-2数字视频编码与解码技术和AC-3数字音频压缩编解码技术。

MPEG 2是运动图像专家小组为广播电视数字设备制定的视频图像信号的压缩标准,广播用数字录像机和DVD影碟机均是采用这个标准来处理视频图像信号。

考核试题5:
DVD机图像和伴音数据的压缩和解压缩采用MPEG 2标准。(　)

解答　错误

解析　DVD机图像的压缩与解压缩采用了MPEG 2编码与解码技术,音频的压缩和解压缩采用了AC—3数字音频压缩编解码技术。

考核试题6:
DVD机除能够播放DVD光盘外,大多数能兼容CD和VCD光盘(　)。

解答　正确

解析 随着电子技术的发展,新型的影碟机具有兼容前级产品的特点,即 DVD 机兼容有 VCD 机和 CD 机的特点,除可播放 DVD 光盘外,还可播放 VCD 和 CD 光盘;VCD 机兼容 CD 机特点,除可播放 VCD 光盘外还可播放 CD 光盘。

DVD 机可兼容 VCD/CD 光盘,反之 VCD/CD 机则不能兼容 DVD 光盘。

8.2 影碟机实用知识的考核要点(结构和原理)

一、选择题

考核试题 1:

调整激光头上的电位器会( )。

(A)增加 RF 信号的输出频率　　　　(B)改变激光二极管的发射频率

(C)改变激光二极管的电流　　　　　(D)微调 RF 信号的相位

解答 C

解析 在激光头电路上还有一个电位器,这个电位器是激光头功率调整电位器。如果激光二极管老化,发光功率就会下降,造成读盘不正常,此时可以通过调整电位器增加供电电流。如激光头老化以后,将电位器调大,进行功率调整,但是一般情况下,不能调至最大状态,因为调至最大状态之后,激光二极管发射的激光束会散焦,不能读盘。

考核试题 2:

在激光头组件中,激光二极管用于( )。

(A)发射激光束　　　　　　　　　　(B)检测从光盘反射回来的光信息

(C)调整激光束的聚焦点　　　　　　(D)激光束的传输通道

解答 A

解析 激光头通过发射激光束,然后检测由光盘反射回来的激光束拾取信息。在激光头中设有以下零部件:激光二极管,用于发射激光;光学通路,作为激光束的传输通道;物镜(透镜组),用于调整激光束的聚焦点,使激光束的聚焦点射到光盘信息纹上;光检测器(光敏二极管组件),用于检测从光盘反射回来的光信息,同时检测包含在信息中的聚焦误差和循迹差分量。图 8-6 所示为激光头的光学系统。

考核试题 3:

系统控制电路在 VCD/DVD 视盘机中是一个控制核心,下列属于微处理器控制电路部分的是( )。

(A)机械及激光头部分　　　　　　　(B)操作按键电路部分

(C)伺服电路　　　　　　　　　　　(D)信号处理电路

解答 B

解析 操作按键用于为微处理器输入人工指令信号,属于控制电路的一部分,微处理器对该信号进行识别处理,然后输出相应的控制信号。

目前,随着电子产品集成度的提高,在很多新型 DVD 机中将多种信号处理电路与微处理

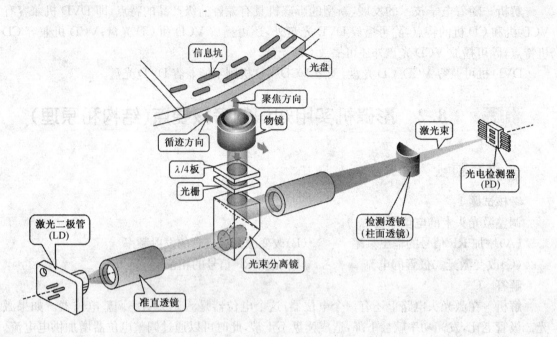

图 8-6　激光头的光学系统

器等集成到一个大规模集成电路中,称其为 DVD 信号处理芯片。例如,图 8-7、图 8-8 所示为万利达 DVP-801 型 DVD 机使用的型号为 MT1389QE 处理芯片的内部功能和引脚功能图。该电路内部集成了 RF 信号处理、数字信号处理、视频解压缩处理、音频解压缩处理、微处理器等电路,主要用来进行音、视频信号的处理,以及为整机提供控制信号。

图 8-7　MT1389QE 的外形和引脚排列图

由内部功能框图可知,由激光头送来的信号首先进入伺服预放电路,然后送往数字信号处

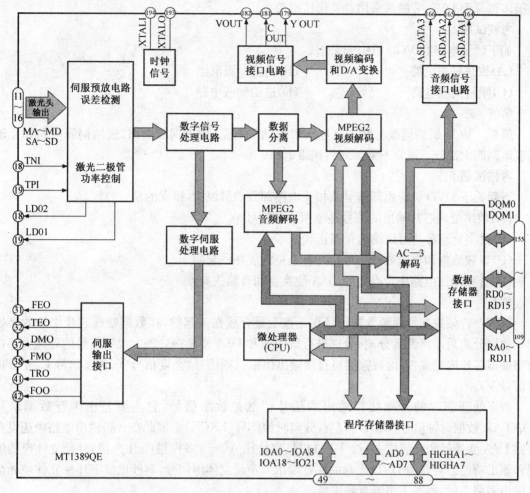

图8-8 MT1389QE的内部功能和引脚功能图

理电路,经数字处理后的信号分为两路,一路经数字伺服处理电路后,由伺服输出接口输出伺服控制信号;另一路进入数据分离电路,将视频数据和音频数据进行分离,其中视频信号经MPEG2视频解码和视频D/A变换后由视频信号接口电路输出亮度信号、色度信号和复合视频信号。音频信号经MPEG2音频解码和AC-3解码后输出三路数字音频信号。微处理器(CPU)输出的控制信号分别送往视频解码电路、音频解码电路、数据存储器接口和程序存储器接口等电路中进行自动控制。

考核试题4:

超薄型DVD机的电源部分一般都是采用( )。

(A)二极管稳压电源 　　　　(B)串联稳压电源

(C)线性稳压电源 　　　　　(D)开关稳压电源

解答 D

解析 由于开关稳压电源的开关变压器比串联型稳压电源的降压变压器小很多,因此,目前很多超薄型 DVD 一般都采用开关稳压电源。

考核试题 5：

如下（　）电路在 VCD 机中未采用。

(A)聚焦伺服电路 　　　　　　　　(B)循迹伺服电路

(C)倾斜伺服电路 　　　　　　　　(D)进给伺服电路

解答 C

解析 VCD 机的伺服电路主要包括聚焦伺服电路、循迹伺服电路、进给伺服电路和主轴伺服电路四大部分。通常不需要倾斜伺服电路。

考核试题 6：

下列关于 DVD 机音视频信号及相关电路部分的解说中，错误的是（　）。

(A)数字处理芯片输出的信号是模拟音频信号

(B)数字处理芯片可以输出模拟视频信号

(C)音频数据和视频数据信号在光盘上是合成在一起的

(D)音频输出电路中设有音频 D/A 变换器和音频放大器

解答 A

解析 音频数据和视频数据信号在光盘上是合成在一起的，在数据处理芯片中经数字处理和数据分离后才将两者分离，分别进行解压缩和 D/A 变换等处理。视频信号的处理大都在数字处理芯片内完成，并由视频接口直接输出模拟视频信号（亮度信号 Y、色度信号 C、复合视频信号 V）。

数字处理芯片的音频接口输出的信号仍然是数字信号，它主要是由串行数据信号（DATA）、数据时钟信号（CLK）和左右分离时钟信号（LRCK）。因此在音频输出电路中还设有音频 D/A 变换器和音频放大器。DVD 机具有杜比 AC−3 多声道（5.1 声道）环绕立体声的解码和输出功能。对普通 DVD 光盘的伴音输出双声道立体声信号，对杜比数字环绕立体声光盘可输出多路音频，即 5.1 声道音频信号。

考核试题 7：

下列关于伺服信号处理电路的解说中，错误的是（　）。

(A)伺服信号处理电路通常与 RF 信号预防电路制作在一个芯片中

(B)伺服信号处理电路可直接驱动线圈和电机

(C)伺服信号处理电路用于处理误差信号

(D)大多伺服驱动信号集成在大规模数字集成电路中

解答 B

解析 目前大多数伺服信号处理电路集成在数字信号处理电路中。芯片内的伺服处理电路通过对误差信号的处理转换成伺服驱动信号送至伺服驱动电路中，经驱动放大，将驱动控制信号放大到足够的功率，然后分别去驱动聚焦线圈、循迹线圈、进给电机和主轴电机。在 DVD 光盘的播放过程中使这些数字信号处理控制电路实时地检测光盘与激光头之间的偏离误差，根据误差的方向和大小再反馈至驱动控制器件进行纠正，保证系统的误差在允许的范围内。使激光头能准确地跟踪光盘，完成信息的读取。

考核试题8：

图8-9所示为万利达DVP-801型DVD机的伺服信号处理电路,下列关于该电路解说错误的是( )。

(A)U5(PT7954)为伺服驱动集成电路

(B)该电路的主要功能就是用来放大聚焦线圈、循迹线圈、给进电机和主轴电极的伺服驱动信号,确保激光头能够正确地跟踪光盘的信息纹

(C)④脚和⑤脚输入主轴驱动信号,⑪、⑫脚输出主轴电机驱动信号,用来驱动主轴电机动作

(D)⑮、⑯脚输出聚焦驱动信号,从而控制聚焦线圈的位置

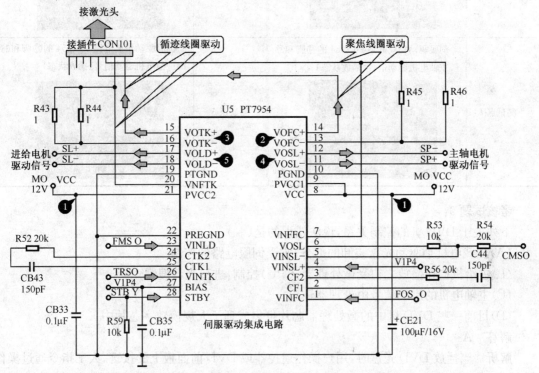

图8-9 万利达DVP-801型DVD机的伺服信号处理电路

解答 D

解析 主轴驱动分别由PT7954的④脚和⑤脚输入,经内部电路放大处理后由⑪、⑫脚输出主轴电机驱动信号驱动主轴电机动作;聚焦驱动由①脚输入,经放大后由⑬、⑭脚输出聚焦驱动信号控制聚焦线圈的位置;循迹驱动由㉖脚输入,经⑮、⑯脚输出循迹驱动信号控制循迹线圈的位置;此外,进给驱动信号由微处理器送入PT7954的㉓脚,经放大后由⑰、⑱脚输出进给电机驱动信号控制进给电机的动作。该集成电路内部同时设有过热保护电路,当温度过高时,该芯片自动保护,从而避免损坏其他元件。

图中伺服驱动电路检测数据见表8-1所列。

表 8-1　万利达 DVP-801 型 DVD 机的伺服驱动电路检测数据

检测部位	波形或数据	检测部位	波形或数据
测试点 1	伺服驱动集成电路 PT7954 的⑧脚、⑨脚、㉑脚＋12V 供电电压		
测试点 2	伺服驱动集成电路 PT7954 的⑬脚和⑭脚聚焦线圈驱动信号波形 	测试点 3	伺服驱动集成电路 PT7954 的⑮脚和⑯脚循迹线圈驱动信号波形
测试点 4	伺服驱动集成电路 PT7954 的⑪脚和⑫脚主轴电机驱动信号(播放状态) 	测试点 5	伺服驱动集成电路 PT7954 的⑰脚和⑱脚进给电机驱动信号(播放状态)

考核试题 9：

下列关于 DVD 机的控制关系,说法错误的是(　)。

(A)加载电机是驱动光盘装卸的部分,它受伺服电路的控制

(B)进给机构在播放之初受微处理器(CPU)控制,进行光盘搜索

(C)主轴电机的启动信号由处理器输出

(D)目前一些 DVD 机中的微处理器芯片也集成到了大规模数字芯片中

解答　A

解析　当播放 DVD 光盘时,用户操作遥控器或 DVD 前面板上的按键,人工指令通过操作电路送至数字处理芯片中的 CPU 中,CPU 收到控制指令后根据程序分别给机芯和电路发送控制指令,使 DVD 机进入播放状态。主要过程是:CPU 输出主轴电机启动信号,激光二极管供电驱动信号和进给电机驱动信号,使光盘旋转,进给机构动作,激光头中聚焦线圈和循迹线圈启动,搜索光盘,读取目录信号,开始播放。

进给机构在播放之初受微处理器(CPU)控制,进行光盘搜索,当进入播放状态后作为循迹伺服的粗调,循迹线圈的动作是循迹(跟踪信息纹)细调。

加载电机是驱动光盘装卸的部分,它直接受 CPU 的控制。

考核试题 10：

图 8-10 所示为步步高 965s 型 DVD 机的音频 D/A 转换电路,下列关于该电路解说中错误的是(　)。

(A)U207(CS4360)为 D/A 转换器,用于将数字音频信号转换为模拟音频信号

(B)U207(CS4360)与微处理器之间通过 I²C 总线进行控制数据的传输

(C)U207(CS4360)的②脚、③脚、④脚为模拟信号输入端

(D)U207(CS4360)输出的信号为模拟音频信号

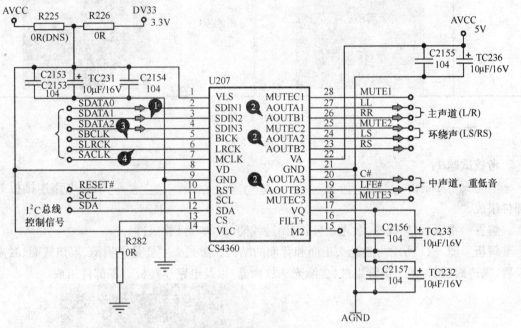

图 8-10 步步高 965s 型 DVD 机的音频 D/A 转换电路

解答 C

解析 由 AV 解码芯片送来的数字音频信号 SDATA0、SDATA1、SDATA2 送入音频 D/A 转换器 CS4360 的②脚、③脚、④脚,音频时钟 SBCLK 由⑤脚输入,LR 时钟由⑥脚输入,数据时钟信号 SACLK 由⑦脚输入。经 D/A 转换后,由⑲脚、⑳脚、㉓脚、㉔脚、㉖脚、㉗脚输出 6 路(5.1 声道环绕立体声)模拟音频信号,送往音频接口中。

步步高 965s 型 DVD 机的音频 D/A 转换电路检测数据见表 8-2 所列。

表 8-2 步步高 965s 型 DVD 机的音频 D/A 转换电路检测数据

检测部位	波形或数据	检测部位	波形或数据
测试点 1	音频 D/A 转换器 CS4360 输入的数字音频信号波形(②脚、③脚、④脚)	测试点 2	音频 D/A 转换器 CS4360 输出的模拟音频信号波形

续表 8-2

检测部位	波形或数据	检测部位	波形或数据
测试点 3	音频 D/A 转换器 CS4360⑤脚输入的数据时钟信号波形（BICK）	测试点 4	音频 D/A 转换器 CS4360⑥脚输入的 LR 分离时钟信号波形（LRCK）

二、填空题

考核试题 1：

激光头主要是由_____、_____、_____、_____、_____以及电路连接板等零部件组成。

解答 物镜、聚焦线圈、激光二极管、循迹线圈、光敏二极管组件

解析 图 8-11 所示为激光头正面和背面的结构。激光头主要是由物镜、聚焦线圈、激光二极管、循迹线圈、光敏二极管组件（含激光头放大器）以及电路连接板等零部件组成。

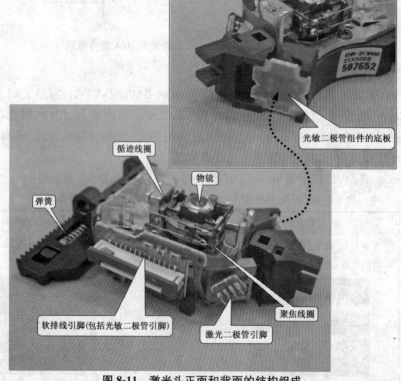

图 8-11 激光头正面和背面的结构组成

考核试题 2:

DVD 机的机芯中,通常包含有三只电机,分别是_____、_____、_____。

解答 加载电机、主轴电机、进给电机

解析 加载电机即为光盘装卸机构驱动电机;主轴电机是驱动光盘旋转的电机;进给电机是驱动激光头相对于光盘作水平运动的电机,使激光头能够跟踪光盘信息纹运动。

图 8-12 所示为典型 DVD 机机芯中的各种电机及机芯的实物外形。

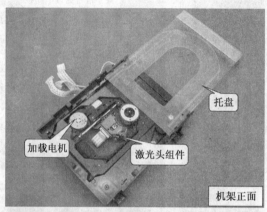

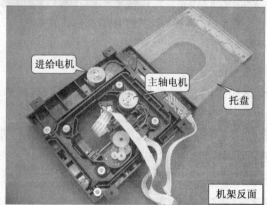

图 8-12 典型 DVD 机机芯中的各种电机及机芯的实物外形

考核试题 3:

_____收到操作显示电路送来的控制信号后,再分别控制 DVD 机的机械和电路。

解答 系统控制微处理器

解析 系统控制微处理器是 DVD 机整机控制核心,用于接收人工操作按键或遥控器送来的指令信号,对该信号进行识别和处理后,输出相应的控制信号到机械和其他电路部分,用以控制 DVD 机完成用户的操作要求,实现其相应的功能。

考核试题 4:

_____是读取光盘信息的主要器件,它安装在____的中部。读取信息时,将各种____送到____进行伺服控制。(参考答案:微处理器、解码电路、激光头、机芯、误差信号、伺服电路)

解答 激光头、机芯、误差信号、伺服电路

解析　激光头是读取光盘信息的主要器件,它安装在机芯的中部。激光头读取信息时,将各种误差信号送至伺服电路进行伺服控制。

激光头是 DVD 机中的核心部件,主要作用是通过进给机构的驱动对光盘信息进行读取,其输出信息经软排线输出送至数字信号处理电路板上,进行信号和数据的解压缩处理,图 8-13所示为激光头与其他 DVD 机部件的关系。

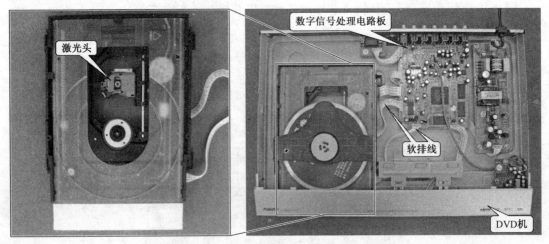

图 8-13　激光头与其他 DVD 机部件的关系

考核试题5:

伺服驱动集成电路主要用于放大＿＿＿＿、＿＿＿＿、＿＿＿＿、＿＿＿＿的驱动信号。
(参考答案:AV 接口电路、聚焦线圈、循迹线圈、进给电机、主轴电机)

解答　聚焦线圈、循迹线圈、进给电机、主轴电机

解析　伺服驱动集成电路主要是用来放大聚焦线圈、循迹线圈、进给电机和主轴电机的驱动信号。确保激光头能够正确跟踪光盘的信息纹。

例如,图 8-14 所示为万利达 DVP—801 中使用的伺服驱动集成电路 PT7954 的外形和引

图 8-14　PT7954 的外形和引脚排列图

脚排列图。图 8-15 所示为 PT7954 的内部功能图

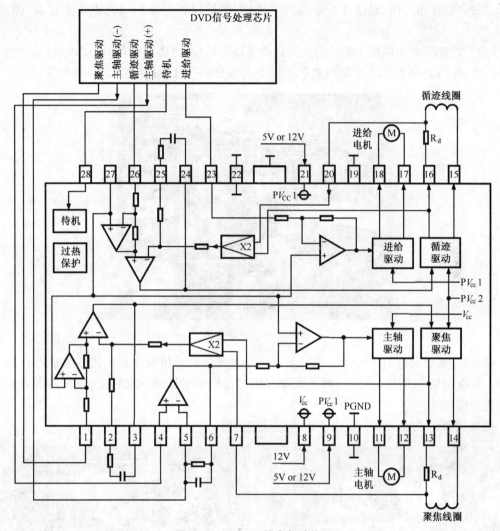

图 8-15　PT7954 的内部功能图

三、判断题

考核试题 1：

VCD 机的进给系统是驱动光盘旋转的系统。（　）

解答　错误

解析　VCD 机的进给系统是驱动激光头作水平运行的系统。VCD 机的机械传动机构由机架、光盘装卸机构、光盘旋转驱动机构、激光头驱动进给机构等部分构成。

（1）机架。机架是支撑加载机构、进给机构、光盘驱动电机和电子线路的框架，其上面设有很多定位环节，以便精确地保持各部分之间的相对位置关系。

(2)光盘装卸机构。光盘装卸机构由加载电机(光盘装卸机构驱动电机)接收到"弹出"或"装入"命令后开始工作,通过皮带带动传动齿轮,然后通过齿条驱动光盘托架自动"弹出"和"装入"。

(3)光盘旋转驱动机构。光盘的旋转是由主轴电机(光盘驱动电机)驱动,一般设在机芯的中央部位,如图 8-16 所示。主轴电机的芯轴上安装有法兰盘,用于光盘的安装和定位。

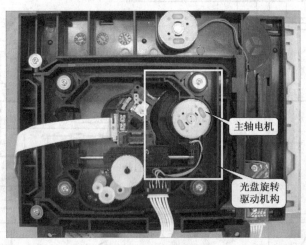

图 8-16　主轴电机

(4)激光头驱动进给机构的结构特点。激光头驱动进给机构主要由进给电机和传动机构组成。其作用是由进给电机驱动激光头相对于光盘作水平运动,使激光头发出的激光束能够跟踪光盘信息纹。

图 8-17 所示为激光头驱动进给机构的基本结构。

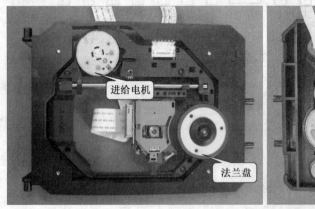

图 8-17　激光头驱动进给机构的基本结构

考核试题 2:

音频、视频解压电路是将 VCD/DVD 机的数字信号处理电路(DSP)输出的数字信号,进行解压缩处理,最后还原出音频、视频信号。目前,大多 DVD 机中的音频、视频解压电路集成到

数字信号处理电路中。（　）

解答 正确

解析 音频、视频解压电路用于将数字信号进行解压缩处理，最后还原出音频、视频信号。

考核试题3：

DVD 机的光盘托盘是由光盘装卸机构驱动电机（又称加载电机）通过皮带和齿轮带动的。
（　）

解答 正确

解析 图 8-18 所示为光盘装卸机构，它是加载电机（光盘装卸机构驱动电机）接收到"弹出"或"装入"命令后开始工作，通过皮带带动传动齿轮，然后通过齿条驱动光盘托架自动"弹出"和"装入"。在托盘上设有两种圆形凹槽，以适合不同尺寸的光盘，即 8cm 光盘和 12cm 光盘。

图 8-18　光盘装卸机构的基本结构

考核试题4：

VCD 机中的聚焦伺服电路用于检测盘面相对于激光头的左右偏摆，循迹伺服用于检测盘面相对于激光头的上下偏摆。

解答 错误

解析 VCD 机中的聚焦伺服电路用于检测盘面相对于激光头的上下偏摆，循迹伺服用于检测盘面相对于激光头的左右偏摆。

VCD/DVD 机在光盘和激光头的相互运动过程中读取信息，伺服系统是在相互运动中通过对聚焦线圈、循迹线圈、主轴电机和进给电机的驱动，达到自动跟踪的目的，伺服系统中各个部分之间的关系如 8-19 所示。

考核试题5：

进给伺服是循迹的粗调系统。主轴伺服是通过对数据速率误差的检测，来控制电机的转速，从而使读取的数据稳定。（　）

解答 正确

解析 VCD 机是由 CD 机芯和 A/V 解码电路相结合而成的，伺服系统是 CD 机芯的主要部分，即 VCD 机和 CD 机的机芯部分基本相同。DVD 机的伺服电路的精度要求比 CD/VCD

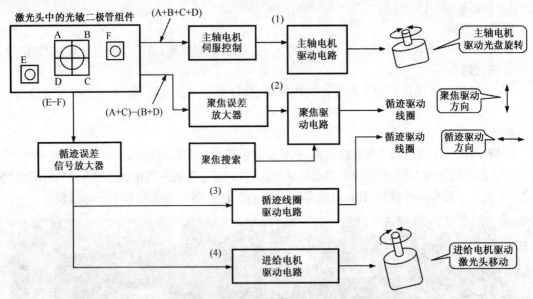

图 8-19　伺服系统中各部分之间的关系

高,但基本原理相同。伺服系统的电路方框图如图 8-20 所示。

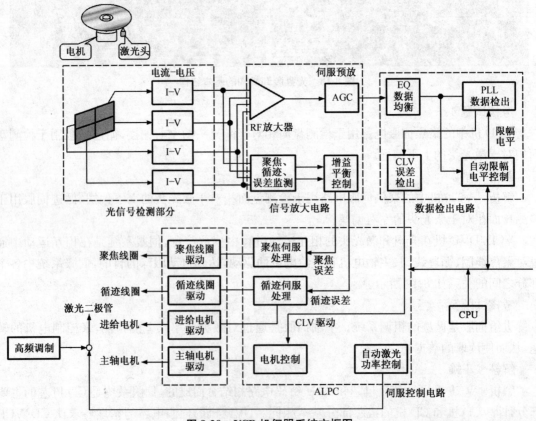

图 8-20　VCD 机伺服系统方框图

(1)聚焦伺服电路。当光盘旋转时,由于机械误差,其盘面相对于激光头会有上下偏摆,造成激光头射出的激光束的聚焦点不能准确地射到盘面上。聚焦伺服电路通过检测聚焦误差后转换成聚焦线圈的控制信号。当出现误差时,能迅速调整物镜,实现焦点跟踪。

(2)进给伺服电路。进给伺服是循迹的粗调系统,通过进给电机的驱动来实现信息纹的跟踪。在影碟机播放时,光盘每旋转一周,进给电机使激光头在水平方向移动一个信息纹的间距。

(3)循迹伺服电路。光盘旋转时,不仅有上下偏摆,而且还有水平方向的误差。影碟机播放时激光头由进给电机驱动,沿水平方向运动,使激光束跟踪光盘上的信息纹。激光束如偏离信息纹,也会影响信息的读取。进给电机的驱动远不能满足跟踪光盘信息的要求。循迹伺服电路通过检测循迹误差后转换成控制循迹线圈的电流,系统通过微调镜头,使激光束准确地跟踪光盘上的信息纹。

(4)主轴伺服电路。主轴电机是驱动光盘的机构。VCD/DVD光盘在播放时要求信息纹与激光头之间的相对速度为恒定线速度方式,这样主轴电机的旋转角速度则是不断变化的。主轴电机的旋转误差通过对读取的数据速率来检测。主轴伺服是通过对数据速率误差的检测控制电机的转速,从而使读取的数据稳定。

(5)激光二极管的功率控制。VCD机在播放过程中要求激光二极管的发光功率恒定。如果激光二极管发光强度不稳定,激光头输出的信号幅度则不稳定,影响数据信号的提取。为了使激光头中的激光二极管发光强度稳定,在激光二极管的供电电路中设置了自动功率控制电路(APC)。电路通过对激光二极管所发出光的强弱的检测,对供电电流进行控制,从而达到稳定激光功率的作用。

考核试题6:
激光头上的电位器是微调激光二极管供电电流的器件。( )

解答 正确

解析 微调电位器的作用是微调激光二极管的供电功率,通过调整该电位器,从而改变激光二极管供电电流的大小,如图8-21所示。由图可知,该激光头有两个电位器,其中一个微调DVD激光二极管的供电电流,另一个是微调VCD激光二极管的供电电流。

考核试题7:
VCD/DVD机电源电路中的交流输入电路是由开关,保险丝,互感滤波器,滤波电容等部分构成,其主要功能是滤除交流电路中的噪声和脉冲干扰。( )

解答 正确

解析 图8-22所示为万利达DVP-801型DVD机电源电路的结构图。该DVD机电源电路的交流输入部分主要包括保险丝、互感滤波器、滤波电容等部分;整流滤波电路主要包括桥式整流电路、+300V滤波电容等部分;开关振荡电路主要包括开关变压器、开关振荡集成电路(有些内部集成有开关管,有些为独立的开关);次级输出电路主要包括整流二极管、滤波电容器等;误差检测电路包括误差检测电路、光电耦合器等。

考核试题8:
如果DVD机电源电路的输出电压不稳,则取样点的电压会成比例地变化。( )

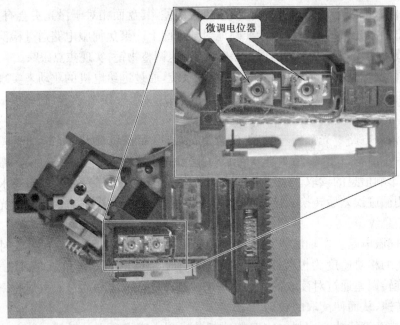

图 8-21 DVD 机中的微调电位器

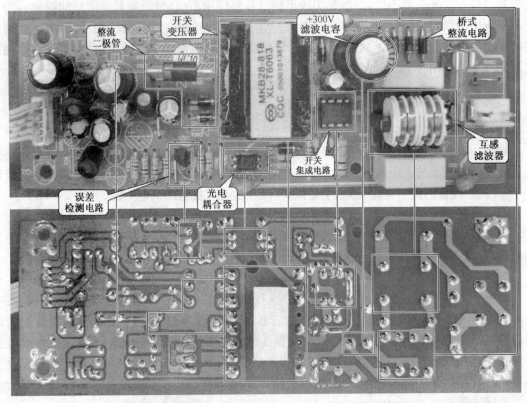

图 8-22 万利达 DVP-801 型 DVD 机电源电路的结构图

解答 正确

解析 图 8-23 所示为典型 DVD 机电源电路中的次级整流输出电路部分。开关电源起振后,开关变压器 T1 的次级线圈分别输出开关脉冲信号,次级绕组脚接有整流滤波电路,输出+12V、−12V 和+5V 电压。其中+5V 电压还经主板稳压电路稳压后得到 3.3V 电压为集成电路供电。

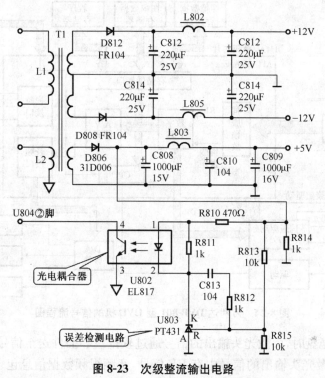

图 8-23 次级整流输出电路

误差检测电路设在+5V 的输出电路中,电阻 R813、R815 构成分压电路,其分压点作为取样点,接至误差检测电路 U803 的输入端 R。

如果输出电压不稳,则取样点的电压会成比例的变化,这种变化会引起 U803 阻抗的变化,U803 接在光电耦合器 U802 的发光二极管负极,如果 U803 阻抗变小,则 U802 中的发光二极管发光强度增强,反之则减弱。U802 中的光敏晶体管的阻抗也会随之变化。U802 的④脚到U804 的稳压负反馈端(②脚)。通过这个负反馈环路使 U804⑤脚的输出信号(开关脉冲)得到控制,从而稳定开关电源的输出电压。

四、简答题

考核试题 1：
简要叙述 DVD 机的信号处理过程。

解答 在 DVD 影碟机中,由激光头读取的光盘信息会送入数字信号处理电路板中,在数字板中分别对数据信息和伺服误差信息进行处理,数据信号经 AV 解码后形成视频数字信号和音频数字信号,数字视频信号再经编码和 D/A 转换成模拟信号输出,数字音频信号经 D/A

转换器变成多声道环绕立体声信号。

伺服误差经数字处理后变成驱动聚焦线圈、循迹线圈、主轴电机和进给电机的驱动信号。微处理器(CPU)是整个 DVD 机的控制中心,加载电机由 CPU 进行驱动。

解析　图 8-24 所示为典型 DVD 机的信号流程图。

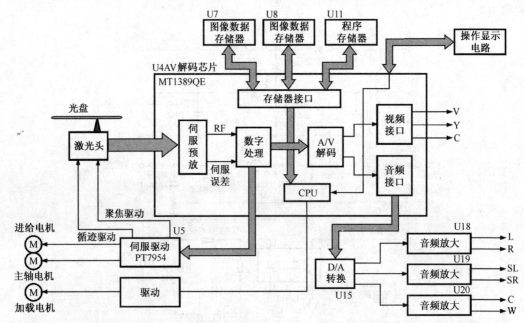

图 8-24　万利达 DVP-801 型 DVD 机的信号流程图

当播放 DVD 光盘时,由激光头输出的信号通过软排线和插件送至信号处理电路板的 AV 解码芯片 U4 中。激光头输出的信号中有 RF 信号,音频视频数据信息包含其中,此外激光头输出的信号中还有聚焦误差信号和循迹误差信号。RF 信号和伺服误差信号在 U4 中进行数字处理。

RF 信号经数字处理后从信号中提取出包含音频、视频的数据信号。在这个过程中还进行误码校正,即纠错处理,消除读盘过程中的信息丢失或错误。然后再进行 AV 解码,即对视频信号和音频信号分别进行解压缩处理,将数字视频和数字音频信号恢复出来。解压缩后的视频数字信号再进行 PAL 或 NTSC 视频编码,最后经 D/A 转换器,将数字视频信号变成模拟视频信号,该芯片的视频接口可同时输出复合视频信号(V)、亮度信号(Y)和色度信号(C)。

解压缩后的音频数字信号还经 AC-3 杜比环绕声解码处理,然后经音频接口输出数字音频信号,该信号送至音频 D/A 转换器,经变换后输出 6 路音频信号,即 5.1 声道(环绕立体声信号)。

数字信号处理电路同时还应进行伺服信号的处理,激光头输出的信号中包含有聚焦误差、循迹误差和主轴电机旋转的误差信号,这种信号经数字处理后,将伺服误差信号转换成伺服驱动控制信号,然后送到伺服驱动电路 U5 中,进行驱动放大,最后由 U5 输出多路驱动信号分别去控制聚焦线圈、循迹线圈、进给电路和主轴电机。使电机和激光头中的聚焦线圈、循迹线圈协调动作,共同完成激光头跟踪光盘的动作,从而保证正确读取光盘上的信息。

AV 解码芯片 U4 中还集成了系统控制微处理器(CPU),它工作时接收遥控发射器和面板按键的人工指令,根据人工指令和程序对 DVD 机进行控制,加载电机由 CPU 进行控制,此外DVD 机的工作状态由 CPU 转换成显示信息,再输出给显示电路进行时间和字符显示。

考核试题 2:

简述目前大多数 DVD 机中大规模数字信号处理芯片的主要功能。

解答　数字处理芯片是一种超大规模集成电路,它往往集成了 DVD 主要的信号处理和控制电路,其中主要包括伺服预放处理电路、数字信号处理电路、数据分离电路、视频解压缩电路(视频解码)、音频解压缩电路(音频解码)、视频(PAL/NTSC)编码电路、视频 D/A 转换电路、AC-3 杜比环绕立体声解码电路。数字处理芯片中还包含伺服处理电路,它将激光头读取数据时的聚焦误差信号、循迹误差信号和光盘旋转误差信号转换成聚焦线圈、循迹线圈、进给电机和主轴电机的驱动信号输出。

数字处理芯片外围设有暂存图像数据的存储器和程序存储器,这些电路通过接口与芯片相连。

解析　图 8-25 所示为典型 DVD 机数字信号处理芯片的功能框图及与外围电路的关系图。

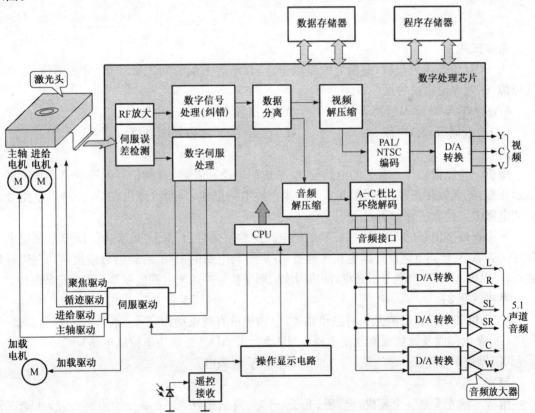

图 8-25　典型 DVD 机的电路框图及外围电路的关系图

激光头读取光盘的方法是由激光头内的激光二极管发出激光束并经物镜照射至 DVD 光盘盘面上,光盘反射回来的光束经反射镜照射到光敏二极管组件上。激光二极管发射的激光束是恒定的光束,而从光盘上反射回来的光束则受到光盘信息纹坑槽的调制,这样由光盘反射回来的光束受到光盘信息的调制,因而包含了光盘上的信息。只要将光盘信息解读出来即能恢复出光盘的数据信号内容。其过程如下:

激光头的输出信号经软排线送至主电路板,然后送入数字处理芯片。数字处理芯片是一种超大规模集成电路,它往往集成了 DVD 主要的信号处理和控制电路,其中主要包括伺服预放处理电路、数字信号处理电路、数据分离电路、视频解压缩电路(视频解码)、音频解压缩电路(音频解码)、视频(PAL/NTSC)编码电路、视频 D/A 转换电路、AC-3 杜比环绕立体声解码电路。数字处理芯片中还包含伺服处理电路,它将激光头读取数据时的聚焦误差信号、循迹误差信号和光盘旋转误差信号转换成聚焦线圈、循迹线圈、进给电机和主轴电机的驱动信号输出。

数字处理芯片外围设有暂存图像数据的存储器和程序存储器,这些电路通过接口与芯片相连。

8.3　影碟机检修技能的考核要点

一、选择题

考核试题 1:

当 VCD 机装入光盘后,面板上的显示正常,显示屏上的时间正常变化,但无图像、无伴音的故障,下列解说错误的是(　　)。

(A)检查 A/V 解码电路　　　　(B)检查数字信号处理电路

(C)检查伺服预放电路　　　　(D)检查 A/V 解码外围电路

解答　C

解析　与图像和伴音有关的电路是 A/V 解码电路和音频、视频信号处理电路。显示屏上显示正常,光盘旋转正常,表明激光头和伺服预放电路正常,判断故障出在 A/V 解码电路及以后的电路中。检查步骤如下:

・检查数字信号处理电路。A/V 解码电路的数字信号由 VCD 机芯中的 DSP 电路提供。

・查 A/V 解码电路及外围电路。检查 A/V 解码电路的视频、音频信号输出端。在进行检测时,可以放入 VCD 检测专用光盘,使机器读取彩条信号并送至电视监视器显示出彩条图像。

考核试题 2:

VCD 机装入光盘后激光头有进给动作,但物镜没有搜索动作应重点检查(　　)部分。

(A)聚焦伺服及聚焦线圈驱动电路　　(B)激光头 APC(自动功率控制电路)

(C)循迹伺服电路　　　　(D)A/V 解码电路

解答　A

解析　激光头是一个集机、电、磁、光于一体的复杂组件,每个部分均协调一致,才能正常地拾取信息。除此之外,主轴电机和进给系统等部分不良,也会影响激光头的正常工作。

当 VCD 机中装入光盘后,光盘托架自动装入并下降到位(光盘托架到位检测开关动作),启动进给电机。

激光头由初始位置向光盘引导区移动(如果此时激光头不动作,则进给电机及其驱动电路可能有故障),当激光头在进给电机的驱动下移动到光盘起始位置时,位置检测开关动作,有信号输出,然后启动聚焦搜索电路,伺服电路输出三角波驱动信号,使聚焦镜头上下移动搜索光盘。

与此同时,激光头发出红色的激光束,如果没装光盘,即搜索不到光盘,DVD 机将自动停机。如果在光盘的初始位置,激光头的镜头无上下搜索的动作,则应检查聚焦伺服和聚焦线圈驱动电路。因为聚焦搜索系统不工作时,DVD 机也无法进入工作状态。

考核试题 3:

下列关于使用指针万用表检测激光头聚焦线圈,解说正确的是( )。

(A)正常情况下聚焦线圈的阻值应为零欧姆,否则说明线圈损坏

(B)正常情况下聚焦线圈的阻值应为无穷大,否则说明线圈损坏

(C)万用表搭在聚焦线圈上时,物镜会有上下移动的现象

(D)万用表搭在聚焦线圈上时,整个激光头有左右移动的现象

解答 C

若聚焦线圈出现故障,则无法实现聚焦调整,不能正确读取光盘上的信息,也会出现"No-Disk"信息。这时应检测聚焦线圈是否良好。

聚焦线圈可使用万用表进行检测。一般情况下,使用指针万用表最佳,因为用指针万用表检测聚焦线圈时,不但能检测出线圈的阻值,同时还能借助指针万用表中的电池,通过表笔给聚焦线圈提供电流,聚焦线圈中有电流通过时会产生垂直运动,通过运动状态可以判别线圈是否正常。若使用数字万用表,却只能检测出线圈的阻值,而无法提供使聚焦线圈垂直运动的电流。

使用指针万用表检测激光头聚焦线圈,其在正常情况下的阻值为 4.5Ω 左右,激光头的物镜会有上下移动的现象,如图 8-26 所示。

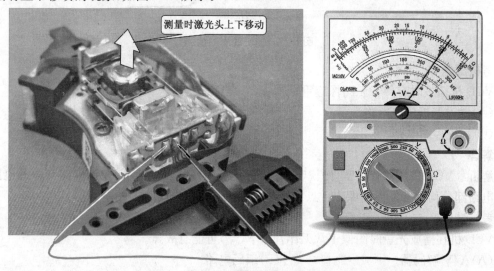

测量时激光头上下移动

图 8-26 聚焦线圈的检测

考核试题 4：

下列关于使用指针万用表检测激光头循迹线圈，解说正确的是（　　）。

(A)正常情况下循迹线圈的阻值应为零欧姆，否则说明线圈损坏

(B)正常情况下循迹线圈的阻值应为无穷大，否则说明线圈损坏

(C)万用表搭在循迹线圈上时，激光头的物镜会有上下移动的现象

(D)万用表搭在循迹线圈上时，激光头的物镜会有左右移动的现象

解答　D

解析　若循迹线圈出现故障，VCD/DVD 机也会无法正确读取光盘上的信息，并出现"No-Disk"状态。这时应检测循迹线圈是否良好。

如图 8-27 所示，使用指针万用表检测激光头循迹线圈，正常情况下的阻值为 4.5Ω 左右，激光头的物镜会有左右移动的现象。

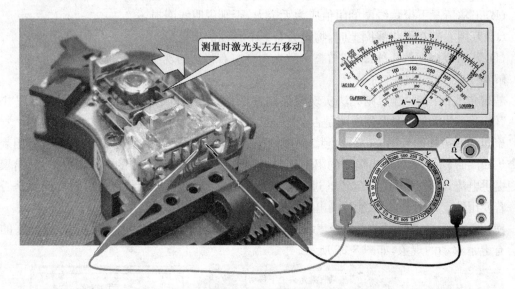

图 8-27　循迹线圈的检测

考核试题 5：

VCD 机播放时有伴音无图像应重点检查（　　）电路。

(A)激光二极供电路　　　　　　(B)伺服信号处理电路

(C)系统控制电路　　　　　　　(D)视频编码器，D/A 转换及输出电路

解答　D

解析　VCD 机的伴音正常，则说明其激光头读取信息、处理信息、控制电路和电源电路等公共电路部分均正常。无图像应重点检查与视频信号处理电路相关的电路部分。

考核试题 6：

VCD 机在播放光盘时图像正常无伴音如下（　　）可能有故障。

(A)A/V 解码器　　　　　　　　(B)编码电路

(C)音频 D/A 转换器　　　　　　(D)伺服预放电路

解答 C

解析 VCD机的图像正常,则说明其激光头读取信息、处理信息、控制电路和电源电路等公共电路部分均正常,处理图像信号的相关电路也正常,无伴音应重点检查与伴音信号 D/A 转换和音频输出电路相关的电路部分。

考核试题7:

VCD机装入光盘后操作播放键光盘不旋转的故障与( )有关。

(A)伺服系统　　　　　　　　(B)A/V 解码电路

(C)D/A 转换电路　　　　　　(D)低通滤波器

解答 A

解析 VCD机装入光盘后操作播放键光盘不旋转通常为其伺服系统故障。

考核试题8:

DVD机装入光盘后很快自动退出不能进入工作状态,应查( )。

(A)机芯和加载控制部分　　　(B)操作显示部分

(C)输出电路　　　　　　　　(D)伺服驱动部分

解答 A

解析 自动退盘是装入盘片后,不能读盘,随后托盘自动退出。通常是装有激光头的机芯运动不到位,驱动电机的橡胶传动带打滑造成。用手试验传动带的张力,感觉明显松弛,估计是转动带老化,应重点检查机芯部分。另外,若加载驱动控制电路损坏也会造成自动退盘的故障。

考核试题9:

VCD机 CPU 电路中的 12MHz 晶体损坏会引起( )。

(A)图像不同步　　　　　　　(B)伴音失真大

(C)图像有噪波　　　　　　　(D)不能开机、操作无效

解答 D

解析 CPU 电路中的 12MHz 晶体与 CPU 内部振荡电路构成时钟振荡器,为 CPU 工作提供时钟信号,若晶体损坏,CPU 将无时钟信号,CPU 不工作,将引起 VCD 机不能开关、操作无效的故障。

考核试题10:

VCD机话筒放大器损坏会引起( )。

(A)播放 VCD 有像无声　　　(B)卡拉 OK 功能失常

(C)播放 CD 无声　　　　　　(D)不能播放卡拉 OK 光盘(CD、VCD)

解答 B

解析 话筒放大器用于放大话筒输入的信号,并送至 VCD 机内,与光盘播放的音频信号合成后送至输出端,若话筒放大器损坏,则无法在卡拉 OK 模式下通过话筒输入信号,将导致卡拉 OK 功能失常。

考核试题11:

DVD机出现通电读盘时,光盘不转的故障,下列关于该故障分析错误的是( )。

(A)主轴电机不良将导致光盘不转的故障

(B)激光头损坏、激光头排线连接不良将导致光盘不转的故障

(C)激光头＋5V电压供电不良将导致光盘不转的故障

(D)音频输出电路不良将导致光盘不转的故障

解答　D

解析　不读盘的故障常常是主轴电机不良、激光头损坏、激光头排线连接不良、激光头导轨润滑不足等，因电源供电不良，如＋5V电压偏低等，也会影响正常读盘。

考核试题12：

一台DVD机放入光盘后，物镜能上下搜索但不读盘，下列对故障的分析中错误的是（　　）。

(A)光盘能检索则说明机芯中的聚焦伺服系统正常

(B)光盘能检索则说明机芯中的激光头正常

(C)光盘无法播放多为激光头中光敏晶体管组件有故障

(D)伺服预防电路可能有故障

解答　B

解析　激光头是DVD机的关键部件，也是机器中较脆弱的部件。根据维修经验有50％以上的故障出自于激光头故障。激光头故障主要原因有脏污、衰老、线圈、激光二极管、光敏二极管和机械损坏等，检修时可重点从这三个方面入手进行检查。

DVD机不读盘的故障检修经验总结：

(1)首先打开DVD机外壳，接通电源后按动进出仓键，先不装碟片，使机器完成托盘的出、进动作，观察激光头的系列动作及激光二极管的发光是否正常。

· 如动作正常则说明激光头及其组件上的进给电机、循迹及聚焦线圈等部件正常。

· 如在某一角度可见到激光束则说明激光二极管的发光强度基本正常。

(2)将一张质量好的DVD光盘装入光盘仓，同时在机器后方观察碟片进入后激光头的系列动作、光盘的旋转并注意观察屏显情况。

· 如激光头的动作很利索但光盘未旋转并显示没有光盘（NO-Disk），则说明未检测到碟片信息；其原因通常在于激光二极管及其光路部分（如激光二极管严重老化、支架严重倾斜等）或主导电机及其驱动电路有问题。

· 如激光头在反复移动循迹后显示，则说明已读得光盘信息但未读得目录信息；此情况通常是由于激光二极管衰老、透镜脏、透镜磨损严重或支架倾斜等原因而未能准确地读得光盘上的目录信息。

二、判断题

考核试题1：

污物或灰尘粘堵激光头物镜会使CD机不读盘。（　　）

解答　正确

解析　物镜是用来对发射激光束进行聚焦的，若物镜出现刮伤，或污物粘堵等情况会使激光束的发射出现偏差，无法正确读取光盘上的信息，影碟机面板上的显示屏会出现"No-Disk"

字符,表示没检测到光盘。这时应观察物镜表面是否平滑完整,是否有灰尘、污物等情况,如图8-28 所示。

观察物镜是否有划痕

图 8-28 观察激光头物镜

考核试题 2:

VCD 机遥控失灵,可能是由于环境光线太暗造成的。( )

解答 错误

解析 引起 VCD 机遥控失灵的原因主要有:遥控发射器电池耗尽、有强光干扰、遥控器角度不对,遥控接收电路损坏等。

考核试题 3:

DVD 机装入光盘后很快自动退出不能进入工作状态,说明伺服驱动电路故障。( )

解答 错误

解析 DVD 机装入光盘后很快自动退出不能进入工作状态,多是由机芯和控制电路部分异常引起的。

考核试题 4:

用万用表红黑表笔搭在 DVD 机的主轴电机两引脚上,主轴电机将旋转,说明主轴电机基本正常。( )

解答 正确

解析 用外加电源为主轴电机供电的方法检查主轴电机是否旋转是判断主轴电机是否正常最常用的方法之一。正常情况下,将主轴电机从机架上取下,将万用表置于电阻挡,红黑表笔分别搭在主轴电机的两引脚上,相当于万用表的内电压加至电机上,电机会旋转。

考核试题 5:

DVD 机出现有时能读盘;有时不能读盘的故障,多为电路部分的故障。( )

解答 错误

解析 DVD 机出现有时能读盘;有时不能读盘的故障,多为激光头或机芯部分故障。例如,激光头中激光二极管老化使发光强度减弱,这种情况下读取信息的灵敏度会降低,往往会出现有时能读盘;有时不能读盘;有时能进入正常工作状态,有时又不能工作;有自动停机的情况。这种情况应清洁激光头物镜,检查机芯,微调激光头组件上的电位器,或更换新的激光头。

考核试题6:

若观察到激光头的物镜表面有灰尘,可用棉签等蘸清洁剂擦拭进行除尘操作。( )

解答 错误

解析 清扫物镜时不能用带腐蚀性的清洁剂进行擦拭,否则会溶蚀物镜及周围的零件,进而造成激光头损坏。若检查发现物镜表面有部分灰尘,可用新的羊毫软笔或镜头专用擦拭布清扫激光头表面,如图8-29所示。

用羊毫软笔清扫激光头物镜

图8-29 清扫激光头物镜表面灰尘

三、简答题

考核试题1:

一台DVD机可正常装载光盘,但不能实现读盘的故障,显示屏出现"No-Disk",简单分析可能发生故障的部位。

解答 机器正常情况下可以观察到进给机构的运动情况以及进给到位后物镜的上下动作的情况,且装载光盘正常,则说明其进给电机、驱动电路及传动部分均正常。

不能实现读盘则应进一步检查激光头是否正常。

首先打开DVD影碟机的上盖,使机芯部分露出,观察机芯部分的初始动作。按"出仓"键,光盘托架弹出,在不装光盘的情况下操作"装盘"键,加载机构驱动光盘托架收入机仓内。正常情况下当光盘托架到位后,系统控制微处理器立即启动进给电机,进给电机则通过齿轮传动使激光头向光盘托架的圆心方向移动。当激光头到达光盘信息的起始位置时,设在进给机构上的限位开关动作,限位开关信号送到微处理器,微处理器则停止发出进给指令,启动激光头并进行聚焦搜索。这时启动激光二极管的自动功率控制电路为激光二极管供电,同时启动聚焦伺服电路中的搜索信号发生器,使激光头的物镜上下移动,进行光盘搜索。

通过观察,若无法看到激光二极管所发出的红色激光束,则说明激光二极管未工作,激光二极管是反射激光束的部件,若激光二极管有故障,则没有激光束被发射,DVD机更不可能实现读盘,显示屏出现"No-Disk",因此判断可能为激光头中的激光二极管及相关元件出现故障,应进一步检测。

解析 机器正常情况下可以观察到进给机构的运动情况以及进给到位后物镜的上下动作情况,同时还能看到激光二极管所发出的红色激光束,如图8-30所示。

图 8-30　激光头发出红色激光束

考核试题 2：

如何判断 VCD/DVD 机的激光头是否存在老化故障。

解答　激光头老化是该类电子产品常见的故障之一，根据维修经验，激光头老化常见的故障现象有：

- 检索慢，碟片放入后需经过较长时间的搜索才能显示曲目。
- 对碟片适应性变差，稍有污迹、损伤的碟片即放不出图像和声音或出现"跳槽"及死机。
- 不能播放碟片，放入碟片按播放（PLAY）键几秒钟后，自动出仓。
- 装片后数秒钟便自动退出，不能进入正常放像状态，但能显示曲目。
- 开机时不能读盘，显示"NO-Disk"，重复几次开机又能恢复正常播放功能。
- 放入碟片始终检不出信号，显示"NO-Disk"。

检查激光头是否老化，可通过观察激光头物镜有无散射红光来判断，如果在按下入仓键后能够观察到红光，则表明激光二极管能够工作，否则说明激光二极管老化或损坏。

判断激光二极管的好坏可用万用表 R×1k 挡检测二极管的正、反向电阻值进行判断。

解析　在实际维修过程中，很多维修人员利用一只红外接收二极管来判断激光头的好坏。

首先找一只红外接收二极管，如图 8-31 所示，将其与万用表相连接进行检测判断，具体操作方法如下：

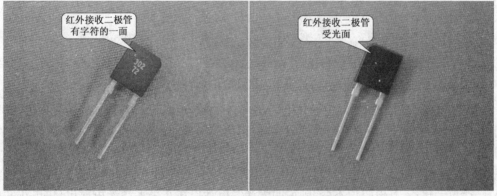

图 8-31　红外接收二极管实物外形

步骤一：万用表量程置于 R×1kΩ 挡，将万用表的红黑表笔分别接红外接收二极管的两个引脚，接成反向偏置（即截止时的电阻值约 450kΩ），如图 8-32 所示。

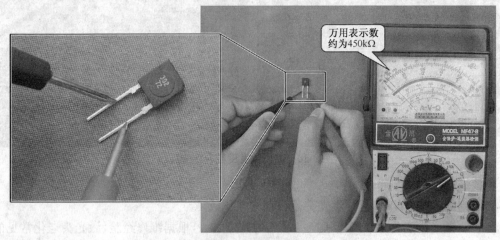

万用表示数约为450kΩ

图 8-32　万用表测红外接收二极管的反向电阻值

步骤二：将红外二极管印有字符面向上，受光面朝下，置于 DVD 机激光头物镜的上方，如图 8-33 所示。

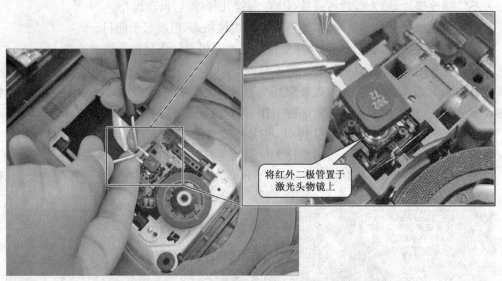

将红外二极管置于激光头物镜上

图 8-33　将红外二极管置于激光头物镜上

步骤三：接通 DVD 机电源，按下开机键，激光头物镜动作，此时若有红外激光射出，即可照射到红外接收二极管上，观察万用表读数，其电阻值明显减小（图中实测中减小到 5kΩ 左右），如图 8-34 所示。

若在检测过程中红外接收二极管的反向电阻值变化范围较小，说明激光二极管发射功率较小，已严重老化；若其电阻值不变，则说明激光二极管损坏几乎无激光束射出（供电正常的前提下),应及时更换。

图 8-34 在激光照射下检测红外接收二极管的反向阻值

9.1 数字平板电视机理论知识的考核要点

一、选择题

考核试题1：

等离子体电视机与液晶电视机的区别是( )。

(A)伴音信号处理电路　　　　　(B)视频信号解码电路

(C)射频和中频信号处理电路　　(D)等离子体显示器件

解答 D

解析 等离子体电视机从外观上看,与液晶电视机很相似。所不同的是图像显示器件。液晶显示器件本身是不发光的,它靠背部的照明灯透过液晶体而形成图像,而等离子体显示单元是靠显示器件内的气体电离放电发光,显示器件的工作原理和结构不同。

考核试题2：

液晶电视机优于CRT电视机的方面是( )。

(A)亮度高　　　　　　　　(B)机械强度高

(C)体积小重量轻　　　　　(D)接收的频道多

解答 C

解析 液晶电视机的图像显像器件采用液晶显示板,因此被称为液晶电视机,由于液晶板轻而薄,常与电路板制成一体化机构,不仅大大简化了电路结构,其占用空间大大减小,重量比CRT彩色电视机轻很多。

考核试题3：

时钟信号在数字系统中的功能是( )。

(A)为数据信号提供节拍信号　　(B)为数字系统提供功率信号

(C)为DSP电路提供编码信号　　(D)为数字电路提供控制信号

解答 A

解析 时钟信号在数字系统中伴随数据信号进行传输和处理,与数据信息保持同步关系,以便于进行识别数据信息的内容。

考核试题4：

将模拟信号转换为数字信号的器件称为( )。

(A)A/D转换器　　(B)D/A转换器　　(C)传感器　　(D)存储器

解答 A

解析　数字信号和模拟信号之间可以互相转换,如图9-1所示,模拟信号变成数字信号的电路被称为 A/D 变换电路,而数字信号变成模拟信号的电路则被称为 D/A 变换电路。

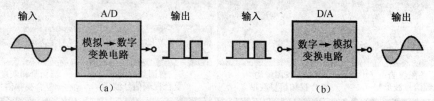

图9-1　模拟和数字信号的变换电路

模拟信号和数字信号的波形有很大的区别,如图9-2所示。模拟信号是连续变化的物理量,数字信号是离散的数字量,即脉冲状的信号。

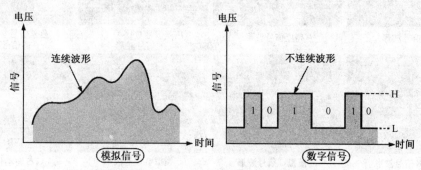

图9-2　模拟信号和数字信号的波形

考核试题5:

下列哪种信号不是视频图像信号(　　)。

(A)Y/C信号　　　(B)S—Video　　　(C)SIF　　　(D)Y、U、V

解答　C

解析　Y/C信号为亮度和色度信号,S—Video为全视频信号,SIF为第二伴音中频信号,Y、U、V为分量视频图像信号。

视频图像信号是一种包含亮度和色度图像内容的信号,其中还包含行同步、场同步和色同步等辅助信号,在数字平板电视机中所处理的视频图像信号有很多种,图9-3所示为数字平板电视机中常需要检测的视频信号。

考核试题6:

数字图像的分辨率是(　　)

(A)一副图像的总像素单元数　　　　(B)一副图像格式

(C)一副图像的带宽　　　　　　　　(D)一副图像的频率

解答　A

解析　标准电视信号为一秒传输25帧图像。一帧即为一幅画面,它由几十至几百万像素单元组成。一幅图像的像素数越多,其清晰度则越高。如一幅为 720×576 像素单元,为普通清晰度。高清晰度图像可达 1920×1280 像素单元。像素数是评价图像分辨率的重要参数

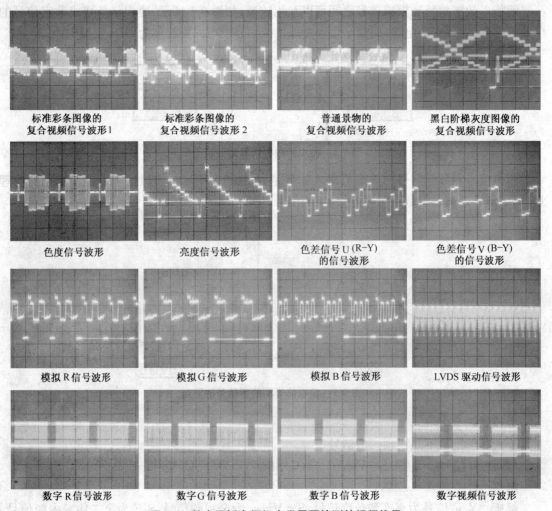

图 9-3   数字平板电视机中常需要检测的视频信号

之一。

考核试题 7:

液晶显示单元的透光性主要是由什么控制的（   ）。

(A)受外加电场的控制　　　　　(B)受外加磁场的控制

(C)受外加温度的控制　　　　　(D)受外加激光的控制

解答　A

解析　液晶有四个相态,分别为固态、液晶、液态和气态,且四个相态可相互转化,称为"相变"。相变时,液晶的分子排列发生变化,从一种有规律的排列转向另一种排列。外部电场或外部磁场的变化是控制液晶状态变化的主要因素。同时液晶分子的排列变化必然会导致其光学性质的变化,如折射率、透光率等性能的变化。在显示器件中利用外加电场作用于液晶屏,改变其透光性能,从而显示图像。

　　液晶显示板是液晶材料被封装在两片透明电极之间，通过控制加至电极间的电压实现对液晶层透光性的控制。

　　液晶屏的工作原理如图9-4所示。从图中可见，液晶材料被封装在上下两片透明电极之间。当两电极之间无电压时如图9-4(a)所示，液晶分子受到透明电极上定向膜的作用按一定的方向排列。由于上下电极之间定向方向扭转90°；入射光通过偏光板进入液晶层，变成了直线偏振，图示9-4(a)的方向，当入射光在液晶层中沿着扭转的方向进行，并扭转90°后通过下面的偏光板后，变成了图示9-4(b)的方向。

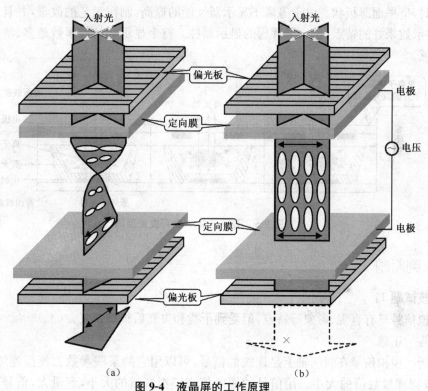

图9-4　液晶屏的工作原理

(a)无电压　(b)电极上加有电压

　　当上下电极板之间加上电压以后，液晶层中液晶分子的定向方向发生变化。变成与电场平行的方向排列，如图9-4(b)所示。这种情况下，入射到液晶层的直线偏振光的偏振方向不会产生回转，由于下部偏光板的偏振方向与上部偏振光的方向相互垂直，所以入射光便不能通过下部的偏光板，此时液晶层不透光。因而，液晶层无电压时为透光状态(亮状态)，有电压则为不透明状态(暗状态)，改变电压值可改变透光状态。

　　考核试题8：

　　下列关于等离子显示板的解说中，不正确的是(　　)。

　　(A)亮度高　　　　　　　　　　　　(B)视角宽(达160°)

　　(C)不受电磁干扰，图像稳定　　　　(D)本身不发光，需背光源

　　解答　D

解析　等离子体显示板(Plasma Display Panel)简称PDP。它是一种新型显示器件,其主要特点是整体成扁平状,厚度可以在10cm以内,轻而薄,重量只有普通显像管的1/2。由于它是自发光的器件,亮度高、视角宽(达160°),因此可以制成纯平面显示器,具有无几何失真,不受电磁干扰,图像稳定,寿命长的特点。

等离子体显示板是由几百万个像素单元构成,每个像素单元中涂有荧光层并充有惰性气体。在外加电压的作用下气体呈离子状态,并且放电。放电电子使荧光层发光,如图9-5所示,这些单元被称为放电单元,是组成图像的最小像素单元。所有这些放电单元被制作在两块玻璃板之间,呈平面薄板状。由于等离子显示器性能的提高,制作工艺的改善,并且能够发光、亮度高,显示效果好的特点,是一种理想的显示器件。整个显示板的像素数越多、清晰度越高、图像越细腻。

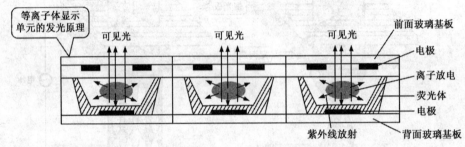

图9-5　等离子体本身可发光原理

二、判断题

考核试题1:

模拟信号具有直观、形象等特点,但受到干扰和失真后很难恢复。( )

解答　正确

解析　模拟信号在时间轴上是连续的信号,可以用它的某些参数去模拟连续变化的物理量,或该物理量数值的大小。用信号的幅度值来模拟音量的大小,音量大,信号的幅度值高。用信号的频率模拟音调的高低,音调高,信号的频率高。因此,模拟信号具有直观、形象的特点。但模拟信号精度低,表示的范围小,且容易受到干扰。如果模拟信号受到干扰信号的侵扰,信号会变形,不能准确地反映原信号的内容。在电子设备中,模拟信号经种种处理和变换,往往会受到噪声和失真的影响。在电路中,从输入端到输出端,尽管信号的形状大体没有变化,但信号的信噪比和失真度可能已经大大改变了。在模拟设备中,这种信号的劣化是无法避免的,如图9-6所示。从图中的波形可见,模拟信号受到干扰或混入噪声后,所造成的恶化结果是无法挽回的。而数字信号则有抗干扰能力强,受造成的干扰影响小的特点。

考核试题2:

数字信号抗干扰能力强。( )

解答　正确

解析　数字脉冲信号具有较强的抗干扰能力,即使信号受到一定程度的干扰,只要我们可

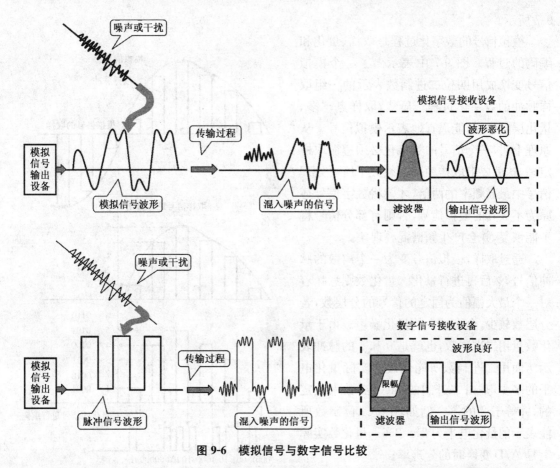

图 9-6　模拟信号与数字信号比较

以区分出信号电平的高低或是脉冲信号的有无，就能正确地识别所表示的数字 1 或数字 0。甚至较大的噪声干扰也不会有任何影响。这是因为数字脉冲只有 0 和 1 这两个值，振幅性的干扰可以通过限幅加以消除。

数字信号的另一个优点是经过处理、变换或传输后，干扰杂波不会积累。处理数字信号的电路具有一致性好、互换性强、稳定性高的特点，便于大规模集成化生产。数字信号的波形简单，物理上容易实现，因而它也便于存储、延迟和变换。通过改变存储器的读出顺序，又可以在空间坐标轴上对数字信号实现各种空间变换。

考核试题 3：
模拟信号变成数字信号通常经过取样量化和编码的处理过程。（　）

解答　正确

解析　为了克服模拟信号易受干扰和失真的缺点，在数字平板电视机中通常首先将模拟信号转换成数字信号，并以数字的形式进行处理、传输或存储等。数字信号的特点是代表信息的物理量以一系列数据组的形式来表示，它在时间轴上是不连续的。以一定的时间间隔对模拟信号取样，再将样值用数字组来表示。可见数字信号在时间轴上是离散的，表示幅度值的数字量也是离散的，因为幅度值是由有限个状态数来表示的。模拟信号与数字信号的关系如图

9-7 所示。

模拟信号的数字化过程是取样、量化和编码的过程。图 9-7 中表示出了一个模拟信号变换成用四位二进制数表示的一组取样脉冲的数字化过程。显然,取样点越多,量化层越细,越能逼真地表示模拟信号。从原理上讲,一个信号的数字化必须遵循取样定理,这就要求取样频率必须大于所要处理信号中最高频率的两倍,才能将数字信号还原为不失真的模拟信号,否则有部分信号将不能恢复,并会产生频谱混叠现象。

通过取样,模拟信号变为一个离散的脉冲信号,然后再进行量化。量化数则意味着对一个最大幅值为固定的信号的分层数,若分层数较少,会有较大的量化噪声。由于量化数量用二进制数,也就是 0 和 1 的脉冲表示。而用二进制数所能代表的实际量化电平的多少,是由二进制的 bit(位)数来决定的,并等于 2 的幂。例如,8 位二位制数所能表示的量化电平为 $2^8=256$。量化数实际上是 A/D 变换时的分辨率。

数字信号只有两种状态,即 0 或 1,这样单个信号本身的可靠性大为改善,而多个信号的组合数又几乎不受限制。这样依靠彼此离散的多位二进制信号的组合可以表示复杂的信息。

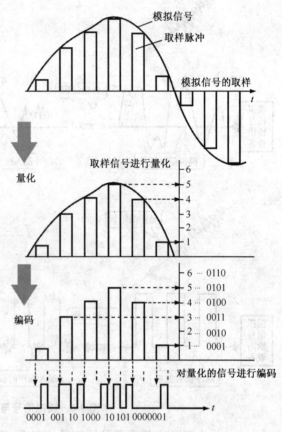

图 9-7　模拟信号的数字化过程

考核试题 4:

液晶材料具有晶体和液体的双重性。(　)

解答　正确

解析　物质一般有三种状态,即固态(结晶状态)、液体和气体。而且这三种状态是随温度的变化而相互转化的。如水,在 0°以下是固态(冰),在 0°～100°之间是液态,而在 100°以上会变成蒸汽(气态)。液晶体在不同的温度条件下,则有四种状态,即固态(结晶态)、液晶、液态和气态。如图 9-8 所示。固态是结晶体的结构,其分子或原子的结构很有规律。液态与气态的不同主要是分子的密度不同。例如,水的分子密度是水蒸气分子密度的 1000 倍。液体和气体的另一特点是流动性,因而液体没有固定的形状。

液晶既具有液体流动性的特点,又具有固体结晶态(规则性)的特点。液晶介于固态和液态两者之间,简称液晶。液晶体的四态也是由温度决定的。

一般的物质具有三态并随温度变化

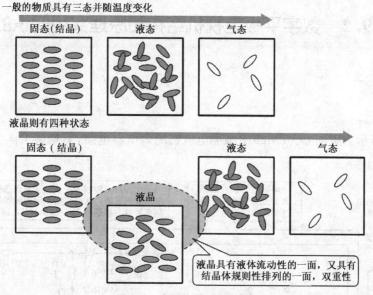

图9-8 液晶物质独特特点

考核试题5：

视频图像信号的波形主要由图像信号、行、场同步信号以及色同步信号等部分构成。（ ）

解答 正确

解析 视频图像信号中包含了亮度信号和色度信号以及复合同步信号和色同步信号，这些信号都是对图像还原起着重要作用的信号，图9-9所示是标准彩条图像的信号波形，这是一行信号，从左侧的行同步到右侧最近的行同步为一行信号，如果压缩一下时间轴，便可以看到更多行信号，如图9-10所示。头朝下的脉冲是行同步信号；在行同步信号右侧的一小段信号是色同步信号；两组同步信号之间的部分是图像信号，它与彩条测试卡的排列相对应，每一种颜色的彩条信号，它里面是由4.43MHz的色副载波的相位不同表示不同的颜色；彩条信号最左侧为白信号，白信号是没有色副载波的；彩条信号最右侧，与消隐电平重合的为黑信号。

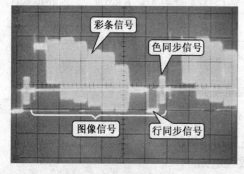

图 9-9 标准彩条信号波形
(10μs / DIV)

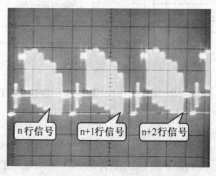

图 9-10 压缩时间轴后的标准彩条
信号波形效果(20μs / DIV)

9.2　数字平板电视机结构和原理实用知识的考核要点

一、选择题

考核试题1：

图 9-11 所示为康佳 LC-TM2018 液晶电视机的调谐器电路，下列关于该电路的解说错误的是（　　）。

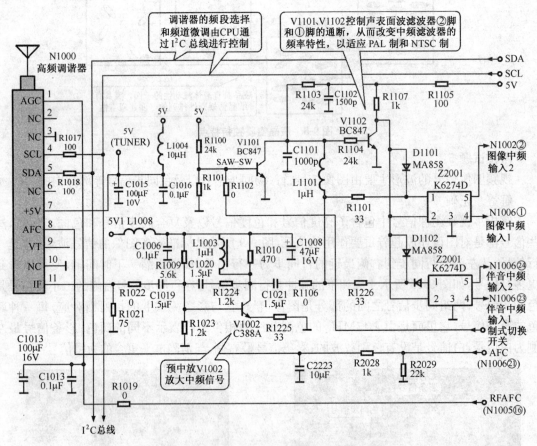

图 9-11　康佳 LC-TM2018 液晶电视机的调谐器电路

（A）预中放 V1002 集电极负载上的电感 L1003 的作用是改善高频性能

（B）预中放 V1002 基极与集电极之间的 RC 电路用以提供直流偏压

（C）预中放是由晶体管 V1002 构成的共射极放大电路

（D）Z2001 为图像中频滤波器，用以提取 38MHz 图像中频信号；Z2001 为伴音中频滤波器，用以提取 31.5MHz 的伴音中频信号

解答　B

解析　该图中 N1000 是高频调谐器,它的调谐工作由 I²C 总线进行控制,由 CPU 提供 I²C 总线信号,分别加至高频调谐器的④、⑤脚,调谐器的 IF 端输出中频信号,该信号输出后再经预中放电路进行放大,预中放电路是由高放晶体管 V1002 构成的共发射极放大器,V1002 的集成板负载中设有电感 L1003 用于改善高频性能。集电极与基极之间的 RC 元件起负反馈的作用,用以改善频率特性。

天线接收的电视信号经调谐器放大和变频后由⑪脚输出中频信号,并将该信号送入中频电路中。在中频电路中先经预中放 V1002 放大。预中放输出的中频信号分别送至图像中频滤波器 Z1001 和伴音中频滤波器 Z1000 的输入端。这两个滤波器分别提取图像中频(38MHz)和伴音中频(31.5MHz),并送至中频集成电路(N1006)进行处理。

考核试题 2:

下列对等离子电视机的中频电路解说错误的是(　　)。

(A)可以放大中频信号　　　　　(B)能够完成视频检波

(C)能够完成伴音解调　　　　　(D)能够完成视频信号的解码

解答　D

解析　等离子电视机中的中频电路与液晶电视机、普通 CRT 彩色电视机的功能均相同,主要用于将调谐器输出的中频信号进行放大后,再进行视频检波和伴音解调处理,输出视频信号和第二伴音中频信号,再分别送至后极的伴音电路和视频信号处理电路中,作进一步处理。

选项 D 中,视频信号的解码在视频解码电路中完成。

考核试题 3:

下列关于液晶电视机中的逆变器电路,解说错误的是(　　)。

(A)用于将直流电逆变为交流电

(B)用于将交流电逆变为直流电

(C)逆变器电路需要开关电源为其提供直流电压

(D)为液晶屏的背光灯管供电

解答　B

解析　逆变器电路的主要功能是将经开关电源输出的直流电压,再重新转换成背光灯所需要的高压交流电压。图 9-12 所示为逆变器电路的原理简图,从图中可知,逆变器电路主要由启动电路、PWM 控制芯片(开关振荡电路)、功率输出级、升压变压器、背光灯接口等部分构成。

图 9-12　逆变器电路的原理简图

考核试题 4:

下列关于电视机存储器的解说中,错误的是(　　)。

(A)存储器与微处理器之间是通过数据线和地址线连接的

(B)用户存储器(EEPROM,电可改存储器),存储用户设置的数据

(C)图像存储器用于与图像数字处理芯片相配合,通过多根数据总线和地址总线来实现图像信息的存储与调用

(D)程序存储器用于存储液晶电视机的程序

解答 A

解析 用户存储器(EEPROM,电可改存储器),通常位于微处理器旁边,常见型号有24C16R、24C32R、24C64R 几种,用于存储用户数据,如亮度、音量、频道等信息。用户存储器与微处理器之间通过 I^2C 总线进行连接。

图像存储器又称为外部数据存储器,用于与图像数字处理芯片相配合,通过多根数据总线和地址总线来实现图像信息的存储与调用。

程序存储器,即 FLASH 存储器(闪存),用于存储 CPU 工作时的程序,该程序不可改写,在液晶电视机出厂时已经设定好。通过多根数据总线和地址总线与 CPU 连接。

考核试题 5:

下列关于液晶电视中常用大规模集成电路 PW130 的解说中,不正确的是( )。

(A)集成电路 PW130 内部采用的全是数字电路,没有模拟电路

(B)集成电路 PW130 内部集成了数字图像处理电路和微处理器控制电路

(C)为了防止集成电路 PW130 内部供电电路之间的互相干扰,许多部分都是分别供电,分别接地

(D)集成电路 PW130 的使用大大简化了整机的电路结构

解答 A

解析 大规模集成电路 PW130 一般称为液晶图像数字处理电路,其引脚多达 208 个,其内部集成了数字图像处理电路和微处理器控制电路,这使得整机的电路大大简化。

另外,由于在 PW130 中集成了多种信号处理电路和控制电路,另外除数字电路外还有模拟电路(处理 R、G、B),为了防止内部供电电路之间的互相干扰,许多部分均是分别供电,分别接地,如图 9-13 所示。图中 V33 为 3.3V 供电,V18 为 1.8V 供电。AGND 为模拟电路接地端,DGND 为数字电路接地。每一部分工作电流值标在图中。

考核试题 6:

下列对于视频解码电路 SAA7117AH 的功能解说,哪一项是错误的( )。

(A)视频解码电路对视频图像进行亮度处理

(B)视频解码电路应具有多种信号切换功能

(C)对视频图像信号进行色度解码

(D)不能进行数字处理

解答 D

解析 视频解码电路主要用于对视频图像信号进行色度解码、亮度处理、A/D 变换等处理,例如,图 9-14 为液晶电视常用视频解码电路 SAA7117AH 的内部框图,该解码电路是一种数字视频信号解码器,由本机接收的视频信号和外部输入的视频信号(包括 S-视频中的亮度

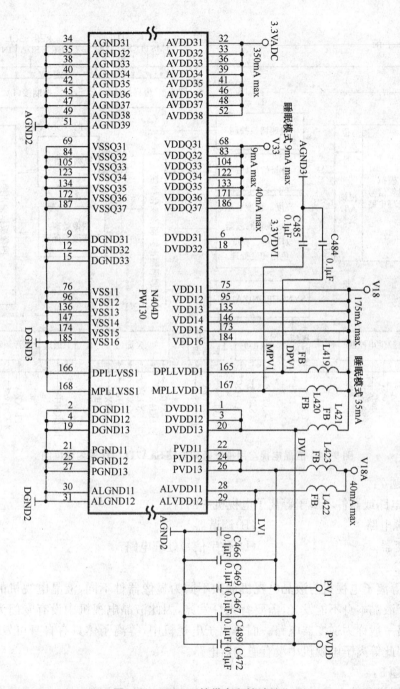

图9-13　PW130的供电和接地端

和色度信号）都送至该电路中。首先经切换处理，然后进行 A/D 变换，再进行数字视频解码处理，经处理后输出 8 路并行数字分量视频信号。支持 NTST/PAL/SECAM 三种制式的视频输入信号，可提供 10 位的 A/D 变换，具有自动颜色校正、全方位的亮度、对比度和饱和度的调整等功能。

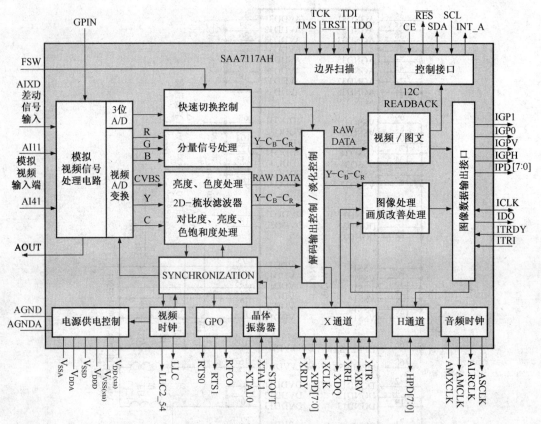

图 9-14　液晶电视常用视频解码电路 SAA7117AH 的内部框图

考核试题 7：

下列各电路或器件不属于等离子电视机中的有（　　）。

(A)电源电路　　　　　　　　(B)调谐器

(C)逆变器　　　　　　　　　(D)数字信号处理电路

解答　C

解析　等离子电视机与液晶电视机最大不同为显像器件不同,液晶电视机的显像器件为液晶板,由于液晶本身不能发光,需要背光灯发光,因此液晶电视机中设有专门为背光灯供电电路,该电路一般称为逆变器电路。而等离子电视机中,等离子体具有自身可发光的特点,无须背光源,因此等离子电视机中没有逆变器电路。

考核试题 8：

液晶电视机和等离子电视机的接口不可与下列哪些设备连接（　　）。

(A)复印机　　(B)DVD　　(C)计算机　　(D)监视器

解答　A

解析　液晶电视机和等离子电视机的接口可用于与具有 AV 接口的音频设备和视频设备

连接,也可与电视机和网络连接,如 DVD 机、监视器等。

考核试题9:

图 9-15 是某液晶电视机的背部接口部分,如下解说中错误的是( )。

(A)①号端子为电视信号输入接口,即调谐器的输入接口部分,用于输入有线电视信号

(B)②号和③号端子为 AV 输入和输出接口,黄色接口为视频端子,白色和红色接口分别为音频左右声道端子

(C)④号端子为 S 端子,可输入和输出亮度和色度信号

(D)⑤号端子为分量视频端子,接口颜色为红、白、绿色

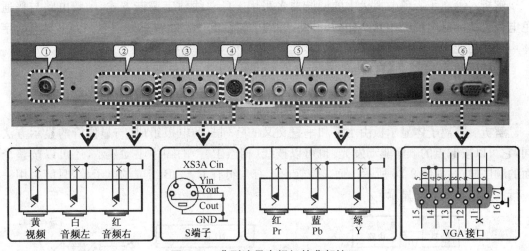

图 9-15 典型液晶电视机的背部接口

解答 D

解析 ⑤号端子为分量视频端子,接口颜色应为红、蓝、绿色,分别输入 Pr、Pb、Y 信号。⑥号端子为 VGA 接口,一般带有该接口的液晶电视机也可作为液晶显示器使用,用于与计算机主机连接。

二、填空题

考核试题1:

液晶彩色电视机最大的特点是_____、_____。

解答 重量轻、体积小

解析 液晶显示板可以制成超薄型,因而具有重量轻、体积小(薄型)的特点。

考核试题2:

液晶显示板的背光灯是由_____驱动的,驱动背光灯的信号是一种_____信号。

解答 逆变器电路、交流高压信号

解析 液晶显示板的背光灯由逆变器电路驱动,驱动信号是一种交流高压信号。

考核试题3:

液晶电视机主要由_____和_____部分构成。

解答　电视信号接收、信号处理

解析　液晶电视机主要由电视信号接收部分与信号处理部分。调谐器、中放和伴音电路制成的这个电路组件属于电视节目信号的接收部分。液晶图像处理、控制电路和外围相关电路制成一个电路属于液晶电视机的信号处理部分。

考核试题 4：

等离子彩色电视机的调谐器多采用_____方式,中频电路与_____相同,伴音电路大多均具有_____。

解答　I^2C 总线数字调谐、普通彩色电视机、数字立体声处理电路

解析　等离子彩色电视机中的调谐器多采用 I^2C 总线数字调谐方式,中频电路与普通彩色电视机及液晶电视机均基本相同,另外,等离子彩色电视机的音频处理电路大多具有数字立体声处理功能。

考核试题 5：

等离子体显示板扫描驱动方式主要有_____、_____、_____三种。

解答　点顺序驱动方式、线扫描驱动方式、面驱动方式

解析　等离子体显示板由水平和垂直交叉的阵列驱动电极组成,与显像管的显示方法不同,它可以按像点的顺序驱动发光,也可以按线(相当于行)的顺序驱动显示,还可以按整个画面的顺序显示,如图 9-16 所示。而显像管由于有一组有 R、G、B 组成的电子枪,只能采用一行一行的扫描方式驱动显示。

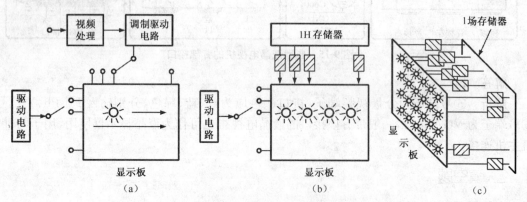

图 9-16　等离子体显示板的驱动方式

图 9-16(a)是点顺序驱动方式,即水平驱动和垂直驱动信号经开关顺次接通各电极的引线,水平和垂直电极的交叉点即形成对等离子体显示单元的控制电压,使水平驱动开关和垂直驱动开关顺次变化即可以形成对整个画面的扫描。每个点在一场周期中的显示时间约为 $0.1\mu s$,因此,必须有很高的放射强度,才能有足够的亮度。

图 9-16(b)是线扫描驱动方式,垂直扫描方式与上述相同,水平扫描驱动由排列在水平方向的一排驱动电路通过信号线同时驱动,一次将驱动信号送至水平方向的一排像点上。视频信号经处理后送至 1H 存储器上存储一个电视行的信号,这样配合垂直方向的驱动扫描一次即可以显示一行图像。一场中一行的显示时间等于电视信号的行扫描周期。

图 9-16(c)是面驱动方式,视频信号经处理后送至存储器形成整个画面的驱动信号,一次将驱动信号送至显示板上所有的像素单元上,它所需要的电路比较复杂。但由于每个像素单元的发光时间长,一场中的显示时间等于一个场周期 25 ms,因而亮度也非常高,特别适合室外的大型显示屏。

三、判断题

考核试题 1：

有些液晶电视机可以作为液晶显示器使用。（　）

解答　正确

解析　一些带有 VGA 或 DVI 接口的液晶电视机可与计算机主板连接,作为超大屏幕的液晶显示器使用。

考核试题 2：

液晶显示屏不需要背光源。（　）

解答　错误

解析　液晶显示屏本身不能发光,需要专门的背光灯为其提供光源。

考核试题 3：

液晶和等离子电视机中,高频调谐器的调谐工作大多由 I^2C 总线进行控制。（　）

解答　正确

解析　液晶和等离子电视机中,调谐器有两种结构,一种为独立的调谐器,它与中频电路各自独立,用于将天线信号及电缆送来的有线电视信号中调谐选择出欲接收的电视信号,进行调谐放大后与本机振荡信号混频处理后输出中频信号(IF),如图 9-17 所示。

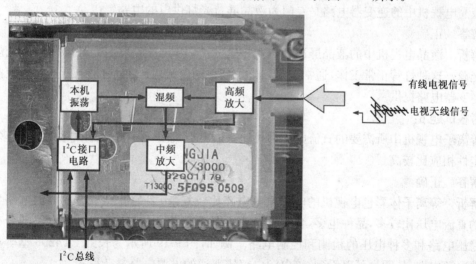

图 9-17　调谐器电路的基本功能

另一种是将中频电路与调谐器电路制成一体化的电路单元,并封装在一个金属屏蔽盒内,信号的高放、混频以及中放、视频检波、伴音解调等均在该电路单元内完成。图 9-18 所示为长虹 LT3788(LS10 机芯)液晶电视机中的一体化调谐器实物外形及内部结构。

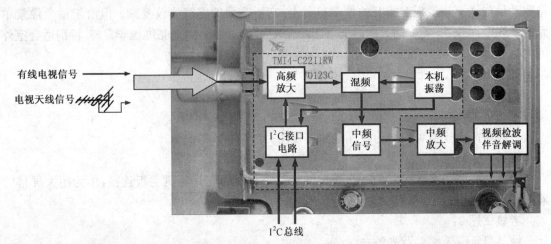

图 9-18   长虹 LT3788 液晶电视机中一体化调谐器的实物外形和内部结构

不论哪种调谐器,它们的调谐工作均由微处理器通过 I²C 总线进行控制。

考核试题 4:

图像数据信号处理电路是将视频图像信号转换成驱动液晶显示屏的数据信号。( )

解答   正确

解析   视频图像信号经视频解码和数字处理后转换为驱动液晶显示屏的信号,该信号是一种低压差动信号,简称 LVDS,用以驱动液晶屏显示图像。

考核试题 5:

液晶电视机中的逆变器电路是专门为液晶屏背光灯供电的电路。( )

解答   正确

解析   液晶电视机中的液晶屏面板本身不能发光,因此一般采用一种冷阴极荧光灯管作为其光源。这种灯管正常工作,通常需要几十千赫兹的交流电压,而这种电压通常由液晶电视机的逆变器电路提供。

考核试题 6:

等离子电视机中所需要的直流电压种类比普通电视机多,采用的稳压电路也比较多,电压的稳定性相应比较高。( )

解答   正确

解析   等离子体彩色电视机的电源供电电路比较复杂,因为等离子显示屏的电路显示板需要的直流电压比较多,品种也多,各个部分需要的电压值不同,所以在电源电路部分有多个开关稳压电路和多种电压的检测和控制电路。例如,图 9-19 所示为长虹 PT4206 型等离子电视机的电源电路,从图也可以看到,该电源电路比普通的电源电路复杂得多。

考核试题 7:

电视机的操作及指示电路可以将人工操作键的指令或是遥控的指令送给微处理器。( )

解答   正确

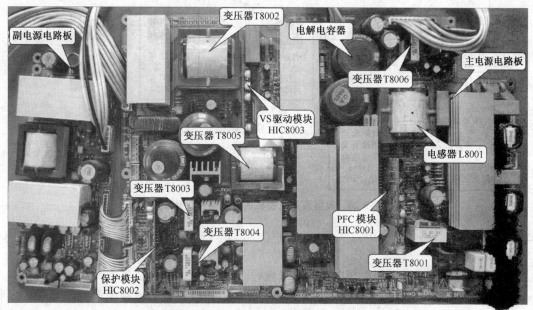

图 9-19 长虹 PT4206 型等离子电视机的电源电路

解析 操作及指示电路主要用于为液晶电视机输入人工操作键的指令、接收遥控信号然后送到微处理器,微处理器根据控制信号和内部程序对电视机各部分发出控制信号,并通过指示灯指示液晶电视机当前的工作状态。

考核试题 8:

等离子电视机与液晶电视机最大的区别是电视信号接收电路不同。( )

解答 错误

解析 等离子电视机与液晶电视机的最大区别是在显像部件上,等离子体显示单元是自发光器件,液晶屏本身不发光,也正因为显像部件的不同,使其具体电路结构有所区别,特别是供电电路部分,而电视信号接收电路基本相同。

四、简答题

考核试题 1:

为什么要在液晶电视机中设一个音频功率放大器?

解答 由于伴音解调后的音频信号的功率非常小,无法直接送至扬声器进行放音,故而设置音频功率放大器将音频信号放大到足够的功率以驱动扬声器工作。

解析 图 9-20 所示为典型液晶电视机的音频信号处理的基本流程。

其中,来自 AV1 输入接口和调谐器中频组件处理后分离出的音频信号直接送入音频信号处理电路;来自 AV2 输入接口、YPbPr 分量接口、VGA 接口和数字(HDMI)音视频输入接口的音频信号经音频切换选择开关电路进行切换和选择后送入音频信号处理电路中。

各种接口送来的音频信号经音频信号处理电路 NJW1142 进行音调、平衡、音质、静音和 AGC 等处理后,送入音频功率放大器中进行放大,最后输出伴音信号并驱动扬声器发声,实现

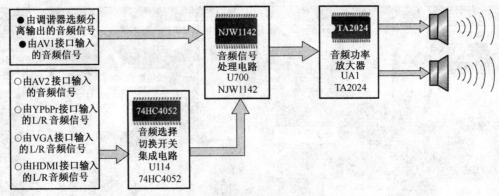

图9-20 典型液晶电视机的音频信号处理流程

电视节目伴音信号的正常输出。

考核试题2：

根据图9-21简述调谐器中频电路的信号流程。

解答 在收看电视节目时,天线接收的电视节目信号或是有线电视的射频信号送入高频头中。射频信号在高频头中经高放、混频变成中频信号。中频信号在中放单元电路中进行中放、视频检波和伴音解调。从中频载波上检出视频图像信号和第二伴音中频信号(SIF)。视频信号送至解码电路,第二伴音中频(或数字伴音中频)送至伴音处理电路。

伴音中频经解调后输出两路音频信号(L,R),最后经伴音功放送至扬声器。

解析 图9-21所示典型液晶电视机电视信号接收电路及中频电路原理图。由图可知,该电路主要由调谐器U1(TDQ-6TD/T13FACWADC)、图像中频滤波器U20(MVF38A2Dc)、伴音中频滤波器U19(AF38A2Dc)、中频集成电路TDA9886TS等部分构成。

• 由调谐器接收电视天线送来的信号或有线电视信号,经高放、混频等处理后变为中频信号,由调谐器U1的IF端输出,之后分别送往图像中频和伴音中频声表面波滤波器进行滤波,滤波后分别将图像中频信号和伴音中频信号送往中频信号处理电路U21中。

• 图像中频信号送入中频信号处理集成电路的①、②脚,在其内部进行放大和中频检波等处理后,从⑰输出视频图像信号,该信号再经R427、Q30等输出。

• 伴音中频信号送入中频信号处理集成电路U21的㉓、㉔脚,进行伴音调谐,之后由⑫脚输出第二伴音中频信号。

• 调谐器U1的④脚、⑤脚为I²C总线控制端,受CPU控制;中频集成电路U21的⑭脚输出高放(RF)AGC信号加到调谐器U1的①脚,控制调谐器的高放增益,此通路不良会造成电视机接收的图像质量不好。

考核试题3：

如图9-22所示为长虹LT3788型液晶电视机的整机电路方框图。请结合该图回答下列问题。

(1)请简述一下长虹LT3788型液晶电视机在收看电视节目时的信号处理过程?

解答 在收看电视节目时,天线接收的电视节目信号或有线电视信号送入一体化调谐器

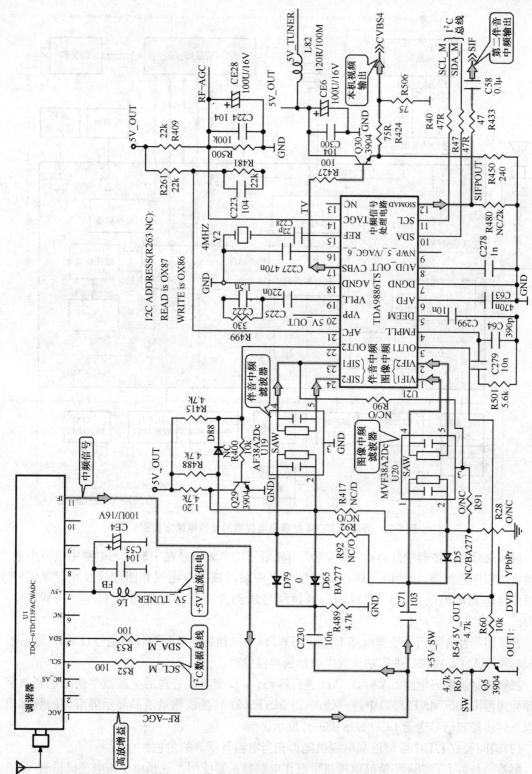

图 9-21 典型液晶电视机电视信号接收电路及中频电路原理图

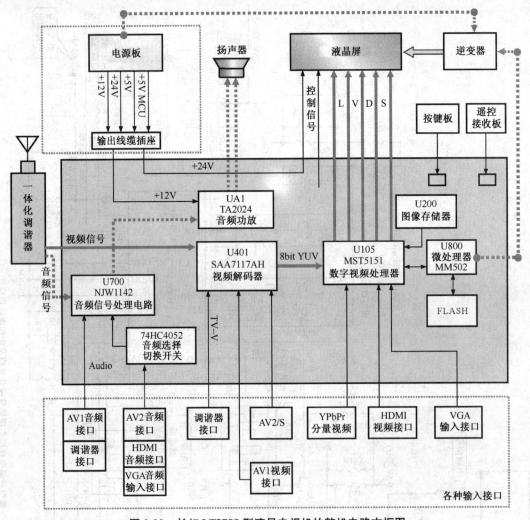

图 9-22　长虹 LT3788 型液晶电视机的整机电路方框图

中。射频信号在调谐器中经高放、混频变成中频信号。中频信号在中放单元电路中进行中放、视频检波和伴音解调,最后由一体化调谐器输出中频载波上检出视频图像信号和音频信号。视频信号送到解码电路 SAA7117AH,音频信号送到音频信号处理电路 U700(NJW1142)中去。

　　音频信号经音频信号处理电路 U700(NJW1142)处理后输出两路音频信号(L,R),最后经音频功放 UA1(TA2024)进行功率放大驱动扬声器发声。

　　视频信号经解码电路 SAA7117AH 进行解码、A/D 变换等处理后变成数字信号送到数字视频处理器 U105(MST5151)中进行处理,由 MST5151 转换成驱动液晶显示屏组件的数字信号以及同步控制信号送给 LCD 显示板进行显示。

　　(2)请问长虹 LT3788 型液晶电视机能否充当电脑显示器的角色?

　　解答　长虹 LT3788 型液晶电视机可以作电脑显示器使用。这是由于该电视机设有 VGA

接口,数字视频处理器 MST5151 中设有 VGA 接口电路,可以直接接收来自电脑显卡的 R、G、B 视频图像信号。

(3)请问长虹 LT3788 型液晶电视机能显示电脑的图文信息而不能收看电视节目应该怎么办?

解答　出现这种情况应重点查一体化调谐器(TV 信号处理电路板)。在接收电视节目的状态,将天线或有线电视的插头插入调谐器的天线输入插口上。然后用示波器检测解码电路 SAA7117AH 输出的分量视频信号。如果无亮度信号和色差信号,再查电源供电插头座和一体化调谐器。

考核试题 4:
液晶、等离子电视机与显像管电视机的电路相比有哪些异同?

解答　液晶和等离子电视机中没有超高压器件,也没有偏转线圈和会聚校正磁环之类的器件,因此其电源电路也不同于显像管式彩电中的开关电源。液晶显示板与等离子显示板需要的直流电压种类不同。液晶电视机中有一个特殊的电路是逆变器,它是为背部光源供电的电路。因为背部光源的灯管需要较高的交流电压,20 英寸的液晶显示板背部光源中通常有 6 根灯管,40 英寸以上的液晶板则需要更多的灯管,每个灯管需要一路供电电路。某一灯管不亮或损坏会引起液晶屏显示图像不均匀,所有的灯管均不亮会引起黑屏的故障。逆变器工作的电压比较高,电路中的器件相对来说易于损坏。个别灯管损坏可以更换,拆卸应十分小心。

考核试题 5:
液晶与等离子电视机中数字图像信号处理电路的结构及原理是否相同,简述其特点。

解答　数字图像信号处理电路是液晶电视机和等离子电视机共有的电路。它们均是大规模数字集成电路。集成电路的引脚很多,间隔很小,电路的密度很高。用仪表直接检测引脚容易发生短路故障,因而应通过电路板的接口处进行检测,主要是对数字信号、控制信号、时钟信号和各种电压信号进行检测,从而发现故障线索。电路器件大多为微型贴片元件,采用表面安装技术工艺,必须使用专门的焊装工具进行元器件的更换。

▶▶▶ 9.3　数字平板电视机检修技能的考核要点

一、选择题

考核试题 1:
等离子电视机的如下哪些现象不属于故障(　)。
(A)长时间显示静止图像后有图像粘着现象
(B)与电吹风机使用同一插座时在屏幕上有干扰噪点
(C)遥控不动作
(D)打开电源开关指示灯不亮
解答　B
解析　基于画面的内容,如果固定画面(静止图像)长时间显示(24 小时以上),固定显示内容将一直显示。若在低亮度条件使用,这种现象将被减弱。为了防止图像粘着,使用等离子电视机时应使用屏幕保护功能。电吹风对电视机有干扰属正常现象。

考核试题2:

播放 DVD 正常,收看有线电视节目无图像无声音,不需查下列哪部分(　)。

(A)调谐器电路　　　　　　　　(B)预中放

(C)声表波滤波器　　　　　　　(D)解码电路

解答　D

解析　播放 DVD 正常,收看有线电视节目无图像无声音则表明处理音视频信号的公共通道正常,应检查专门与收看有线电视节目相关的电路,即调谐器和中频电路部分,重点检测调谐器、预中放、声表面波滤波器及中频集成电路部分。

考核试题3:

图 9-23 所示为典型液晶电视机中的音频信号处理电路,当该电视机出现图像正常,无伴音故障时,下列解说不正确的是(　)。

(A)检查音频功率放大器的输出信号正常,则表明该电路及之前的电路均正常

(B)若音频功率放大器 U3 输入信号正常,供电正常,而无输出,则说明该器件损坏

(C)万用表检测 U3⑦脚,正常情况下应能测得 12 V 电压

(D)若耳机插口 J7 损坏,不会影响音频信号输出

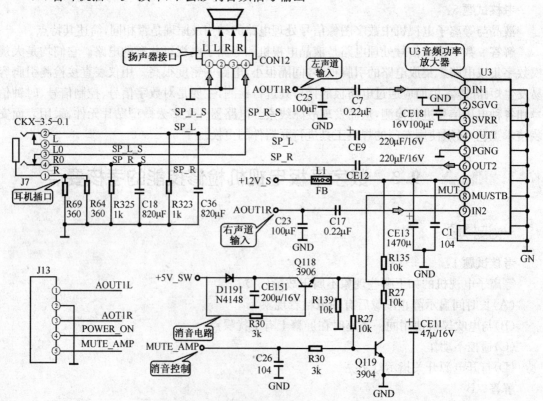

图 9-23　典型液晶电视机中的音频信号处理电路

解答 D

解析 该电路中，由前级电路送来的 L、R 音频信号，从①脚、⑨脚送入音频功率放大器 U3（CD1517CP）中，在其内部进行放大后，分别由④脚、⑥脚输出 L、R 音频信号，经耳机接口 J7，再经扬声器接口 CON12 的①脚和④脚，驱动扬声器发声。耳机接口不良也可能引起扬声器发声不正常。

由微处理器送来的消音控制信号经 Q119 后，送入音频功率放大器 U3（CD1517CP）的⑧脚，用来实现液晶电视机的消音功能。

液晶电视机伴音不良，主要表现为：无伴音输出、有杂音等。

液晶电视机出现伴音不良，应重点检查其音频信号处理通道中的相关电路和元件，如音频信号处理电路、伴音功放、输出插座及电缆、扬声器等。另外，音频信号处理通道中的集成电路正常工作需要一定的工作条件：供电电压、复位信号、总线信号等。

若液晶电视机出现伴音不良的故障，则可能是上述部分某处或几处出现故障，一般可遵循如下检修流程进行检查：

• 确认信号不良通道。

• 全部输入通道不良，则先查伴音功率放大器输出至扬声器的信号波形是否正常。若该信号正常而无伴音，则检查耦合输出电路和扬声器；若信号不正常，则应在确认其输入端信号正常的前提下，检查集成电路所需工作条件：供电电压、复位信号、振荡条件、总线时钟和数据信号等，若上述条件均正常，而伴音功率放大器输出波形仍不正常，则可能集成电路本身损坏，用专业焊接设备更换，故障即可排除。

• 若只有某个通道伴音不良，则先排除外因素影响，如先确认外接信号源的输入和耦合电路正常。若信号源的信号正常，则根据信号流程，信号注入后送入相关集成电路中（如经音频切换开关后送入音频信号处理电路或直接送入音频信号处理电路），查音频信号处理电路的输出信号是否正常。若该输出信号不正常，那么在其基本工作条件和注入信号正常的前提下，判断可能为该集成电路或周围元件损坏。

考核试题 4：

引起液晶电视机花屏故障的原因可能是（　　）。

（A）电源供电电路滤波电容漏电

（B）控制电路故障

（C）逆变器电路故障

（D）背光灯管故障

解答 A

解析 液晶电视机花屏的主要原因是：次级输出滤波电容漏电，造成主信号处理和控制电路板供电不足，造成供电电压低、电流小，主信号处理和控制电路板不能够完全地正常工作，输出信号不正常，最终造成图像还原不正常，引起花屏的现象。

考核试题 5：

液晶电视机开机后黑屏，从侧面仔细观看能隐隐约约看到图像画面，说明（　　）。

（A）视频信号处理电路故障

(B)液晶屏本身故障

(C)背光灯管没有点亮

(D)电源电路故障

解答　C

解析　液晶电视机隐隐约约能看到图像画面说明其视频信号处理通道正常,液晶屏本身也正常。此种情况下黑屏多为背光灯没有点亮,可能是背光灯管或逆变器电路部分有故障。

考核试题6:

检测液晶电视机某音频信号处理电路输入端和输出端测得如图9-24所示信号波形,则下列解说错误的是( )。

(A)输入的音频信号为模拟音频信号

(B)输出的音频信号为数字音频信号

(C)该音频信号处理电路为数字音频处理电路

(D)输出信号波形不正常

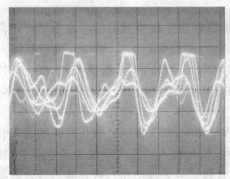 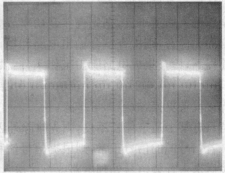

输入端测得音频信号波形　　　　　　　　　　输出端测得音频信号波形

图9-24　实测音频信号波形

解答　D

解析　从波形特点可知,该音频信号处理电路输入的信号为模拟音频信号,输出的信号为数字音频信号,则表明该电路具有将模拟信号转换为数字信号的功能,通常称为数字音频处理电路。

考核试题7:

检测数字平板电视机时,下列说法错误的是( )。

(A)有线电视电缆接到调谐器接口,电视机可播放有线电视传输的电视节目

(B)可用DVD机通过AV接口为电视机送入光盘上的音视频信息,提供检测条件

(C)可用信号发生器作为信号源为电视机输入信号,以便检测

(D)检测数字平板电视机只能使用万用表

解答　D

解析　检测和检修数字平板电视机时,为了能够准确、快速地查找故障点,除用万用表测电阻、电压值外,还常使用示波器检测电路中各种音频、视频、控制、驱动等信号波形的方法进

行判断,此时则需要为电视机输入一定的信号,使其信号处理电路中有信号送入,否则,将无法在任何器件处测得信号。通常检测数字平板电视机的基本条件如图 9-25 所示。

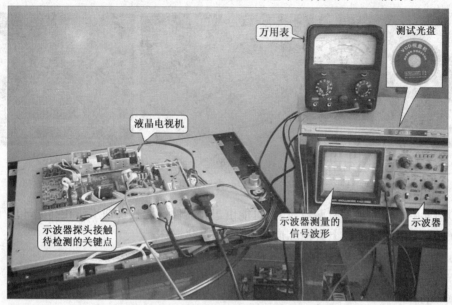

图 9-25　检测数字平板电视机的条件和环境

考核试题 8：

等离子电视机开机后前端的 LED 指示灯不亮,应查哪些部分(　)。

(A)应查电源电路　　　　(B)应查逆变器电路

(C)应查视频接口　　　　(D)应查电视天线及电缆

解答　A

解析　电源电路作为等离子电视机中的重要的电路,由于电源电路的工作电压较高,其热量产生也较大,容易损坏元器件,因而电源电路容易出现故障。在大多等离子电视机的电源电路中设有多个 LED 指示灯,用于指示不同电路单元的状态,通过观察这些 LED 指示灯的亮与灭即可快速了解哪些电路部分异常。

例如,长虹 PT4026 型等离子电视机采用的 V3 屏电源,判断故障时只需观察电源板上的指示灯和逻辑板上的指示灯即可以大致判断出是哪路电压,其检修流程如图 9-26 所示。

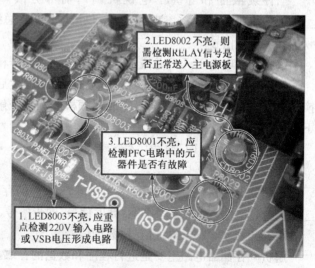

图 9-26　电源电路的基本检修流程

考核试题 9：

参照图 9-27 中，有关元器件故障的解说下列错误的是（   ）。

 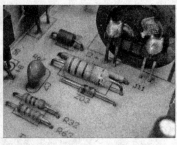 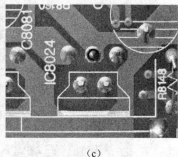

(a)   (b)   (c)

图 9-27   电路板图

(A)图 a 中电容器顶部有漏液故障，可能由于元器件老化或长期工作在高温环境下引起

(B)图 b 中电阻器外壳上有损坏痕迹，可能因过热损坏

(C)图 c 中电路的中元件引脚异常，往往是虚焊或脱焊的症状

(D)图 c 中元件引脚虚焊，多由于元件性能不良引起

解答   D

解析   检测电路板时，一些不规律的故障，如时而正常，时而不正常的故障多是电路中存在元件虚焊故障，该类故障通常由焊接质量不过关或电路板受到异常震动引起。

二、填空题

考核试题 1：

当怀疑液晶和等离子电视机调谐器部分故障时，应重点检查 _____、_____、_____ 和 _____。（参考答案：• 供电电压 I²C 总线信号 • 视频全电视信号 • 第二伴音中频信号 • 音频信号）

解答   供电电压、I²C 总线信号、输出的视频信号和第二伴音中频信号、音频信号

解析   调谐器电路对电视射频信号进行放大，然后在混频电路中与本振信号进行差频变换，输出的中频信号经中频电路完成视频检波和伴音解调，该电路如工作失常，应重点检测如下信号：

• 供电电压 • I²C 总线信号 • 视频全电视信号 • 第二伴音中频信号 • 音频信号

考核试题 2：

存储器电路主要是进行 _____ 和 _____ 的存取。若怀疑存储器不良时，应重点检测 _____、_____。（参考答案：亮度信号、同步信号、程序、数据、地址信号、数据信号）

解答   程序、数据、地址信号、数据信号

解析   存储器电路主要是进行程序和数据的存取。若电视机无法正常对程序和数据进行调用时，应重点检测其数据传输通道，即对地址信号和数据信号进行检测。图 9-28 所示为正常情况下用示波器测得的地址信号和数据信号的信号波形。

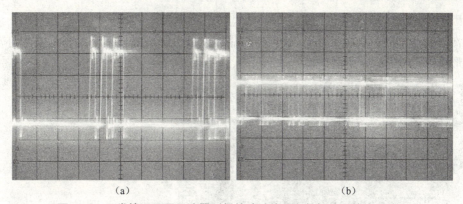

图 9-28　正常情况下用示波器测得的地址信号和数据信号的信号波形
(a)数据总线信号波形　(b)地址总线信号波形

考核试题3：

当操作液晶电视机遥控器,无法对电视机进行控制时,除应重点对遥控器本身进行检修外,还应检测液晶电视机的_____电路和_____电路部分。(参考答案:音频、视频、遥控接收电路、系统控制电路)

　　解答　遥控接收电路、系统控制电路

　　解析　与遥控控制相关电路主要有遥控接收电路和系统控制电路两大部分。当确定遥控器本身正常时,则多为遥控接收电路或系统控制电路部分存在故障。

考核试题4：

当数字平板电视机出现操作不正常、不能存储电视节目或无法开机故障,应主要检测微处理器的_____、_____和_____等信号(电压)进行检测。(参考答案:字符信号、供电电压、晶振信号、复位信号)

　　解答　供电电压、晶振信号、复位信号

　　解析　供电电压、复位信号和时钟晶振信号为微处理器提供工作条件,只有在这些信号均正常的情况下,微处理器才能进入正常的工作状态。

三、判断题

考核试题1：

液晶和等离子电视机没有普通电视机的超高压电路,因而不会有触电的问题。(　　)

　　解答　错误

　　解析　液晶和等离子电视机中均包含有电源电路,交流 220 V 电压送至该电路中,若维修人员在检修过程中不小心碰触到交流 220 V 电压部分也会有触电危险。

考核试题2：

数字平板电视机微处理器旁边的晶体损坏,将直接导致微处理器不工作的故障。(　　)

　　解答　正确

　　解析　在数字平板电视机电路板上,微处理器旁边通常会安装有振荡晶体,该晶体与微处理器内部的振荡器组成晶振电路,为微处理器提供工作所必须的晶振信号。若晶体损坏,微处

理器则因缺少时钟信号而停止工作。

正常情况下,可用示波器检测微处理器与晶体连接引脚或晶体引脚的信号波形,应有正弦信号波形输出,如图 9-29 所示。

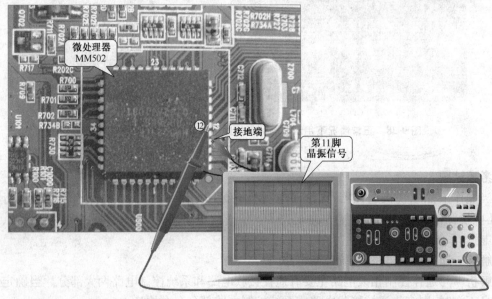

图 9-29　检测微处理器的晶振信号

考核试题 3:

检修数字平板电视机时,能够读懂电路图有助于了解信号流程,分析故障部位。(　)

解答　正确

解析　由于液晶电视机电路中采用集成电路较多,很难确定各引脚的功能及芯片所在电路板的名称,这时需要借助电路图与实物图相结合查找故障点,如图 9-30 所示。

对照电路图纸能够清楚地了解电路中各元件的关系,对理清检修思路十分必要。

考核试题 4:

数字平板电视机开机无图像无伴音故障多由系统控制电路故障引起。(　)

解答　错误

解析　开机出现无图像、无伴音的故障是常见现象。引起这一故障的原因大多为开关电源损坏,即开关电源没有进入振荡状态,应重点检查整流滤波电路和开关电源振荡电路,其中主要元器件有桥式整流堆、滤波电容、开关场效应晶体管、开关集成电路等。

考核试题 5:

判断液晶电视机电源电路是否正常,一般首先检测其输出端电压。(　)

解答　正确

解析　液晶电源电路是为整机提供电压的电路,若其输出部分正常,则可断定其前级电路均正常,因此在实际检测中,若怀疑电源电路有故障时,首先检测其输出端电压,若输出接口能够测得正常的直流电压则电源正常,应对其他电路进行检测;若输出接口无电压,则说明电源

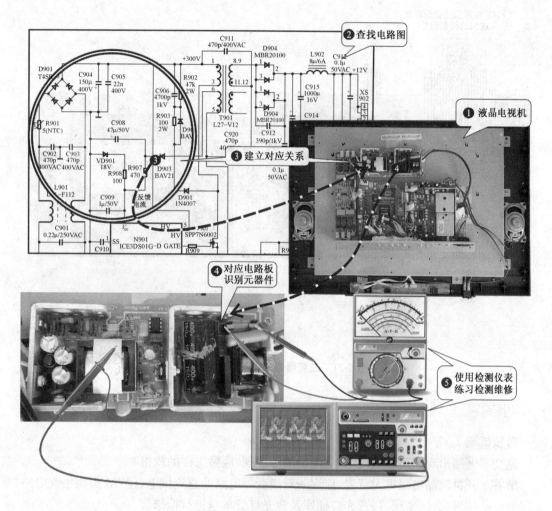

图 9-30 电路图与实物图相结合

故障,应对电源电路本身进行检修。

考核试题 6:

在液晶电视机中,若电源供电正常,而逆变器不工作,则一定是逆变器电路故障。( )

解答 错误

解析 逆变器电路是为液晶屏背光灯供电的电路,也是液晶显示屏正常工作的基本条件之一。该电路的基本信号流程如图 9-31 所示。

当电视机进入开机状态瞬间,微处理器输出逆变器开关控制信号,经插件后使逆变器进入工作状态,把由开关电源送来的+24 V(或+12 V)直流电压变成几十千赫兹的脉冲电压,经升压电路为背光灯管供电,背光灯光正常发光。

若电源送来的直流电压正常,而无控制信号,逆变器电路也将无法进行工作状态。也可能是控制电路有故障。

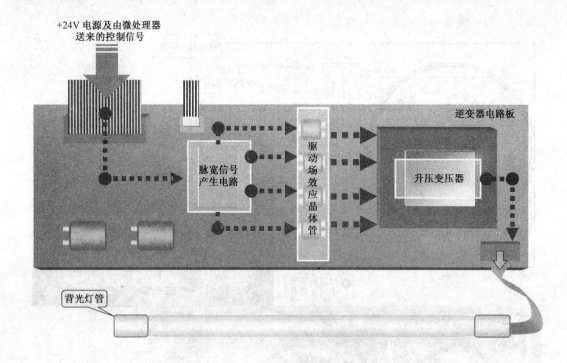

+24V 电源及由微处理器
送来的控制信号

逆变器电路板

脉宽信号
产生电路

驱动场效应晶体管

升压变压器

背光灯管

图 9-31　逆变器电路工作原理示意图

四、简答题

考核试题1:

逆变器电路出现故障时,有什么突出的故障表现,应做怎样的检修?

解答　开机液晶电视机无背光,应逐一对逆变器电路的直流供电、PWM 振荡集成电路、驱动场效应晶体管、高压变压器、背光灯插座及背光灯管本身进行检修。

解析　逆变器电路是为液晶屏背光灯供电的电路,该电路出现故障则液晶显示器的背光灯不良,即当开机后液晶电视机无背光,处于黑屏状态。液晶电视机逆变器电路主要由 PWM 振荡集成电路、驱动场效应晶体管、高压变压器、背光灯插座等构成,用于为液晶电视机的背光灯管提供约 800V 的交流电压。逆变器工作是否正常,可以用示波器的探头通过感应方法即可检测。将示波器的探头靠近或接触高压变压器以及供给背光灯的插头座的外壳可以看到较强的近于正弦的信号波形,如无信号波形,应接着检查由电源电路送来的直流电压是否正常,若供电正常再查驱动场效应晶体管和 PWM 振荡集成电路。

考核试题2:

简述液晶电视机图像显示异常的故障检修流程。

解答　液晶电视机显示不良的故障现象多种多样,如伴音正常图像不良、无图像、白屏、花屏、偏色、图像异常等。

在液晶电视机中处理视频信号的相关电路主要由视频解码器、数字视频信号处理电路、图像存储器、屏线、液晶显示组件等构成。另外,液晶屏图像显示的基本工作条件有:逆变器电路为背景灯供电、液晶屏驱动信号接口电路为液晶屏提供驱动信号。

若液晶电视机出现显示不良的故障,则可能是上述部分某处或几处出现故障,一般可按照以下思路进行:

• 确认信号不良电路范围。

• 图像信号处理电路不良,则先检查数字板输出的视频信号是否正常。若输出信号正常,则可能为屏线或液晶屏本身有故障;若输出信号不正常,则可在确认其输入信号正常的前提下,检查其基本的工作条件:供电电压、复位信号、振荡条件、总线时钟和数据信号等,在输入信号及工作条件均正常的前提下,数字视频输出电路仍无法输出正常信号波形,则可能该集成电路本身或周围元件损坏,用专业焊接设备更换坏的器件,故障即可排除。

• 确认某个集成电路不良。则应先判断外接信号源注入的信号及耦合电路是否正常。若注入信号正常,则根据信号流程,信号注入后送入视频解码电路中,查视频解码器电路的输出信号是否正常。若该输出信号不正常,那么在其基本工作条件和注入信号正常的前提下,判断可能为该集成电路或周围元件损坏,用专业焊接设备更换,故障即可排除。

解析　液晶电视机图像显示异常的基本检修流程如图9-32所示。

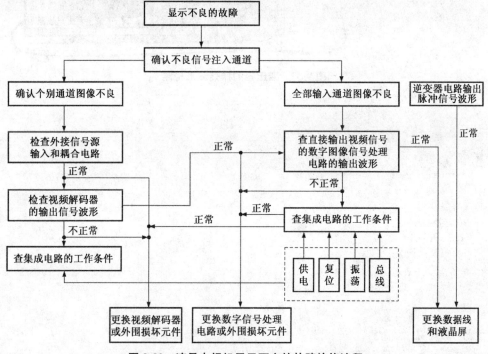

图9-32　液晶电视机显示不良的故障检修流程

考核试题3:

如何快速直观地判断开关电源电路或逆变器电路中的变压器是否工作。

解答　快速直观地判断变压器是否工作,通常采用示波器感应法进行判断。在通电状态下检测，将示波器接地夹接地，示波器探头靠近开关变压器的磁芯部分，由于变压器输出的脉冲电压很高，所以探头靠近铁芯部分即可感应到明显的脉冲信号。若检测有感应脉冲信号，说明开关变压器本身和开关振荡电路没有问题。

解析　感应法判断变压器是否工作的具体操作及信号波形如图 9-33 所示。

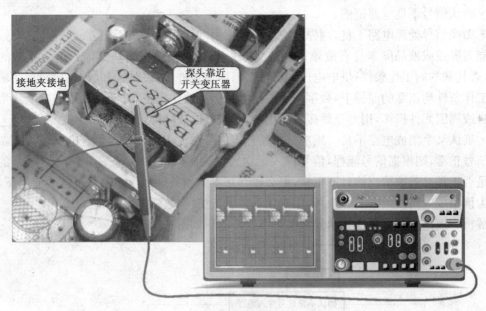

接地夹接地

探头靠近开关变压器

图 9-33　变压器的振荡波形检测